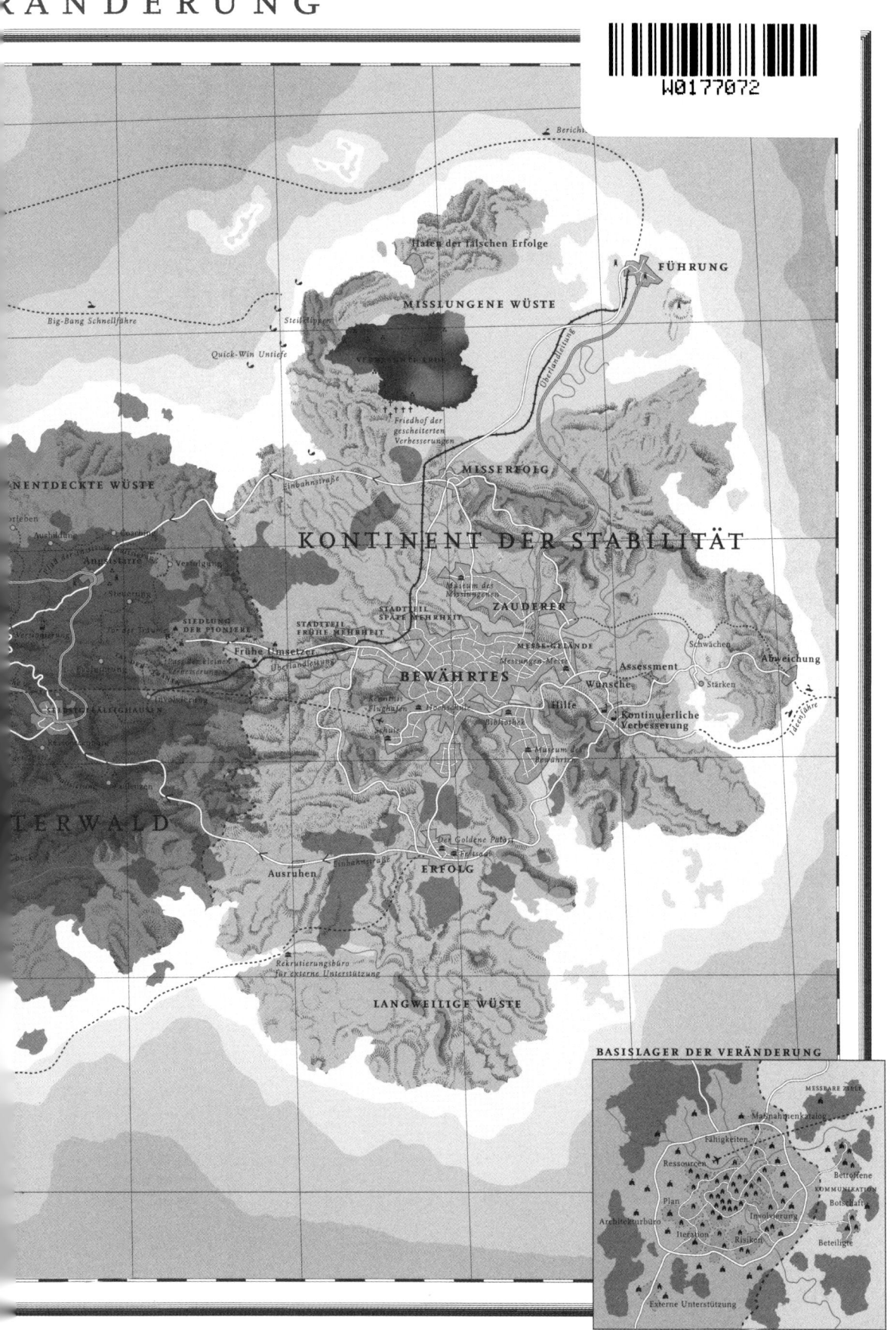

Der Weg zur professionellen IT

Malte Foegen · Mareike Solbach
Claudia Raak

Der Weg zur professionellen IT

Eine praktische Anleitung
für das Management
von Veränderungen
mit CMMI, ITIL oder SPICE

Mit 60 Abbildungen

 Springer

Malte Foegen
Mareike Solbach
Claudia Raak
wibas IT Maturity Services GmbH
SEI Partner
Otto-Hesse-Straße 19 B
64293 Darmstadt

Malte.Foegen@wibas.de
Mareike.Solbach@wibas.de
Claudia.Raak@wibas.de

ISBN 978-3-540-72471-1 Springer Berlin Heidelberg New York

Bibliografische Information der Deutschen Nationalbibliothek
Die Deutsche Nationalbibliothek verzeichnet diese Publikation in der Deutschen Nationalbibliografie; detaillierte
bibliografische Daten sind im Internet über http://dnb.d-nb.de abrufbar.

Springer ist ein Unternehmen von Springer Science+Business Media

springer.de

© Springer-Verlag Berlin Heidelberg 2008

Herstellung: LE-TEX Jelonek, Schmidt & Vöckler GbR, Leipzig
Umschlaggestaltung: WMX Design GmbH, Heidelberg

SPIN 80012920   134/3180YL - 5 4 3 2   Gedruckt auf säurefreiem Papier

Verbessern heißt verändern.
Perfekt sein heißt demnach,
sich oft verändert zu haben.

Winston Churchill

i   Vorwort

Wenn Sie darüber nachdenken, Verbesserungen in Ihrer Organisation umzusetzen, dann brauchen Sie dieses Buch.

Für die heutigen IT Organisationen ist die Verbesserung ihrer Leistungsfähigkeit wichtiger als je zuvor. IT Systeme unterstützen die Informationsverarbeitung und die Entscheidungsfindung der Unternehmen, und sie entscheiden mit über deren Erfolg oder Nichterfolg. Je mehr der Unternehmenserfolg von der IT abhängt, um so leistungsfähiger müssen die Systeme sein.

Die immer weitergehenden Technologien wie beispielsweise das Internet, drahtlose Kommunikation, verbrauchsorientierte IT-Bereitstellung oder neue Arten der IT-gestützten Zusammenarbeit bieten ungeahnte Möglichkeiten – aber auch Risiken – für heutige IT-basierte Produkte und Leistungen. In vielen Unternehmen ist die IT heutzutage von strategischer Bedeutung – oder wie ein Manager der Citibank sagte: „Wir sind ein IT-Unternehmen, das als Bank auftritt." Das ist die Welt in der wir heute leben.

Obwohl IT Organisationen unterschiedlich sind, kämpfen sie dennoch mit ähnlichen Problemen und Fallstricken. Dies macht Bücher wie dieses möglich. Der Rückblick der Autoren auf Erfahrungen von ihnen selbst und von anderen hat es ihnen ermöglicht, typische Situationen zu identifizieren, mit denen Sie als Veränderungsverantwortlicher konfrontiert sind, und sie geben Ihnen praktische Hinweise, diese erfolgreich zu bewältigen. Das Buch ist damit einmalig: es unterstützt Sie als Veränderungsverantwortlichen, die Professionalität und Leistungsfähigkeit einer Organisation weiterzuentwickeln, auf die Veränderungen im Markt zu reagieren und die Wettbewerbsfähigkeit zu stärken.

Jeder, der schon Veränderungen in einer Organisation umsetzen musste, weiß, dass dies zwei grundsätzliche Wissens- und Fähigkeitsgebiete erfordert: Referenzmodelle (z.B. CMMI und ITIL) und Veränderungsmanagement (Change Management). Beide können eine Herausforderung für sich sein. Die größte Herausforderung ist allerdings, beides zusammen zu nutzen, um Veränderungen schnell und reibungslos umzusetzen und die Leistungsfähigkeit einer Organisation effektiv zu verbessern. Glücklicherweise – und vielleicht zum ersten Mal – führt dieses Buch die beiden Wissensgebiete zusammen und bietet damit einzigartige Lösungen für diejenigen, die Veränderungen umsetzen müssen.

Wenn Sie verbessern wollen brauchen Sie dieses Buch

Für IT Organisationen ist die Verbesserung ihrer Leistungsfähigkeit wichtiger als je zuvor

In vielen Unternehmen ist die IT heutzutage von strategischer Bedeutung

Das Buch unterstützt Sie, die Professionalität und Leistungsfähigkeit einer Organisation weiterzuentwickeln, auf die Veränderungen im Markt zu reagieren und die Wettbewerbsfähigkeit zu stärken

Dieses Buch führt das Wissen von Qualitätsmodellen und Veränderungsmanagement zusammen und bietet damit einzigartige Lösungen für das Management von Veränderungen

Dieses Buch geht die Probleme praktisch an und ermutigt Sie, die richtigen Schritte zu tun

Dieses Buch geht die Probleme, denen Sie als Veränderungsverantwortlicher begegnen, sehr praktisch an. Es ermutigt Sie, die richtigen Schritte zu tun – in Einklang mit der Kultur Ihrer Organisation, mit einem Grundverständnis des Vorlebens guter Praktiken, und mit dem richtigen Bewusstsein für die kritischen Erfolgsfaktoren einer Veränderung. Hierzu gehören: die Identifizierung der Notwendigkeit und Dringlichkeit der Veränderung, die Verbindung der Probleme mit den Geschäftszielen, die Identifizierung und Einbindung der Beteiligten und Betroffenen, die Einbindung des Managements auf allen Ebenen, das Einholen der Zustimmung und Verpflichtung der Beteiligten und Betroffenen, das Verfolgen des Fortschritts und der Umsetzung, die Identifizierung nutzerorientierter Lösungen, die Einbindung der Projekte beim Testen und bei der Umsetzung, das Management der Risiken, das Sichtbarmachen des Nutzens, das Eingehen auf Feedback und das Anpassen von Lösungen, die Institutionalisierung der Veränderungen, die Verbreitung des Nutzens und der Veränderungen, und nicht zuletzt die Umsetzung der Veränderungen als Projekt.

Dieses Buch erläutert an Hand von Fallbeispielen die Erfolgsfaktoren von Verbesserungs- und Veränderungsvorhaben

Ausbildungsinstitute, Hochschulen und Unternehmen nutzen seit langem den bewährten Ansatz, an Hand von sorgfältig ausgewählten und aufbereiteten Fallstudien die Faktoren zu erläutern, die den Erfolg von Vorhaben ausmachen. Dieses Buch macht dasselbe für Verbesserungs- und Veränderungsvorhaben.

Nutzen Sie die zusätzlichen Materialien dieses Buchs – insbesondere die Karte der Veränderung

Es passiert leicht, dass man beim Lesen eines Buchs die zusätzlichen Materialien (Marginalien, Boxen mit Zusammenfassungen, Glossar) übersieht, aber ich empfehle, dass Sie auch diese nutzen. Dieses Buch verwendet die Zusatzmaterialien in einer einmaligen Art und Weise. Insbesondere die Karte der Veränderung ist ein gutes Mittel, um die Prinzipien des Veränderungsmanagements in Ihrem Gedächtnis zu verankern und Ihnen damit deren Anwendung zu erleichtern.

Die langjährige praktische Erfahrung und die besondere Leidenschaft der Autoren für die Weitergabe ihres Wissens wird bei diesem Buch sichtbar

Die Autoren haben ihre langjährige praktische Erfahrung und ihre besondere Leidenschaft für die Weitergabe ihres Wissens in dieses Buch eingebracht. Sie haben sehr viel Sorgfalt darauf verwendet, auch im Detail korrekt zu sein. Ich bin der glückliche Besitzer von früheren Arbeitsergebnissen der Autoren, insbesondere hängen zwei Generationen von wibas Postern, die CMMI zusammenfassen, an meiner Wand. Dieses Buch zeigt die Leidenschaft für die Wissensvermittlung in vielen verschiedenen Facetten, und sein Design unterstützt gezielt das Verständnis.

Dieses Buch vermittelt praktisch, wie Sie Verbesserungen und Veränderungen in Ihrer Organisation umsetzen

Kurzum: dieses Buch vermittelt eine praktische Vorgehensweise, wie Sie Verbesserungen und Veränderungen in Ihrer Organisation umsetzen können – basierend auf Prinzipien, die aus langjähriger

Erfahrung stammen, und auf der Erfahrung der Umsetzung – und des Lebens – dieser Prinzipien.

Genießen Sie dieses Buch. Nehmen Sie es mit auf Ihre Reisen, legen Sie es unter Ihr Kopfkissen, schauen Sie immer wieder auf die Karte der Veränderung – tun Sie alles, was notwendig ist, um die Prinzipien und die Erfahrungen, die in diesem Buch stecken, aufzunehmen. Versetzen Sie sich selbst in die Beispielsituationen: wie hätten Sie reagiert? Haben Sie ähnliche Situationen auch schon erlebt? Was können Sie für sich mitnehmen, um Ihre Organisation erfolgreicher zu machen? Essen Sie Schokolade, genießen Sie dieses Buch, lernen Sie. Lesen Sie das Buch einmal ausführlich. Präparieren Sie das Buch anschließend, so dass Sie darin Nachschlagen können, wenn Sie eine gute Referenz benötigen, die Sie auf dem Weg durch Ihre Veränderung begleitet.

Genießen Sie dieses Buch und nutzen Sie es als Referenz, die Sie auf dem Weg Ihrer Veränderung begleitet

Mike Konrad, Ph.D.
The Software Engineering Institute
Carnegie Mellon University
Pittsburgh, USA

September 2007

Mike Konrad ist einer der Autoren des Capability Maturity Model Integration (CMMI) [10]

iii Inhalt und Aufbau dieses Buchs

iii.1 Was Ihnen dieses Buch bringt

Wir wissen alle, was die kritischen Erfolgsfaktoren erfolgreicher IT-Organisationen und -Projekte sind. Hierzu gibt es zahlreiche Studien und Bücher – über Projektmanagement, Risikomanagement, Anforderungsmanagement, Software Engineering oder den Betrieb. Dennoch sind viele Projekte gefährdet oder werden ganz abgebrochen [6] [24] [48].

Obwohl die kritischen Erfolgsfaktoren von IT-Organisationen bekannt sind, sind viele Projekte gefährdet

Das Problem ist nicht, dass wir nicht wissen, was getan werden müsste. Unser Problem ist vielmehr: wie schaffen wir es, das zu tun, was wir tun sollten? Wir nennen diese Ergebnisse und Aufgaben, von denen wir alle wissen, dass sie getan werden sollten, in diesem Buch „das Selbstverständliche". Dieses Buch zeigt Ihnen einen Weg auf, wie Sie es schaffen, das Selbstverständliche tatsächlich zu tun.

Das Problem ist das scheinbar Selbstverständliche tatsächlich zu tun

Wir gehen dabei nicht auf das Selbstverständliche an sich ein. Wir beschreiben nicht im Detail die Aufgaben des Projektmanagements, Anforderungsmanagements, Betriebs, Engineerings oder der Qualitätssicherung. Hierzu gibt es umfangreiche Literatur, z.B. CMMI [10], SPICE [22] oder ITIL [38]. Wir zeigen in diesem Buch vielmehr konkrete Mittel und Wege auf, das Selbstverständliche umzusetzen und in einer Organisation „zum Leben" zu bringen und damit den Weg zu einer professionellen Organisation zu gehen.

Dieses Buch zeigt konkrete Mittel und Wege auf, um das Selbstverständliche umzusetzen und zu einer professionellen Organisation zu kommen

Das „Zum-Leben-Bringen" von Arbeitsweisen ist die eigentliche Aufgabe bei Verbesserungsinitiativen – eine Aufgabe, die häufig übersehen und meistens völlig unterschätzt wird. Verbessern heißt Verändern. Die schwierige Aufgabe ist es nicht, sich zu überlegen, was anders gemacht werden soll und wie es anders gemacht werden soll – z.B. den neuen Projektplanungsprozess zu definieren und das neue Projektplanungswerkzeug auszuwählen. Die Schwierigkeit und ca. 80% des Aufwands liegen vielmehr darin, die Arbeitsweisen einer Organisation nachhaltig zu ändern – z.B. zu erreichen, dass die neue Art der Projektplanung auch in allen Projekten verwendet wird und der Organisation einen echten Nutzen bringt.

Das „Zum-Leben-Bringen" von neuen Arbeitsweisen ist die eigentliche und häufig unterschätzte Aufgabe bei einer Verbesserung

Wenn das „Zum-Leben-Bringen" von Arbeitsweisen vernachlässigt oder sogar vergessen wird, scheitert eine Verbesserung. Das Ergebnis solcher Initiativen sind neue Prozessdefinitionen oder Werkzeuge, die veröffentlicht und als verbindlich erklärt werden, die aber nach einer initialen Nutzung niemand mehr weiter verwendet. Im

Wenn das „Zum-Leben-Bringen" von Arbeitsweisen vernachlässigt wird, scheitert eine Verbesserung

schlimmsten Fall werden durch praxisferne Lösungen mit vielen
aufwendigen Dokumentenvorlagen die Bürokratie und die Entwicklungskosten erhöht – ohne dass dies einen Nutzen bringt oder konkrete Probleme des Unternehmens löst. Sicherlich haben Sie schon
einige sogenannte „Verbesserungsinitiativen" erlebt, die lediglich
Prozessbeschreibungen erstellt, aber nicht wirklich etwas verändert
haben. Vielleicht gab es sogar eine Zertifizierung, für die schnell eine Reihe von Projekten geschönt wurden. Monate, manchmal auch
nur Wochen später ist in der Organisation alles wieder beim alten.
Solche Aktionen mögen aus Marketinggründen sinnvoll erscheinen,
sie sind ansonsten aber reine Geld- und Motivationsverschwen-
dung, die mit Verbesserung nichts zu tun haben und nur verbrannte
Erde hinterlassen.

Abb. 1. Viele Verbesserungsinitiativen adressieren zwar im Detail die Erarbeitung neuer Prozessdefinitionen oder Werkzeuge, nicht jedoch die eigentliche
Aufgabe, die neuen Arbeitsweisen zu etablieren

Dieses Buch beschreibt, wie
Verbesserungen nachhaltig
etabliert werden können

Von solchen Verbesserungsinitiativen nehmen wir in diesem Buch
bewusst Abstand. Wir beschreiben vielmehr, wie Sie Verbesserun-

gen nachhaltig zum Leben bringen, dauerhaft etablieren und damit langfristig zum Geschäftserfolg beitragen.

Dies ist ein Buch über die nachhaltige Verbesserung von Arbeitsweisen und Arbeitsabläufen – und über das damit notwendigerweise verbundene Veränderungsmanagement. Da Verbesserung und Veränderung untrennbar miteinander verbunden sind, verwenden wir im folgenden beide Begriffe alternativ – je nachdem, ob der Schwerpunkt mehr auf der Verbesserung oder dem Veränderungsmanagement liegt. Die in diesem Buch beschriebenen Vorgehensweisen können Sie sowohl für kleine als auch für große Veränderungen nutzen.

Da die Begriffe Verbesserung und Veränderung untrennbar miteinander verbunden sind, verwenden wir sie im Buch alternativ

Die Begriffe „Prozess" und „Prozessverbesserung" vermeiden wir in diesem Buch soweit wie möglich. Zum einen wird das Wort „Prozess" häufig falsch als Prozessdefinition und nicht – wie es richtig wäre – als ganz konkreter Arbeitsablauf missverstanden. Zum anderen geht hinter dem Wort „Prozessverbesserung" viel zu sehr das Veränderungsmanagement verloren.

Im Buch vermeiden wir weitgehend das Wort „Prozessverbesserung"

Dieses Buch wendet sich an alle, die Veränderungen in einer IT Organisation initiieren und umsetzen wollen – Mitarbeiter wie Berater. Wir geben praktische Hinweise, was für eine erfolgreiche und nachhaltige Veränderung notwendig ist und mit welchen Schritten Sie dies erreichen. Wir sprechen Sie in diesem Buch direkt an und beschreiben, was Sie als Beteiligter einer Veränderung tun müssen. Wer welche Aufgabe im konkreten Fall übernimmt, hängt von der Art der Veränderung und dem Aufbau der betroffenen Organisation ab. Wenn Sie eine kleine Veränderung umsetzen, so müssen Sie die beschriebenen Schritte ggf. alle alleine durchführen. Bei einer größeren Veränderung verteilen sich die Aufgaben auf mehrere Personen eines Teams, das zusammen die Verbesserung und Veränderung durchführt. In diesem Fall richten wir uns mit dem „Sie" an das Verbesserungsteam, das durchaus aus Mitarbeitern verschiedener Hierarchieebenen bestehen kann.

Dieses Buch wendet sich an alle, die Veränderungen in einer IT Organisation initiieren und umsetzen wollen

Darüber hinaus richtet sich das Buch auch an das Management, das eine Veränderung führen muss, und das für die Verbesserung und nachhaltige Etablierung effektiver und effizienter Arbeitsweisen verantwortlich ist. Es beschreibt, was ein Verbesserungsteam, das Sie als Manager führen, umsetzen muss.

Das Buch richtet sich auch an das verantwortliche Management

In diesem Buch gehen wir von einer Organisation aus, in denen die systematische Umsetzung von Verbesserungen noch keine Selbstverständlichkeit ist. Wenn Sie jedoch in einer solchen „reifen" Organisation arbeiten, in der systematisch und regelmäßig Verbesserungen umgesetzt werden, so werden Sie einige der von uns

Wir gehen von einer Organisation aus, in der die systematische Umsetzung von Verbesserungen noch nicht selbstverständlich ist

beschriebenen Praktiken nicht initiieren müssen, weil diese bereits ein fester Bestandteil der Arbeitspraxis Ihrer Organisation sind. In diesem Fall ist dieses Buch weniger eine Einführung in das Thema als eine Ergänzung Ihres bisherigen Wissens.

Dieses Buch soll Sie in die Lage versetzen, eine IT Organisation erfolgreich zu verändern

Dieses Buch soll Sie in die Lage versetzen, eine IT Organisation so zu verändern, dass das Richtige und Erforderliche umgesetzt wird. Das heißt mit anderen Worten: das Selbstverständliche wird als Teil der täglichen Routine umgesetzt und gelebt.

iii.2 Wie dieses Buch aufgebaut ist

Alle Kapitel haben einen identischen und systematischen Aufbau

Dieses Buch behandelt in jedem Kapitel jeweils eine klassische Hürde einer erfolgreichen Veränderungsinitiative – und die Schritte, um diese zu überwinden. Jedes Kapitel ist in drei Teile gegliedert:

1. Im ersten Abschnitt beschreiben wir die Dinge, die Sie für eine erfolgreiche Veränderungsinitiative benötigen. Der erste Abschnitt beginnt immer mit den Worten „Veränderung braucht …“.

2. In den weiteren Abschnitten beschreiben wir die Schritte, die Sie für eine erfolgreiche Verbesserung und Veränderung durchführen müssen. Sie überwinden damit die in der Kapitelüberschrift genannte Hürde und erreichen die im ersten Abschnitt beschriebenen Dinge, die eine Veränderung braucht. Unsere Aussagen illustrieren wir mit zahlreichen Beispielen, die aus dem realen Leben von uns betreuter Organisationen stammen.

3. Im letzten Abschnitt mit dem Titel „Peter, Paul und Marie“ illustrieren wir an einem durchgängigen Beispiel den Fortschritt eines erfolgreichen Veränderungsprojekts.

Am Ende des Kapitels finden Sie unter dem Titel „Ihre Argumente“ die Zusammenfassung der wichtigsten Punkte des jeweiligen Kapitels.

Die Kapitel folgen einer logischen Sequenz, sie stellen aber kein Vorgehensmodell dar, dass Schritt für Schritt befolgt werden kann

Die Kapitel folgen einer logischen Sequenz. Die beschriebenen Tätigkeiten können sich jedoch überschneiden oder wiederholt ausgeführt werden. Wir beschreiben, was für eine Veränderung getan werden muss, das Buch stellt aber kein Vorgehensmodell dar, das Schritt für Schritt befolgt werden kann.

Das erste Kapitel dieses Buchs gibt mit der „Karte der Veränderung" einen Überblick über den Inhalt des Buchs und hat einen abweichenden Aufbau

Das erste Kapitel dieses Buchs hat einen abweichenden Aufbau. Es gibt eine Einführung in das Thema des Veränderungsmanagements, indem es die „Karte der Veränderung" beschreibt. Diese Landkarte gibt Ihnen einen Überblick über alle wichtigen Begriffe, und setzt diese in einem graphischen Zusammenhang. Die vollständige Karte finden Sie zum Herausnehmen am Ende des Buchs.

Der Text wird durch zahlreiche Beispiele erläutert. Die Beispiele erkennen Sie daran, dass sie kursiv gesetzt sind.

Zu jedem Absatz finden Sie am Rand eine Marginalie, die den Inhalt des Absatzes zusammenfasst. Sie können den Inhalt eines Kapitels überfliegen, indem Sie nur die Marginalien lesen.

Peter, Paul und Marie

Bei der Verbesserung werden uns Peter König, Paul und Marie begleiten. Sie arbeiten bei dem Unternehmen „IIL - Innovative IT Lösungen", das ca. 1000 Mitarbeiter hat. IIL bietet IT Consulting-Leistungen, IT-Betrieb und die Entwicklung neuer IT-Systeme an. IIL hat einen guten Kundenstamm, aber in der Vergangenheit wurden mehrere Projekte mit deutlich mehr Aufwand als geplant fertig gestellt. Darüber hinaus stellen andere Anbieter aus Europa und Indien zunehmend eine Konkurrenz dar.

Bei der Verbesserung werden uns Peter König, Paul und Marie begleiten

Peter König ist Senior Manager von IIL. Peter König war vorher Geschäftsführer der IT Tochter eines Konzerns. Diese IT Tochter hatte ca. 100 Mitarbeiter. Er kennt von dort die Arbeitsweise der Konkurrenz in Deutschland, Europa und Indien. Peter ist bewusst, dass IIL effizienter werden muss, um konkurrenzfähig zu bleiben. Neben den Kundenkontakten und der Kontrolle der kritischen Projekte bleibt ihm aber keine Zeit, um konkrete Veränderungen einzuleiten. Er hat deshalb Marie (QS-Leiterin) beauftragt, sich um Themen wie „effiziente Projektarbeit" zu kümmern.

Peter König ist Senior Manager von IIL

Marie ist seit zwei Jahren die Leiterin der zentralen Qualitätssicherung. Sie hat vor ca. einem Jahr zusammen mit einem Kollegen das Prozesshandbuch neu herausgegeben, das Peter König in seiner Funktion als Senior Manager als verbindlich erklärt hat. Marie macht sich jedoch keine Illusionen über dessen Anwendung – die zahlreichen Review-Ergebnisse einiger Abteilungen und Projekte sprechen eine deutliche Sprache. Marie fragt sich seit einiger Zeit, was sie tun muss, damit sich in der Organisation und bei den Projekten wirklich etwas verbessert.

Marie ist seit 2 Jahren die Leiterin der zentralen Qualitätssicherung

Paul ist ein erfahrener Projektleiter und schon viele Jahre bei IIL. Er hat bereits eine Reihe von Verbesserungsinitiativen kommen und gehen sehen – keine davon hat die Arbeit nachhaltig verändert. Dennoch ist Paul die Notwendigkeit zur Verbesserung sehr wohl bewusst. Er weiß auch, dass die Projektarbeit unter den derzeitigen Rahmenbedingungen oftmals sehr chaotisch ist. Insbesondere frustriert ihn, dass Ressourcenengpässe und Termindruck von ihm immer wieder kurzfristige Lösungen fordern, die ihn und das Team nachher viel Arbeit kosten oder die zu unbefriedigenden Ergebnissen führen.

Paul ist ein erfahrener Projektleiter und schon viele Jahre bei IIL

Ihre Argumente

Was Sie tun sollten:

- Schaffen Sie sich an Hand dieses Buchs einen Überblick über die wichtigsten Maßnahmen und bewährten Praktiken, die für eine erfolgreiche Veränderungsinitiative notwendig sind
- Nutzen Sie die Gestaltungselemente dieses Buchs; Lesen Sie nur die Marginalien, wenn Sie ein Kapitel überfliegen wollen; Nutzen Sie die Geschichte von Peter König, Paul und Marie zur Illustration der praktischen Hinweise an einem durchgängigen Beispiel; Lesen Sie die Box „Ihre Argumente", um den Inhalt eines Kapitels zu rekapitulieren.

Was Sie nicht tun sollten:

- Beginnen Sie kein Verbesserungsvorhaben, ohne ein Konzept zu haben
- Ignorieren Sie bei einem Verbesserungsvorhaben nicht das Wissen und die bewährten Praktiken zum Veränderungsmanagement

Ergebnisse:

- Nach dem Lesen haben Sie einen Überblick über die wichtigsten Maßnahmen und bewährten Praktiken für eine erfolgreiche Veränderung

Arbeitsaufwand:

- Ca. 3 x 8 Stunden Aufwand zum Lesen dieses Buchs

Nutzen:

- Ein Leitfaden für eine erfolgreiche Veränderung, die Ihr Unternehmen am Markt und die Sie beruflich weiterbringt

1 Sie haben kein klares Bild, was auf Sie zukommt?

Nutzen Sie die Karte der Veränderung zur Orientierung.

1.1 Die Karte der Veränderung

Was gehört alles zu einer erfolgreichen Veränderung? An was muss ich alles denken? Mit diesem Buch geben wir Ihnen einen Überblick über die wichtigsten Elemente einer erfolgreichen Veränderung einer Organisation. Diese Dinge haben wir in der *Karte der Veränderung* aufgezeichnet und zueinander in Beziehung gesetzt. Die Landkarte hilft Ihnen bei der Orientierung in diesem Buch und bei Ihrer Veränderung. Die Karte soll aber auch dazu dienen, eine Veränderung kreativ und mit einem Schmunzeln anzugehen. Die Landkarte finden Sie am Ende dieses Buches. Nehmen Sie die Karte heraus und hängen Sie sie an die Wand, bevor Sie dieses Kapitel durchlesen.

Die Karte der Veränderung zeigt die wichtigsten Elemente einer erfolgreichen Veränderung

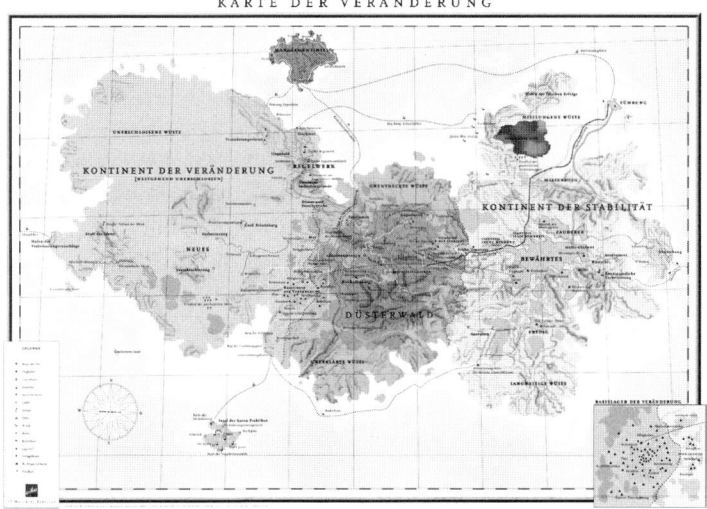

Abb. 2. Karte der Veränderung

Im folgenden geben wir Ihnen eine Übersicht über die wichtigsten Gebiete der Karte. Alle Begriffe der Karte kommen im Laufe dieses Buchs vor. Damit ist die *Karte der Veränderung* nicht nur eine Land-

Im folgenden geben wir Ihnen eine Übersicht über die wichtigsten Gebiete der Karte

karte für Ihr Veränderungsvorhaben, sondern auch eine Landkarte des Inhalts dieses Buchs.

1.2   Die Kontinente der Karte der Veränderung

Der Kontinent der Stabilität, der Kontinent der Veränderung und der Düsterwald sind die großen Gebiete der Karte der Veränderung

Unsere Welt der Veränderung kennt zwei große Kontinente: Im Osten liegt der *Kontinent der Stabilität* und im Westen der *Kontinent der Veränderung*. In der Mitte werden beide Kontinente durch den *Düsterwald* getrennt. Veränderungen bzw. Neues vom *Kontinent der Veränderung* muss die Hürde des *Düsterwalds* überwinden, um zum *Kontinent der Stabilität* zu gelangen und dort Teil des Bewährten zu werden. Im *Düsterwald* lauern viele Gefahren. In ihm kann man sich sehr leicht verirren und verloren gehen.

Auf dem Kontinent der Stabilität findet sich Bewährtes wieder

Auf dem *Kontinent der Stabilität* findet sich Bewährtes wieder. Hier haben sich Dinge etabliert, und die Welt ist erschlossen, verstanden und scheinbar stabil. Die Stadt *Bewährtes* findet sich in nächster Nähe zu *Erfolg* im Süden, aber auch zu *Zaudern* und *Misserfolg* im Norden. Ganz im Norden findet sich die *Führung*, und im Nordwesten liegt das Gebiet *Verbrannte Erde* und der *Hafen der falschen Erfolge*.

Auf dem Kontinent der Veränderung findet sich Neues

Der *Kontinent der Veränderung* ist noch weitgehend unerschlossen und ungemütlich. Eine Straße führt vom Hafen im Westen vorbei am *Vulkan der Ideen* und an der Stadt *Neues* zum *Basislager der Veränderung*. Vom Basislager aus brechen mutige Pioniere in den *Düsterwald* auf, um Veränderungen vom *Kontinent der Veränderung* hinüber zum *Kontinent der Stabilität* zu bringen. Im Norden des Kontinents liegt die Stadt *Regelwerk* als eine Art Las Vegas, die mit einer breiten Autobahn in den *Düsterwald* und mit der *Big-Bang-Schnellfähre* einen verlockend einfachen Zugang zum *Kontinent der Stabilität* verheißt. Wer jedoch der Autobahn folgt findet keinen Ausweg aus dem *Düsterwald* mehr, und wer die *Big-Bang-Schnellfähre* nimmt wird mit ihr an den *Quick-Win-Untiefen* untergehen.

Der Düsterwald ist die Barriere zwischen den Kontinenten

Der *Düsterwald* trennt beide Kontinente und stellt die große Hürde dar, um vom Neuen zum Bewährten zu kommen. Der *Düsterwald* ist groß und dicht, es gelangt wenig Licht hinein, und die Städte *Fatalismus*, *Angststarre*, *Selbstgefällighausen* und *Abwartenhausen* machen sich breit. Ein großer Autobahnring prägt den *Düsterwald*, aber er führt nur im Kreis und bringt einen nicht vorwärts – dennoch fahren sehr viele Leute auf dieser Autobahn. Eine direkte Autobahnverbindung zur glitzernden Stadt *Regelwerk* verschärft diese Situation noch, denn auch dieser Weg führt nicht weiter, aber dem Schein der Stadt *Regelwerk* erliegen viele. Ein einziger Weg führt durch den *Düsterwald* hindurch, er ist kaum erkennbar und nur gestrichelt eingezeichnet: der *Pfad der Institutionalisierung*. Er beginnt beim *Basislager der Veränderung*, schlängelt sich durch den *Düsterwald* hindurch und endet im Osten des *Düsterwalds* bei der *Siedlung der Pioniere.*

1.3 Der Weg von Veränderungen

Veränderungen am Bewährten sind schwierig. Sie beginnen im Osten des *Kontinents der Stabilität* mit einer Reise auf der *Ideenfähre,* die bei den beiden Orten *Kontinuierliche Verbesserung* und *Abweichung* ablegt. Die *Ideenfähre* fährt einmal um die Karte herum zum *Kontinent der Veränderung* und landet dort im Westen beim *Hafen der Verbesserungsvorschläge* an.

Veränderungen beginnen im Osten des Kontinents der Stabilität mit einer Reise auf der Ideenfähre

Vom *Hafen der Verbesserungsvorschläge* aus führt der Weg durch den *Kontinent der Veränderung* hindurch. Die Straße geht an den Städten *Ideen* und *Neues* vorbei zum *Basislager der Veränderung.*

Auf dem Kontinent der Veränderung führt der Weg zum Basislager

Beim Ort *Mut* in der Nähe des *Basislagers* beginnt der schwierige Teil der Reise. Die Veränderungen müssen mühsam auf dem *Pfad der Institutionalisierung,* der sich durch den *Düsterwald* hindurchwindet, zum *Kontinent der Stabilität* gebracht werden. Der Pfad endet bei der *Siedlung der Pioniere.*

Der Weg der Veränderung windet sich auf dem Pfad der Institutionalisierung durch den Düsterwald

Von der *Siedlung der Pioniere* aus folgt der Weg der Veränderung der befestigten Straße, die zum Stadtteil *Frühe Umsetzer* führt. Dieser ist bereits ein Vorort der Stadt *Bewährtes.* Damit ist die Veränderung nach einem langen Weg beim *Kontinent der Stabilität* angekommen.

Von der Siedlung der Pioniere aus führt der Weg zum Kontinent der Stabilität und zur Stadt Bewährtes

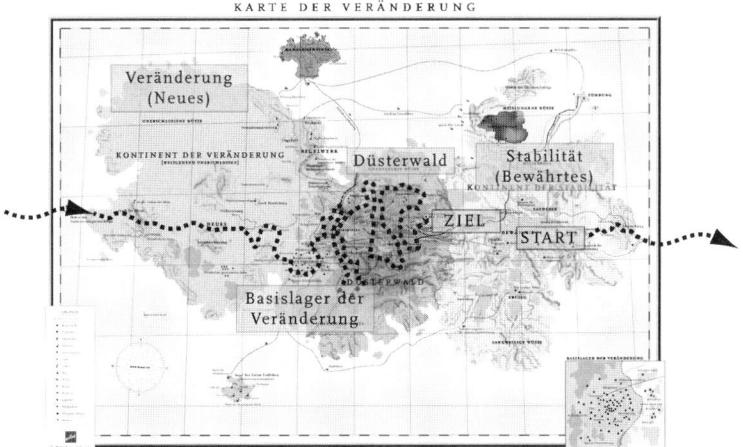

Abb. 3. Der Weg von Veränderungen führt vom Kontinent der Stabilität zum Kontinent der Veränderung, durch den Düsterwald hindurch zurück zum Kontinent der Stabilität

1.4   Das Gebiet der Stadt Bewährtes

Die Stadt *Bewährtes* ist das Zentrum des *Kontinents der Stabilität*. Sie grenzt mit ihren Vororten an den *Düsterwald* an, und die Vororte und Stadtteile von *Bewährtes* spiegeln die Adoptionsgruppen wider (siehe Abbildung 20 auf Seite 44). Vom Ort *Frühe Umsetzer* an der Grenze zum *Düsterwald* geht es über die Stadtteile *Frühe Mehrheit* und *Späte Mehrheit* zur Stadt *Bewährtes*. Außen vor bleibt die Stadt *Zauderer;* die Personen, die hier wohnen, möchten keine Veränderungen am Bewährten. Die Stadt *Zauderer* liegt in nächster Nähe zum Ort *Misserfolg* weiter im Norden. Von diesem Ort aus führt eine Einbahnstraße in den *Düsterwald* hinein zur Stadt *Angststarre*. Der Ort *Erfolg* im Süden der Stadt *Bewährtes* bildet den Gegenpol zum Ort *Misserfolg*, aber auch von hier aus führt eine Einbahnstraße in den *Düsterwald* zum Ort *Selbstgefällighausen*.

Randnotiz: Die Stadt Bewährtes ist das Zentrum des Kontinents der Stabilität

Die *Kontinuierliche Verbesserung* ist notwendig, um das Bewährte zu erhalten und zu verbessern. Daher ist dies ein wichtiger Ort auf dem *Kontinent der Stabilität* in nächster Nähe zur Stadt *Bewährtes*. Die *Kontinuierliche Verbesserung* ist direkt mit dem Ort *Erfolg* weiter im Süden verbunden. Die *Kontinuierliche Verbesserung* erfordert eine Analyse der *Stärken* und *Schwächen* des Bewährten – dies erfolgt durch *Assessments*, aber auch durch *Wünsche* können Veränderungsideen entstehen. Alle diese Orte liegen daher nah beieinander im Osten der Stadt *Bewährtes*. Wo auch immer die Veränderungsideen herkommen: sie nehmen alle die *Ideenfähre*, um zum *Hafen der Verbesserungsvorschläge* auf dem *Kontinent der Veränderung* zu gelangen.

Randnotiz: Kontinuierliche Verbesserungen erhalten das Bewährte

Abb. 4. Gebiet der Stadt „Bewährtes"

In der Stadt *Bewährtes* gibt es eine gut ausgebaute Infrastruktur. In der Stadt befindet sich eine *Bibliothek*, in der dokumentierte bewährte Praktiken und Arbeitsmittel bereitgestellt werden. Auch das *Museum des Bewährten* mit Beispielen von jedermann wird von vielen Einwohnern immer wieder gerne besucht. In den *Schulen* der Stadt werden die Bewohner ein Leben lang aus- und weitergebildet. Darüber hinaus nutzen viele in der Stadt Messungen zur Verfolgung und

Randnotiz: In der Stadt Bewährtes gibt es eine gute Infrastruktur mit einer Bibliothek, einer Schule, einem Museum und einem Messungen-Gelände

Steuerung unterschiedlichster Tätigkeiten. Neben dem *Museum* hat daher das *Messungen-Gelände*, wo die guten und bewährten Messungen ausgestellt sind, viel Zulauf.

1.5 Das Gebiet der Ideen

Im Süden des *Kontinents der Veränderung* finden sich nur wenige Orte. Reisende erreichen den Kontinent meist über den *Hafen der Verbesserungsvorschläge* im Südwesten. Hier liegt das Gebiet der Ideen. Vom Hafen aus führt der Weg zur *Stadt der Ideen*, die in nächster Nähe zum *Vulkan der Ideen* liegt. Die Orte *Falsche Probleme* und *Unrealistische Ideen* stellen Sackgassen dar.

Das Gebiet der Ideen liegt im Südwesten des Kontinents der Veränderung

Vom Gebiet der Ideen führt die Straße weiter in Richtung Osten zum Gebiet des Neuen. Hier liegt die Stadt *Neues*, in ihrer Nähe sind die Orte *Verbesserung* und *Verschlechterung* – beides erreicht man nur über *Versuch*. Neues muss priorisiert werden – dies wird in der *Priorisierungsanlage* in der Stadt *Groß Priotisburg* gemacht. Von den Orten *Verschlechterung* und *Unrealistische Ideen* aus führt jeweils ein Weg zum *Friedhof der gescheiterten Ideen* ganz im Süden.

Im Südosten des Kontinents der Veränderung liegt das Gebiet des Neuen

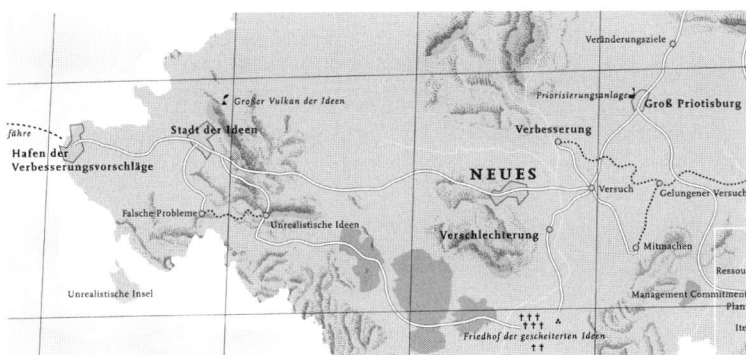

Abb. 5. Süden des Kontinents der Veränderung

1.6 Das Gebiet um das Basislager der Veränderung

Neben dem Gebiet des Neuen liegt das *Basislager der Veränderung*. Das Basislager ist der einzige Ausgangspunkt, um erfolgreich Neues durch den *Düsterwald* hindurch zum *Kontinent der Stabilität* und zur Stadt *Bewährtes* zu bringen. Das Basislager ist unscheinbar am Rande des *Düsterwalds* aufgeschlagen, und man erreicht es nur über den Ort *Groß Priotisburg* (d.h. mit priorisierten, neuen und in einem Versuch ausprobierten Ideen). Das Basislager ist sehr einfach, besteht nur aus Hütten und Zelten und gibt einen ersten Eindruck vom steinigen Weg durch den *Düsterwald*. Daher gehen viele Perso-

Das Basislager der Veränderung ist der Ausgangspunkt, um Neues erfolgreich zum Bewährten zu bringen

nen um das Lager herum auf die Straße zur großen und verheißungsvollen Stadt *Regelwerk* im Norden.

Beim Basislager finden sich alle Dinge, die notwendig sind, um Neues zu etablieren und zum Bewährten zu bringen

Beim *Basislager der Veränderung* finden sich alle Dinge, die notwendig sind, um Neues zu etablieren und zum Bewährten zu bringen, d.h. um den *Düsterwald* zu durchqueren. Hierzu gehören *Ressourcen*, *Management-Commitment*, die *Involvierung von Beteiligten und Betroffenen*, ein Management der *Risiken*, ein *Maßnahmenkatalog*, ein *Plan* mit *Iterationen*, *Fähigkeiten* sowie *Messbare Ziele* (siehe den Ausschnitt rechts unten auf der Karte der Veränderung).

Der Ort Mut ist der Ausgangspunkt für den Weg durch den Düsterwald

Vom Basislager aus führt die Straße zum Ort *Mut*, der Ausgangspunkt des Trampelpfades durch den *Düsterwald* ist. Wer den Weg durch den *Düsterwald* antritt, besucht vorher noch die Orte *Notwendigkeit* und *Dringlichkeit* und lädt seine Vorräte im Ort *Mut* auf.

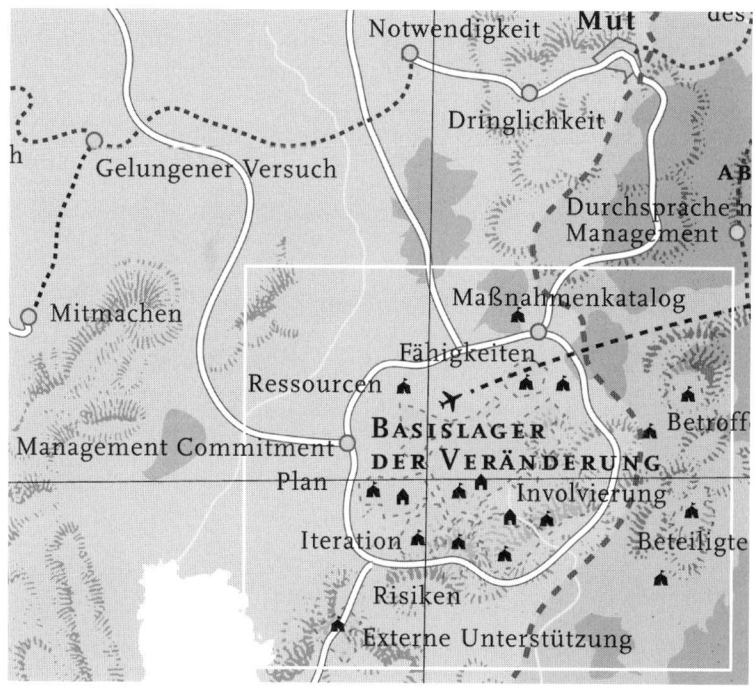

Abb. 6. Basislager der Veränderung und seine Umgebung

Der Weg durch den Düsterwald wird durch Erfahrung und Externe Unterstützung erleichtert

Der Weg durch den *Düsterwald* wird durch Erfahrung und *Externe Unterstützung* wesentlich erleichtert. Viele der Hütten und Ressourcenläden im Basislager werden durch Personen betrieben, die vom *Kontinent der Stabilität* kommen und schon einmal den Weg durch den *Düsterwald* gegangen sind. Außerdem werden die meisten Teams, die den *Düsterwald* durchqueren, durch erfahrene Führer begleitet. Diese Personen kommen über den *Unterstützungshafen* ganz im Süden zum Basislager. Die meisten der Führer bringen nicht nur ihre eigene Erfahrung mit, sondern waren auch auf der *Insel der Guten Praktiken*, von wo aus sie wichtige Werkzeuge, dokumentierte Erfahrungen und bewährte Praktiken mitbringen.

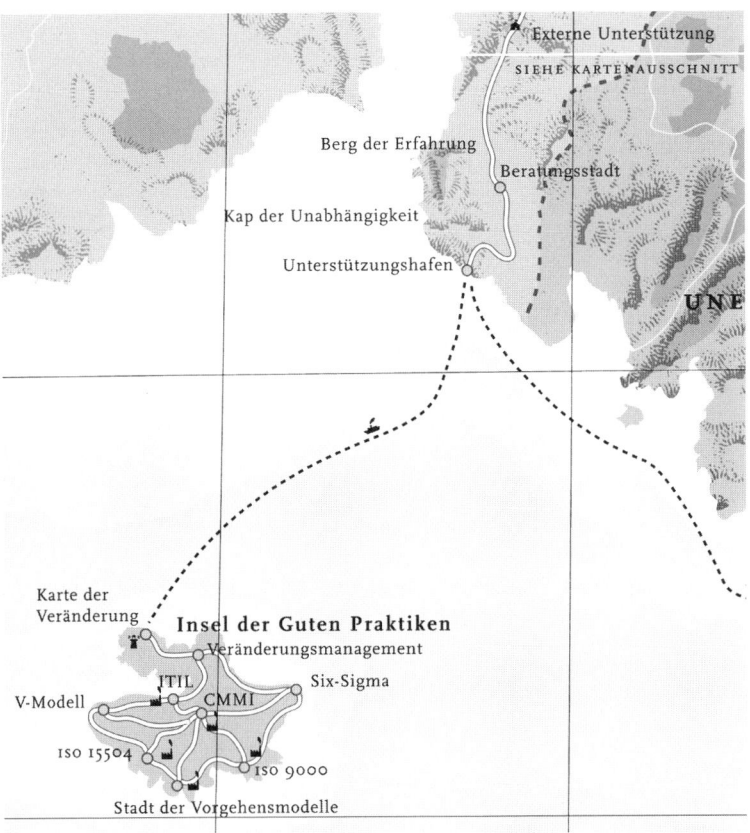

Abb. 7. Unterstützung für den Weg durch den Düsterwald

1.7 Das Gebiet der Stadt Regelwerk

Die Stadt *Regelwerk* ist groß und hell. Sie zieht auf Grund ihres scheinbaren Glanzes viele Personen auf dem *Kontinent der Veränderung* an. Sie wird durch Energie aus den Stadtteilen *Hochmut* und *Ungeduld* angetrieben. Über eine Straße vom *Basislager der Veränderung* kommen viele Personen, durch den Glanz der Stadt angezogen, über die Orte *Naivität* und *Leichtsinn* nach *Regelwerk*. Der Glanz der Stadt ist jedoch nicht echt, und die glitzernden Fassaden verbergen, dass es von diesem Ort aus nirgendwohin geht. Wer genau hinschaut wird feststellen, dass die Stadt nur sich selbst dient und viele Ressourcen verbraucht, insbesondere für die Fabriken im Gebiet *Sinnloses Industriegelände*. Hier stehen die Fabrik *Großes Regelwerk*,

Die Stadt Regelwerk dient nur sich selbst und verbraucht viele Ressourcen

die *Druckerei der ungelesenen Berichte* und die *Große Papierkramfabrik*. Sie verarbeiten das schwere und ungesunde Holz aus dem *Düsterwald*. Von der Stadt *Regelwerk* aus ist es nicht weit zum Ort *Wahnsinn*, wo der *Kontinent der Veränderung* endet.

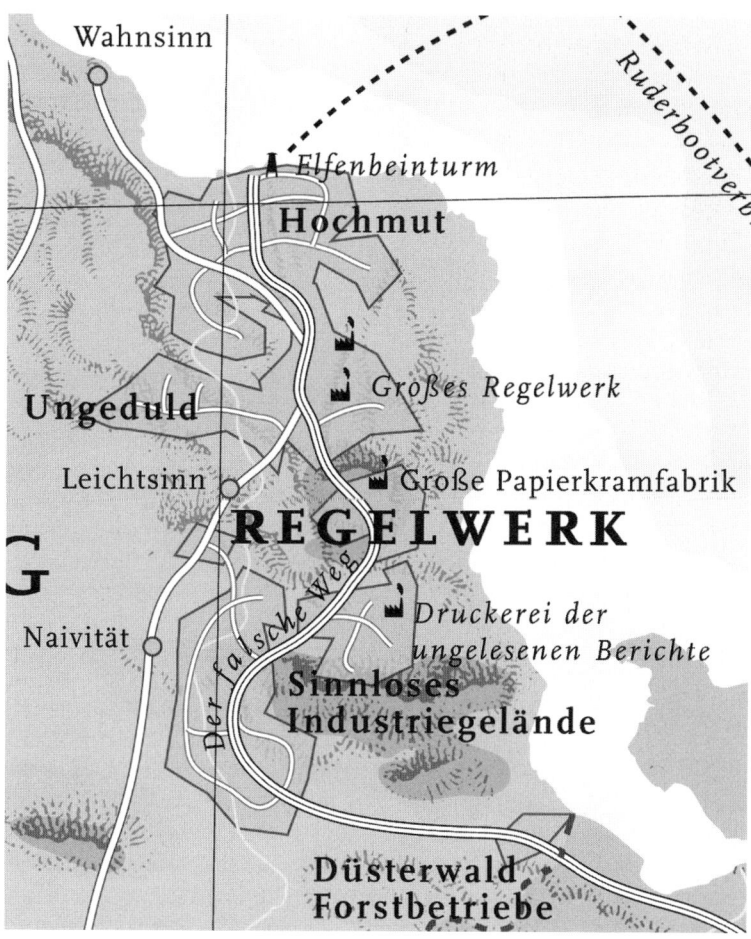

Abb. 8. Stadt Regelwerk

Von der Stadt Regelwerk aus gibt es keinen Weg, der zum Kontinent der Stabilität führt

Vom Ort *Regelwerk* aus gibt es keinen Weg, der zum *Kontinent der Stabilität* führt. Die große Autobahn, die direkt durch die Stadt geht, führt in den *Düsterwald* und endet dort in einem Kreis. Alle *Big-Bang-Schnellfähren*, die am *Elfenbeinturm* abfahren und den *Düsterwald* umschiffen, sinken bei den *Quick-Win-Untiefen*, die vor den *Steilklippen* des *Kontinents der Stabilität* liegen. Es ist typisch für den Schein der Stadt *Regelwerk*, dass die gleißenden Schnellfähren regelmäßig abfahren, obwohl sie alle sinken. In der Stadt *Regelwerk* heißt es, dass alle Fähren ankämen, und skrupellose Geschäftemacher verdienen hier viel Geld.

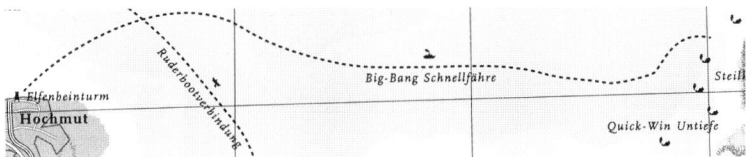

Abb. 9. Big-Bang-Schnellfähre

1.8 Der Düsterwald

Der dunkle *Düsterwald* wird durch die Städte *Fatalismus*, *Angststarre*, *Selbstgefällighausen* und *Abwartenhausen* geprägt. Sie liegen in der Mitte des *Düsterwalds*. Diese Städte sind durch einen gefährlich verführerischen Autobahnring *Der falsche Weg* miteinander verbunden. Wer einmal auf diesem Kreis gefangen ist, kommt kaum wieder heraus. Viele Personen verschwinden daher im *Düsterwald* und tauchen nie wieder auf.

Der Düsterwald ist durch vier Städte und einen Autobahnring geprägt

Tatsächlich gibt es jedoch einen kleinen und unscheinbaren *Pfad der Institutionalisierung*, der durch den *Düsterwald* hindurchführt. Er beginnt beim Ort *Mut* im Westen vom *Düsterwald*, und führt in vielen Schlangenlinien zur *Siedlung der Pioniere* im Osten. Auf dem *Pfad der Institutionalisierung* liegen mehrere sehr kleine Orte und Herbergen (z.B. *Durchsprache mit Management* oder *Planungs-Check*), welche die Reisenden bei ihrem Weg durch den *Düsterwald* unterstützen. Dennoch ist der Pfad sehr schwierig zu gehen, und viele Personen kommen ohne Führer, den sie aus dem *Basislager der Veränderung* mitnehmen können, vom Pfad ab – der unheilvolle Ruf des *Düsterwalds* ist zu groß.

Der Pfad der Institutionalisierung führt durch den Düsterwald zur Stadt Bewährtes und beginnt beim Ort Mut

Abb. 10. Beginn des Pfades der Institutionalisierung

Der *Pfad der Institutionalisierung* endet im Osten des *Düsterwalds* im kleinen Ort *Involvierung*, der durch die *Überlandleitung* Energie aus den Städten *Bewährtes* und *Führung* bezieht. Der Pfad windet sich dann auf dem *Pass der kleinen Verbesserungen* durch das *Tal der Trä-*

Der Pfad der Institutionalisierung endet beim Ort Involvierung *nen* hinauf zur *Siedlung der Pioniere*, dem ersten befestigten Ort am anderen Ende des *Düsterwalds*. Hier beginnt auch wieder eine Straße, die zum Ort *Frühe Umsetzer* führt, einem Vorort der Stadt *Bewährtes*.

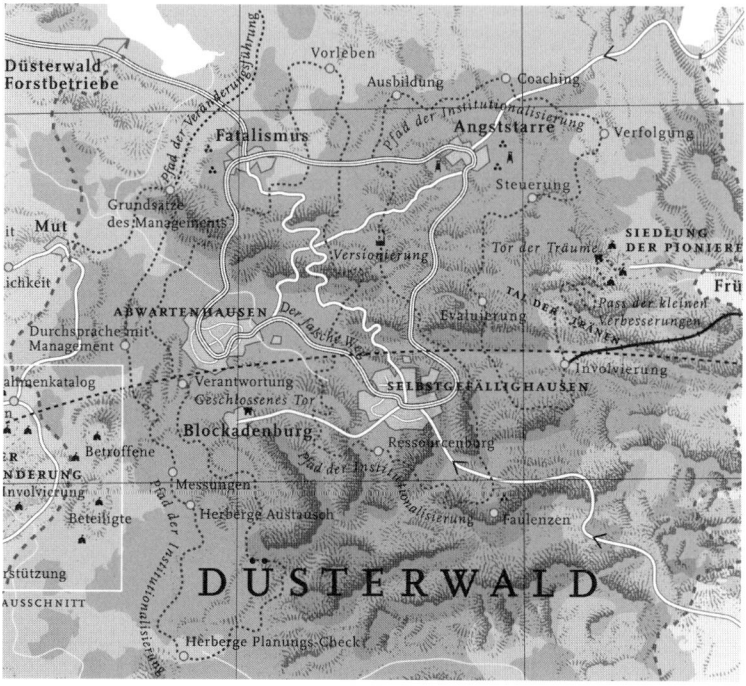

Abb. 11. Düsterwald

1.9   Die Managementinsel

Das Management arbeitet und wohnt auf der Management-Insel ganz im Norden der Karte der Veränderung

Das Management arbeitet und wohnt auf der *Managementinsel* ganz im Norden der *Karte der Veränderung*. Hier finden sich auch *Vision*, *Mission*, *Strategie* und *Geschäftsziele*. Die Verbindung des Managements zu den beiden Kontinenten und zum *Düsterwald* beginnt beim *Führungshafen*.

Eine Fährlinie geht zum Kontinent der Veränderung

Eine Fährlinie geht zum *Kontinent der Veränderung*. Vom Hafenort *Führung Expedition* aus geht der Weg zur *Veränderungsvision*, zu den *Veränderungszielen* und mündet schließlich in das *Management-Commitment* im *Basislager der Veränderung*.

Die Berichtswegfähre bietet eine regelmäßige Verbindung zum Kontinent der Stabilität

Die *Berichtswegfähre* ist eine Fährlinie – mit sehr regelmäßigen Abfahrtszeiten – die zum *Kontinent der Stabilität* führt und so eine Verbindung zur Stadt *Führung* herstellt. Die Stadt *Führung* ist durch eine Autobahn mit der Stadt *Bewährtes* direkt verbunden, und die Autobahn endet beim *Messungen-Gelände*.

Eine mühsame *Ruderbootverbindung* führt von der *Managementinsel* zum *Pfad der Institutionalisierung* im *Düsterwald*. Die Verbindung – die am Ende auch noch zu Fuß genommen werden muss – endet beim kleinen Ort *Grundsätze des Managements*. Da diese Verbindung mühsam ist, wird sie nur selten vom Management genutzt. Ohne Führung durch das Management kommen die Reisenden auf dem *Pfad der Institutionalisierung* jedoch nicht weiter. Es kommt daher häufiger vor, dass Reisende, die Neues durch den *Düsterwald* zur Stadt *Bewährtes* bringen, lange am Ort *Grundsätze des Managements* warten.

Eine Ruderbootverbindung führt zum Pfad der Institutionalisierung im Düsterwald

Abb. 12. Managementinsel und Stadt „Führung" auf dem Kontinent der Stabilität

Peter, Paul und Marie

Beim Lesen des Buchs „Der Weg zur professionellen IT" hat Paul die Karte der Veränderung aufgeklappt und mit einem immer breiteren Grinsen die Erläuterungen zur Karte gelesen. An vielen Stellen denkt er sich: „Ja-ja, genau so ist das". Als er das Kapitel gelesen hat hängt er die Landkarte vor seinem Schreibtisch auf. Danach geht er zu Marie, um ihr auch die Karte zu zeigen. Als er in ihrem Zimmer ankommt, sieht er, dass sie die Karte auch schon aufgehängt hat.

„Witzig, oder?" fragt Paul.

Paul liest die „Landkarte der Veränderung" und hängt sie auf

„Ich habe das Grinsen kaum noch aus meinem Gesicht herausbekommen" meint Marie. „Hast du hier rechts oben den Friedhof der gescheiterten Verbesserungen gesehen? Den haben wir auch."

Paul nickt. Sie stehen beide noch eine Weile vor der Karte und gehen auf Entdeckungsreise bis Paul meint: „Hmm, ich muss jetzt zurück zu meiner Arbeit. Aber irgendwie beginnt mir diese Verbesserung Spaß zu machen."

Ihre Argumente

Was Sie tun sollten:

- Hängen Sie die Karte der Veränderung bei sich auf und nutzen Sie sie als Orientierung
- Nutzen Sie die Karte der Veränderung, wenn Sie anderen Personen die Sachverhalte aus diesem Buch erklären
- Markieren Sie die Stellen, an denen Sie glauben, schon mal gewesen zu sein
- Im folgenden geben wir vor jedem Kapitel das zugehörige Gebiet auf der Karte der Veränderung an – markieren Sie vor dem Lesen eines Kapitels das jeweilige Gebiet auf der Karte

Was Sie nicht tun sollten:

- Lassen Sie sich nicht vom Düsterwald gefangen nehmen und erliegen Sie nicht den falschen Verlockungen der Stadt Regelwerk

Ergebnisse:

- Keine außer der Karte der Veränderung

Arbeitsaufwand:

- 1h Lesen und Aufhängen

Nutzen:

- Überblick über die Begriffe und Zusammenhänge des Veränderungs-managements

2 Sie sind unzufrieden – so geht es nicht weiter?

Nennen Sie Ihre Probleme beim Namen. Haben Sie den Mut, einen Wandel anzustoßen.

Ihr Standort: der Ort Wünsche im Osten der Stadt Bewährtes und der Ort Mut im Westen vom Düsterwald

2.1 Veränderung braucht Initiative

Sind in Ihrer Organisation Projekte gefährdet oder werden diese abgebrochen, weil es in dieser kein stabiles Umfeld für die Entwicklung und den Betrieb von IT-Systemen gibt? Werden grundlegende Managementpraktiken nicht gelebt, und wird der Entwicklung und dem Betrieb durch eine ineffektive Planung und ein krisengetriebenes reaktives Verhalten immer wieder der Boden entzogen? Geben viele Projekte in Ihrer Organisation schließlich grundlegende Praktiken wie z.B. Planung auf und fallen auf reines Codieren zurück? Basiert der Erfolg häufig alleine darauf, dass es einen außergewöhnlich guten Manager sowie ein erfahrenes und motiviertes Team gibt? Geht die Stabilität verloren, wenn diese starken Personen die Projekte verlassen? Sind Zeiten, Budget, Funktionalität und Produktqualität Ihrer Projekte und Ihrer Organisation kaum kalkulierbar? Hat das Management nur einen sehr eingeschränkten Einblick in die Arbeit und ihren Status? Wird viel Aufwand für Eskalationen, das Löschen vermeidbarer Brände und auf die Erstellung später ungenutzter Ergebnisse verschwendet? Werden Prozessbeschreibungen – wenn sie existieren – aus unterschiedlichen Gründen regelmäßig ignoriert?

Sind in Ihrer Organisation Projekte gefährdet, weil es in dieser kein stabiles Umfeld für die Entwicklung und den Betrieb von IT-Systemen gibt?

Die Arbeit in Organisationen mit den oben genannten Problemen ist für alle Beteiligten unbefriedigend:

Die Arbeit in solchen Organisationen ist ineffektiv, ineffizient und für alle Beteiligten unbefriedigend

- Aufgrund eines fehlenden Einblicks kann das Management die Organisation und die Projekte nicht vorausschauend steuern und seine Zeit geht in vielen Eskalationen verloren;
- Durch die fehlende Stabilität der Umgebung wird die Zeit der Bereichs- und Projektleiter durch Krisenmanagement aufgefressen, so dass für eine Steuerung und Führung der Projekte kaum Zeit bleibt;
- Aufgrund der instabilen Umgebung haben die Entwickler regelmäßig nicht die Möglichkeit eine professionelle Arbeit zu ma-

chen (z.B. müssen unreife Ergebnisse freigegeben oder ad-hoc-Lösungen entwickelt werden);

- Die Qualitätssicherung hat keinen Einfluss und wird als nicht nützlich empfunden. Aufgrund mangelnder Zeit und anderer Prioritäten werden Verbesserungen nicht umgesetzt;

- Durch das reaktive Verhalten solcher Organisationen können Vereinbarungen von allen Beteiligten regelmäßig nicht eingehalten werden (z.B. Ressourcenzusagen an die Projekte, Termin- und Leistungszusagen an den Kunden).

Neben der Tatsache, dass die Arbeit unbefriedigend ist, ist sie darüber hinaus ineffektiv und ineffizient.

Es muss nicht so bleiben – es gibt zahlreiche Beispiele erfolgreicher Verbesserungen

Aber es muss nicht so bleiben. Es gibt immer mehr Beispiele von Organisationen, die ihre Probleme angegangen sind und ihre Arbeitsweise professionalisiert haben [15]. In all diesen Organisationen haben Mitarbeiter an den Verbesserungen gearbeitet und sowohl eine professionelle Arbeitsweise als auch eine kontinuierliche Verbesserung als Teil der Unternehmenskultur etabliert.

2.2   Schreiben Sie Ihre Probleme und Wünsche auf

Veränderungen werden immer von einzelnen Personen initiiert

Am Anfang von Veränderungen stehen immer einzelne Personen, welche die Initiative ergreifen. Dabei spielt es kaum eine Rolle, in welcher Position im Unternehmen Sie sich befinden. Sie müssen nicht der Geschäftsführer sein, um eine Veränderung zu beginnen. In vielen Fällen erfolgreicher Verbesserungen ging die anfängliche Initiative von ganz unterschiedlichen Mitarbeitern im Unternehmen aus – von Projektleitern, Entwicklern, Qualitätsmanagern oder der Unternehmensführung. Selten sind Sie der einzige, der Veränderungen für notwendig hält. Werden Sie sich über Ihre Probleme klar, zeigen Sie auf, warum die Veränderung für die Organisation geschäftlich notwendig ist und gewinnen Sie andere für eine Verbesserung.

Schreiben Sie auf, warum Sie unzufrieden sind

Schreiben Sie als erstes auf, warum Sie unzufrieden sind. Machen Sie eine Liste Ihrer Probleme und formulieren Sie diese präzise, sachlich und möglichst objektiv. Wichtig ist, dass Sie sich erst einmal selbst Ihre eigene Situation und Ihre Probleme klar machen.

Schreiben Sie auf, was Sie sich wünschen

Schreiben Sie auch auf, was Sie sich wünschen. Wie stellen Sie sich die Arbeitsweise und das Arbeitsumfeld vor, das Ihnen ermöglicht, Ihre Arbeit gut und nachhaltig zu tun? Durch welche Werte und Prinzipien wird die Zusammenarbeit bestimmt? Was fehlt Ihnen davon? Ergänzen Sie diese Punkte auf Ihrer Liste. Formulieren Sie auch die vorhandenen besonderen Stärken, die Sie sehen. Diese können Ihnen sowohl bei Diskussionen als auch später bei der eigentlichen Veränderung helfen. Zum einen sind Verbesserungen der Stärken besonders effektiv und zum andern können Ihnen die Stärken bei der Verbesserung der Schwächen helfen.

Nutzen Sie die Liste Ihrer Probleme, Wünsche und Stärken um diese mit Kollegen zu diskutieren und zu prüfen. Diskutieren Sie Ihre Situation und mögliche Verbesserungsvorschläge mit Kollegen. Dabei können Sie erkennen, ob auch andere im Unternehmen die Notwendigkeit für eine Veränderung sehen, und welche Hürden Sie davor haben, die Initiative zu ergreifen. Vielleicht gewinnen Sie die ersten Mitstreiter (wie Sie systematisch Mitarbeiter für die Veränderung gewinnen erläutert Kapitel 4 auf Seite 37). Formulieren Sie zum Schluss Ihre Gründe für eine Veränderung ggf. noch mal um, so dass auch Kollegen sagen „stimmt, das sehe ich genauso".

Meistens haben Ihre Kollegen ähnliche Probleme – diskutieren Sie mit Ihnen und prüfen Sie Ihre Analyse

2.3 Initiieren Sie eine Veränderung

Veränderungen einer Organisation sind möglich und können von Einzelnen in allen Unternehmensebenen initiiert werden. Der Schlüssel zum erfolgreichen Start einer Verbesserung liegt – wie bei der gesamten Initiative – in realistischen Zielen, einem strukturierten Vorgehen und kleinen Schritten. Mit diesem Buch möchten wir Ihnen zum einen Mut machen, eine solche Veränderung zu beginnen. Zum anderen geben wir Ihnen praktische Hinweise, wie Sie schrittweise eine solche Aufgabe erfolgreich meistern können.

Die Veränderung einer Organisation ist möglich – Sie können sie initiieren

Der Schlüssel zu einer erfolgreichen Verbesserung der Arbeitsweisen einer Organisation ist es, die Verbesserung als Organisationsentwicklung zu sehen und anzugehen. Verbesserungen scheitern vor allem deshalb, weil es kein Veränderungsmanagement gibt bzw. wesentliche Teile davon ignoriert werden. Eine Veränderung der Arbeitsweise einer Organisation erreichen Sie nicht, indem Sie eine neue Prozessbeschreibung oder einen Satz neuer Dokumentenvorlagen erstellen. Sie können aber sehr wohl einen schrittweisen Lern- und Veränderungsprozess der gesamten Organisation einleiten und begleiten, wenn Sie die Verbesserung unter dem Aspekt des Veränderungsmanagements verstehen und durchführen.

Ein bewusst durchgeführtes Veränderungsmanagement ist der Schlüssel zum Erfolg einer Verbesserung

Wie bei vielen anderen Aufgaben ist auch eine Veränderung kein Hexenwerk, sondern solide und schrittweise Arbeit. Machen Sie das, was erfolgreiche Projekte tun: nutzen Sie die Erfahrung anderer erfolgreicher Veränderungsinitiativen. Zum einen bekommen Sie eine solche Erfahrung durch in der Organisationsentwicklung erfahrene Personen, zum anderen durch dokumentiertes Wissen und bewährte gute Praktiken.

Nutzen Sie die Erfahrung anderer erfolgreicher Veränderungsinitiativen

Nutzen Sie Methoden des Veränderungsmanagements und ein Referenzmodell

Für eine erfolgreiche Verbesserung sind zwei Quellen dokumentierten Wissens von entscheidender Bedeutung: erstens eine klare Vorstellung und Beispiele, wie eine gute und effiziente IT-Organisation funktioniert (Referenzmodell) und zweitens Methoden des Veränderungsmanagements.

Abb. 13. Für eine erfolgreiche Verbesserung der Arbeitsweisen und Arbeitsabläufe benötigen Sie Methoden des Veränderungsmanagements und ein Referenzmodell.

Referenzmodelle bieten bewährte Praktiken von IT-Organisationen – unser Vorgehen zur Verbesserung kann mit verschiedenen Referenzmodellen oder Techniken angewendet werden, im weiteren nutzen wir exemplarisch CMMI und ITIL

Erfinden Sie das Rad nicht neu und definieren Sie nicht das Selbstverständliche neu. Nutzen Sie statt dessen ein Referenzmodell wie CMMI [11], SPICE [22] oder ITIL [38], in dem die Erfahrungen von erfolgreichen IT-Organisationen zusammengefasst sind als Orientierung für Ihre Verbesserung. Referenzmodelle beschreiben, welche Schritte und Ergebnisse charakteristisch für effektive und effiziente Arbeitsabläufe sind. Das in diesem Buch beschriebene Vorgehen zur Verbesserung unterstützt Sie bei kleinen wie großen Veränderungen, und es kann mit anderen Referenzmodellen oder Techniken wie beispielsweise COBIT [23] oder SixSigma [40] angewendet werden. Im weiteren nutzen wir exemplarisch CMMI und ITIL.

Methoden des Veränderungsmanagements bieten bewährte Praktiken für eine Veränderung

Die Methoden des Veränderungsmanagements sind ein notwendiges Handwerkszeug, um eine erfolgreiche und nachhaltige Veränderung der Arbeitsweise einer Organisation zu erreichen. Nutzen Sie die umfangreiche Literatur für Veränderungsprojekte (siehe z.B. [1], [3], [9], [13], [19], [26], [27], [28], [30] in der Literaturliste im Anhang).

Sie haben sich Ihre eigene Situation, Ihre Probleme und Wünsche klar gemacht und mit Kollegen verifiziert. Gehen Sie jetzt die Veränderung an – mit Hilfe eines Referenzmodells und unter Nutzung der bewährten Praktiken des Veränderungsmanagements. In den nächsten Kapiteln beschreiben wir Schritt für Schritt, was Sie tun müssen, um eine erfolgreiche Verbesserung und Veränderung durchzuführen. Planen Sie mit diesem Wissen Ihre konkreten nächsten Schritte.

Gehen Sie jetzt eine Veränderung an und planen Sie mit dem Wissen dieses Buchs Ihre konkreten nächsten Schritte

Peter, Paul und Marie

Paul hat sich schon lange gefragt, was er tun kann, damit die Projekte in seiner Organisation nicht so frustrierend sind. Paul stand schon mehrmals kurz davor zu kündigen, aber bisher haben ihn die Kollegen noch davon abhalten können. So beißt Paul die Zähne zusammen und denkt sich, dass „wenigstens die Kollegen nett sind". Neulich war er zusammen mit Marie auf einer Veranstaltung, wo er etwas zum Capability Maturity Model Integration (CMMI) gehört hat, und dabei hat er an einem Bücherstand das Buch „Der Weg zur professionellen IT" gekauft. Beim Lesen hat er mehrmals schmunzeln müssen und sich gedacht „schau einer an, das ist ja wie bei uns". Insgesamt hat ihm das Buch Mut gemacht, dass eine Veränderung möglich ist. „Und außerdem erscheint mir das kein Hexenwerk, sondern nur viel Arbeit zu sein", denkt sich Paul.

Paul liest das Buch „Der Weg zur professionellen IT" und denkt sich, dass eine Verbesserung bei IIL auch ganz gut wäre

Solchermaßen motiviert geht Paul zu Marie, um zu erkunden was die Ideen und Pläne der QS-Abteilung sind, um die Probleme anzugehen. Bei einer Tasse Kaffee reden beide über die Konferenz, und Marie erzählt, dass sie jetzt das Projekthandbuch auf CMMI abbilden wollen. Paul ist sich nicht ganz so sicher, inwiefern das seine Probleme adressieren wird, er kann das aber auch nicht so recht in Worte fassen und schlürft daher nur an seinem Kaffee.

Paul geht zu Marie, die ihm erzählt, dass die QS jetzt das Projekthandbuch auf CMMI abbildet

Zurück in seinem Büro denkt sich Paul, dass er vom Buch „Der Weg zur professionellen IT" irgendwie ein anderes Verständnis der Verbesserung mitgenommen hat, als er das bisher erlebt hat. Er schickt Marie daher eine e-Mail mit einem Verweis auf das Buch und schreibt noch kurz dazu: „Lies das Buch mal. Ich glaube, das wir so etwas auch machen können". Er zögert, und tippt dann noch: „Und sollten. Sag mal, was du davon hälst."

Paul hat aus dem Buch ein etwas anderes Verständnis der Verbesserung mitgenommen, und schickt Marie daher einen Verweis auf das Buch

Paul beherzigt dann den Rat des ersten Kapitels und schreibt auf der Tafel in seinem Büro die Gründe auf, warum er möchte, dass sich etwas ändert. „Das kann ja mal nicht schaden, mir das klarzumachen" denkt er sich. Also schreibt er:

Paul schreibt auf, warum er möchte, dass sich etwas ändert

3 Gründe, warum ich etwas verändern will:

- *Ich möchte einfach gute Arbeit machen können und nicht andauernd Knüppel zwischen die Füße geworfen bekommen.*
- *Ich möchte für meine Arbeit gelobt werden und nicht andauernd etwas auf den Deckel bekommen, weil wir irgendeinen unrealistischen Termin nicht halten, den wir sowieso niemals halten konnten.*
- *Ich möchte einfach einmal eine realistische Schätzung abgeben können, die akzeptiert wird.*

3 Gründe, warum der Chef mir zuhören soll:

- *Chef, wir mussten jetzt schon in mehreren Projekten Feuerwehreinsätze fahren; viele unserer Projektleiter sind nicht ausreichend geschult und werden nicht richtig unterstützt.*
- *Chef, unsere Kunden sind unzufrieden, und wenn wir nichts ändern gehen sie zur Konkurrenz.*
- *Chef, ich kündige wenn wir nichts ändern.*

Eigentlich ist Paul jetzt ganz zufrieden. „Wenigstens habe ich mir mal den Frust vom Leib geschrieben" denkt er sich. „Vielleicht sollte ich mir jetzt darüber Gedanken machen, wie wir Peter König und die Organisation ins Boot holen."

Paul nimmt sich einen Tag Zeit, um die nächsten Schritte zu erarbeiten

Da Paul in zwei Wochen einen Termin bei Peter König hat, nimmt er sich einen Tag Zeit, um konkrete Vorschläge für die nächsten Schritte zu erarbeiten, die er dann Peter König vorschlagen kann.

Ihre Argumente

Was Sie tun sollten:

- Erstellen Sie eine Liste mit Ihren Problemen in den bestehenden Arbeitsabläufen
- Schreiben Sie Ihre Wünsche für ein Arbeitsumfeld auf, in dem Sie Ihre Arbeit gut und nachhaltig machen können
- Schreiben Sie die vorhandenen Stärken auf
- Diskutieren und prüfen Sie Ihre Liste der Probleme, Wünsche und Stärken mit Ihren Kollegen
- Entwickeln Sie mit dem Wissen dieses Buchs konkrete nächste Schritte, um eine Veränderung der Organisation zu initiieren

Was Sie nicht tun sollten:

- Warten Sie nicht darauf, dass jemand anderes etwas für Sie verändert
- Glauben Sie nicht, dass Sie nichts verändern oder initiieren können, nur weil Sie nicht in der Geschäftsführung sind

Ergebnisse:

- Ihre Liste der Probleme, Wünsche und Stärken in den bestehenden Arbeitsweisen und -abläufen
- Nächste Schritte um eine Verbesserung zu initiieren

Arbeitsaufwand:

- Ca. 2 h für die Erstellung Ihrer Liste der Probleme, Wünsche und Stärken
- Ca. 4 h für die Diskussion mit Kollegen
- Ca. 1 h für die Definition der nächsten Schritte

Nutzen:

- Sie wissen, warum Sie etwas verändern wollen
- Sie wissen, wie Sie eine Veränderung initiieren
- Sie wissen, wie Sie eine Veränderung erfolgreich durchführen

3 Niemand sieht einen wirklichen Grund für eine Veränderung?

Formulieren und vermitteln Sie Notwendigkeit und Dringlichkeit der Veränderung.

Ihr Standort: Die Orte Notwendigkeit und Dringlichkeit (bei Mut)

3.1 Veränderung braucht Notwendigkeit und Dringlichkeit

Sicherlich haben Sie in Ihrer Organisation schon die folgende oder eine ähnliche Situation kennen gelernt: Allen in der Organisation ist bewusst, dass die Terminplanung der meisten Projekte unrealistisch ist. Es ist klar, dass in der Arbeitsweise der Projekte etwas verbessert werden muss. Das QS Team hat deshalb die Schlüsselpersonen zu

Sie kennen sicherlich Verbesserungsinitiativen, die im Sand verlaufen sind

So. Nach meiner kurzen Erläuterung sollten wir jetzt alle wissen, was wir in den nächsten 4 Wochen zu tun haben.

Abb. 14. Die Prozessverbesserungs-Sitzung

einer Arbeitssitzung eingeladen – 2 Monate im voraus, weil sonst kein gemeinsamer Termin gefunden werden konnte. Dennoch erscheint nur die Hälfte aller Personen, einige davon zu spät, und einige müssen früher gehen („ich habe da noch eine wichtige Telefonkonferenz"). Die in der Sitzung vereinbarten Maßnahmen versanden („Tut mir leid, aber wir können die Auslieferung nächste Woche nicht verschieben.").

Verbesserungen scheitern an den Veränderungsbarrieren, wenn die Veränderung keine Priorität hat

Das obige Beispiel ist das typische Szenario einer Organisation, in der die notwendigen Veränderungsmaßnahmen zwar theoretisch eingesehen werden („das sollten wir mal machen"), aber dem Tagesgeschäft immer wieder untergeordnet werden („ist jetzt wichtiger"). Einer Veränderung stehen eine Reihe von typischen Barrieren entgegen, die dazu führen, dass die Mitarbeiter die Veränderungen nicht annehmen. Die Veränderungsbarrieren können Sie nur überwinden, wenn die Veränderung für die Organisation eine ausreichende Priorität hat.

Typische Veränderungsbarrieren sind Selbstgefälligkeit, Unbeweglichkeit, Abwarten, Starre, Fatalismus

Eine der größten Barrieren einer Veränderung ist Selbstgefälligkeit, die aus vergangenem Erfolg, falschem Stolz und Arroganz entsteht. („Wir haben 20% Gewinn, warum sollten wir etwas ändern?") Das zweite große Hindernis ist Unbeweglichkeit bis hin zur aktiven Blockadehaltung. („Das haben wir immer schon so gemacht." oder „Den neuen Projektbericht wird mein Bereich nicht liefern. Ich behalte mir das Recht vor, einen Projektstatus selbst zu bewerten.") Ebenso häufig treffen Sie auch auf eine Grundeinstellung des Abwartens, bei der sich keiner dafür verantwortlich fühlt, eine Verbesserung anzustoßen oder als erster umzusetzen. („Damit mache ich mir nur Arbeit.") Eine weitere Barriere ist die Starre oder Hyperaktivität, die meist aus einer Angst vor der Veränderung entsteht. Schließlich kann sich in einer Organisation eine Grundhaltung des Pessimismus oder gar Fatalismus einstellen. („Wir brauchen hier gar keine Planung einzuführen, morgen ist sowieso alles wieder anders." oder „Solche Verbesserungen haben noch nie funktioniert.")

Ihre Aufgabe für eine erfolgreiche Veränderung ist es, die Organisation dazu zu bewegen, diese Barrieren zu überwinden

Häufig stoßen Sie sogar auf eine Mixtur dieser Barrieren, und Sie finden diese nicht nur in der Organisation selbst vor, sondern auch in den Teams, die eigentlich eine Veränderung der Organisation durchführen bzw. einleiten sollen. In Maßen können diese Verhaltensweisen durchaus positiv sein, da sie Bestehendes und Bewährtes schützen. Im Übermaß verhindern sie jedoch die notwendige Weiterentwicklung einer Organisation. Ihre Aufgabe für eine erfolgreiche Veränderung ist es, die Organisation dazu zu bewegen, diese Barrieren zu überwinden, Vertrautes aufzugeben und sich auf etwas Neues einzulassen. Dies ist keine Hexerei, sondern systematische und vor allem kontinuierliche Arbeit.

Zur Überwindung der Barrieren muss die Veränderung sowohl eine Notwendigkeit als auch eine Dringlichkeit haben. Beides müssen Sie der Organisation vermitteln [27]. Notwendigkeit heißt, dass es Gründe gibt, welche die Veränderung zwingend erfordern. Mit der Notwendigkeit erreichen Sie, dass die Organisation die Veränderung an sich akzeptiert („ok, das müssen wir tun"). Dringlichkeit bedeutet, dass es Gründe gibt, warum die Veränderung nicht auf morgen verschoben werden kann. Mit der Dringlichkeit erreichen Sie, dass die Organisation der Veränderung eine Priorität einräumt, so dass sie nicht im Tagesgeschäft untergeht („nein, die neue Risikoanalyse verschieben wir nicht auf morgen"). Sie müssen die Notwendigkeit und Dringlichkeit gezielt vermitteln, damit die Mitarbeiter die Veränderung verstehen, akzeptieren und aktiv unterstützen. Nur dann werden das Management und die Mitarbeiter bereit sein, tatsächlich Arbeit und Aufwand in eine Veränderung zu investieren. Nur mit einer überzeugenden Botschaft zur Notwendigkeit und Dringlichkeit der Veränderung schaffen Sie eine Bereitschaft in der Organisation zum konkreten Handeln. Ein persönlicher Nutzen für den Einzelnen unterstützt die Veränderungsbereitschaft. In diesem Kapitel beschreiben wir, wie Sie die Notwendigkeit und Dringlichkeit einer Veränderung identifizieren, formulieren und vermitteln. Dies wird der Treiber aller Veränderung sein.

> Sie müssen Notwendigkeit und Dringlichkeit vermitteln, um die Veränderungsbarrieren zu überwinden

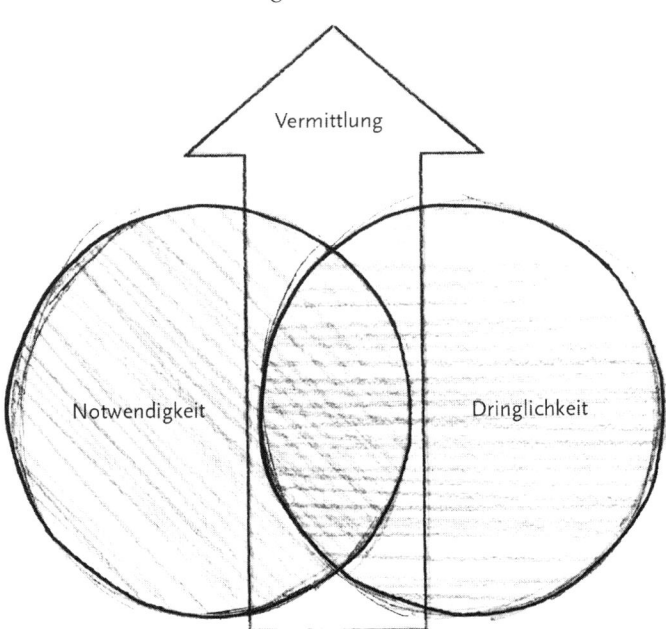

Abb. 15. Notwendigkeit und Dringlichkeit müssen vermittelt werden, damit eine Organisation bereit ist zu handeln.

Reife Organisationen haben die Notwendigkeit und Dringlichkeit einer Verbesserung und Veränderung grundsätzlich akzeptiert

Reife Organisationen haben erkannt, dass sie sich konstant verbessern und verändern müssen, um sich den dauernd ändernden Rahmenbedingungen anzupassen und um wettbewerbsfähig zu bleiben. In diesen Organisationen ist die Notwendigkeit und Dringlichkeit einer kontinuierlichen Verbesserung grundsätzlich akzeptiert und wird beispielsweise durch Unternehmensgrundsätze vermittelt.

3.2 Identifizieren Sie die Probleme der Organisation

Identifizieren Sie die ernsthaften Probleme, Risiken und ungenutzten Chancen der Organisation, welche die Geschäftsziele betreffen

Um eine Veränderung anstoßen zu können, müssen Sie die ernsthaften Probleme der Organisation identifizieren. Diese helfen Ihnen auch bei der Formulierung der Notwendigkeit und Dringlichkeit. Denken Sie nicht nur an Probleme, sondern auch an Risiken und ungenutzte Chancen. Wenn wir im folgenden von Problemen sprechen, schließen wir damit Risiken und ungenutzte Chancen mit ein. Gehen Sie bei der Identifizierung der Probleme und Chancen von den Geschäftszielen der Organisation aus. Nur wenn Probleme und Chancen die Geschäftsziele betreffen, sind sie für die Organisation notwendig und dringlich. In vielen Organisationen sind die Geschäftsziele bekannt. Wenn dies nicht der Fall ist, fragen Sie danach. Wenn die Geschäftsziele nicht formuliert sind, schreiben Sie alternativ auf, welche Ergebnisse und Tätigkeiten für den Erfolg des Unternehmens wichtig sind.

Reden Sie mit der Unternehmensführung und gehen Sie den Problemen auf den Grund

Wenn Sie Zugang zur Unternehmensführung finden, so scheuen Sie sich nicht und suchen Sie das direkte Gespräch. Sprechen Sie über die Geschäftsziele und gehen Sie gemeinsam den Problemen auf den Grund. Sie müssen hinter den vordergründigen Problemen, die den meisten zuerst einfallen, die tatsächlich zu Grunde liegenden Probleme und Ursachen finden, welche die Geschäftsziele gefährden. Scheuen Sie nicht davor zurück, mit dem Senior Manager kritische Punkte zu besprechen. Hören Sie zu, aber sagen Sie ihm auch, was Sie als Probleme sehen.

Beispiel:

Beispiel: Diskussion mit dem Senior Manager und Identifizierung der tiefer liegenden Probleme

Bei einem Unternehmen, das integrierte Hard- und Softwaresysteme herstellt, haben wir zusammen mit einem Mitarbeiter der Organisation den CEO nach den Problemen gefragt:

CEO: Unser größtes Problem ist, dass wir nicht pünktlich und nicht mit allen Funktionen ausliefern.

Wir: Das Problem haben viele. Wenn das alle in der Branche machen, dann ist das nicht wirklich ein großes Problem für Sie. Wie stehen Sie im Vergleich zur Branche dar?

CEO: Wir sind Marktführer.

Wir: *Konkret beim Problem der Pünktlichkeit und der Funktionalität – wie sind Sie hier im Vergleich zur Konkurrenz?*

CEO: *Es ist in der Branche üblich, bei Vertragsabschluss mehr zu versprechen, weil das alle machen. (zögert)*

         Wir wissen aber, dass die Konkurrenz in der Zwischenzeit Zeit und Funktionalität einigermaßen im Griff hat.

Wir: *Wie reagieren Ihre Kunden?*

CEO: *(zögert) Wir haben einige konkrete Gespräche mit verärgerten Kunden, die zur Konkurrenz wechseln wollen.*

Wir: *Welche Ausmaße hat dieses Problem bisher?*

CEO: *Dass unser Umsatz und Gewinn fallen und unsere Marktführerschaft gefährdet ist.*

Wir: *Mit dem Problem der Pünktlichkeit und der Funktionalität konnten Sie so lange leben, wie die Konkurrenz das gleiche Problem hatte. Das ist jetzt nicht mehr der Fall. Stimmt das?*

CEO: *(denkt nach) Ja. Das bringt es wohl auf den Punkt.*

Gegebenenfalls bekommen Sie nicht direkt einen Zugang zur Unternehmensführung. Suchen Sie sich in diesem Fall zunächst eine alternative Gruppe, um die Probleme und Chancen zu identifizieren. Arbeiten Sie mit Ihrem nächsten Vorgesetzten, einen anderen Manager Ihres Vertrauens oder mit einigen Kollegen zusammen, um die Probleme zusammenzutragen und zu analysieren. Stellen Sie mit diesen die Probleme und Chancen zusammen, die das Management überzeugen. Verknüpfen Sie die Probleme und Chancen mit den Zielen der Geschäftsführung und den Geschäftszielen (Abschnitt 3.3) und formulieren Sie die Notwendigkeit und Dringlichkeit (Abschnitt 3.5). Gehen Sie dann mit dieser Botschaft zur Geschäftsführung und gewinnen Sie diese. Mit anderen Worten: verwenden Sie die Techniken dieses Kapitels iterativ, um zunächst eine kleine Gruppe von Weggefährten, dann die Geschäftsführung und schließlich die gesamte Organisation zu gewinnen. (Siehe auch das Kapitel 4 auf Seite 37 zur Identifizierung Ihrer Mitstreiter.)

Wenn Sie nicht direkt Zugang zur Unternehmensführung finden, dann formulieren Sie zunächst Notwendigkeit und Dringlichkeit der Veränderung und gewinnen Sie die Geschäftsführung damit

Verifizieren Sie das Ergebnis mit anderen Mitarbeitern der Organisation und fragen Sie, was sie als die wichtigsten und dringendsten Probleme und Chancen sehen. Häufig ist die Diskrepanz der Sichten von Unternehmensführung, Mitarbeitern und Kunden bereits eine wichtige Information.

Verifizieren Sie das Ergebnis mit anderen Mitarbeitern der Organisation

Fragen Sie ebenfalls Ihre Kunden, wie sie das Unternehmen wahrnehmen. Häufig kommt von der Kundenseite die Forderung nach einer Zertifizierung – dies kann beispielsweise eine ISO-Zertifizierung, die Bestätigung eines Reifegrades nach CMMI oder ein Fähig-

Fragen Sie die Kunden nach den von Ihnen wahrgenommen Problemen – insbesondere wenn diese eine Zertifizierung fordern

keitsprofil nach SPICE sein. Dies geht in der Regel auf den Wunsch des Kunden nach einer Verbesserung zurück. Gehen Sie auch in diesem Fall den Problemen auf den Grund. Fragen Sie den Kunden, der eine Zertifizierung fordert, welche Ziele er damit verfolgt, was die Probleme aus seiner Sicht sind und welche Verbesserungen er als notwendig erachtet. Ein Blatt mit einem Zertifizierungsstempel wird nie ein ausreichender Grund sein, eine Organisation auch nur einen Millimeter zu bewegen. Solche Veränderungen nur eines Zertifikats wegen kosten nicht nur viel Aufwand, sondern sie sind selten nachhaltig und münden meistens in Ineffizienz und Bürokratie.

Abb. 16. Die Ursachenanalyse

Vermeiden Sie die typischen generischen Lehrbuchprobleme

Vermeiden Sie, einfach die typischen generischen Lehrbuchprobleme aufzulisten. Diese können ein Startpunkt für Ihre Suche nach den wirklichen Problemen Ihres Unternehmens sein. Sie sind aber zu unspezifisch und allgemein, um die ernsthaften Probleme Ihres Unternehmens so auf den Punkt zu bringen, dass sie andere überzeugen. Sie müssen den Punkten auf den Grund gehen. Wenn Sie keine überzeugenden Argumente für eine Veränderung haben, wird auch nichts geschehen.

Negativbeispiel:

Negativbeispiel: typische generische Lehrbuchprobleme

Beispiel für typische generische Lehrbuchprobleme, die zu unspezifisch sind, um konkrete Probleme Ihrer Organisation korrekt zu beschreiben:

- *Überschreitung von Kosten und Zeit*
  Unklar ist z.B.: Sind Kosten und Zeit kritisch für Ihr Unternehmen? Welche Kosten werden überschritten – die des Kunden, Ihr Budget?

- *Mangelnde Funktionalität*
  Unklar ist z.B.: Liegt das an zu spät eingebrachten Anforderungen?
  Werden Anforderungen vergessen? Fehlt Entwicklungszeit?
- *Kunden sind nicht zufrieden*
  Unklar ist z.B.: Werden Erwartungen nicht gemanagt? Ist die Ausbildung der Anwender nicht ausreichend? Liegt dies an mangelnder Funktionalität?
- *Zu viele Fehler in der Produktion*
  Unklar ist z.B: Wie viele Fehler wären akzeptabel? Sind die Kunden zufrieden oder unzufrieden?

Formulieren Sie die gefundenen Probleme, Risiken und Chancen der Organisation knapp, präzise und überzeugend. Identifizieren Sie hieraus die Probleme, Risiken und Chancen, die durch die Veränderungsinitiative verbessert bzw. adressiert werden sollen.

Identifizieren Sie die Probleme, Risiken und Chancen, die durch die Veränderung adressiert werden sollen

3.3 Verknüpfen Sie die Probleme mit den Geschäftszielen und priorisieren Sie

Nehmen Sie die Geschäftsziele zur Hand und ordnen Sie die Probleme den Geschäftszielen zu. Stellen Sie sich die Frage: „Welche der Probleme, Risiken oder ungenutzten Chancen gefährden welche Geschäftsziele?" Diese Zuordnung hilft Ihnen:

Ordnen Sie die Probleme, Risiken und ungenutzten Chancen den Geschäftszielen zu

- Probleme zu eliminieren, die keine Geschäftsziele betreffen. So haben z.B. die Produkte viele Fehler, wenn sie in Betrieb genommen werden – aber vielleicht ist es gar kein Ziel Ihrer Organisation, hoch qualitative Produkte zu erstellen;
- Notwendigkeit und Dringlichkeit der Verbesserung zu ermitteln und zu kommunizieren;
- Probleme klar, korrekt und spezifisch für das Unternehmen zu formulieren.

Priorisieren Sie die Probleme. Vergeben Sie dabei keine Prioritäten mehrfach, sondern zwingen Sie sich, die Probleme nach ihrer Bedeutung zu sortieren. Dies ist keine Liste für die Ewigkeit – die Prioritäten werden sich im Laufe der Veränderungsinitiative sicherlich ändern. Dennoch ist die Priorisierung wichtig: wenn Sie nicht genug Budget, Ressourcen oder Zeit haben, um alle Probleme anzugehen, müssen Sie wissen, auf was Sie sich konzentrieren.

Priorisieren Sie die Probleme und Chancen

3.4 Formulieren Sie das Ziel der Veränderung

Nun haben Sie eine Liste der priorisierten Probleme, Risiken und ungenutzten Chancen, und Sie haben diese an den Geschäftszielen

Formulieren Sie die positiven Ziele der Veränderung

ausgerichtet. Formulieren Sie jetzt die positiven Ziele und die Vision der Veränderung knapp, präzise und überzeugend. Achten Sie dabei darauf, dass Ziele und Vision die gesamte Organisation ansprechen – Mitarbeiter wie Management – und dass sie spezifisch sind. Während die Probleme die Ist-Situation beschreiben, ist die Formulierung der Ziele und Vision als vorwärtsgewandte Sicht und Motivation für die Veränderung wichtig.

Formulieren Sie Vision und Ziele vorstellbar, wünschenswert, fassbar, fokussiert, flexibel und kommunizierbar

Formulieren Sie die Vision und die untergeordneten Ziele der Veränderung so, dass die folgenden Eigenschaften erfüllt sind [26]:

- Vorstellbar: vermittelt ein Bild, wie die Zukunft aussieht;
- Wünschenswert: berücksichtigt die langfristigen Interessen der Mitarbeiter, Kunden und anderer Beteiligter und Betroffener;
- Fassbar: realistisch und erreichbar;
- Fokussiert: ist deutlich genug, um bei der Entscheidungsfindung eine Hilfestellung zu geben;
- Flexibel: ist allgemein genug, um unter veränderten Rahmenbedingungen Alternativen zuzulassen;
- Kommunizierbar: ist einfach zu kommunizieren und kann innerhalb von 5 Minuten erklärt werden.

3.5 Formulieren und vermitteln Sie Notwendigkeit und Dringlichkeit

Formulieren Sie auf der Basis der Probleme eine Botschaft, die Notwendigkeit und Dringlichkeit der Veränderung vermittelt

Formulieren Sie auf der Basis der Probleme und der Ziele eine Botschaft, die Notwendigkeit und Dringlichkeit der Veränderung vermittelt. Vermeiden Sie, jetzt schon Lösungen oder gar einen Veränderungsfahrplan vorzustellen. Sie müssen erst einmal die Leute aufrütteln und überzeugen, dass eine Veränderung notwendig ist. Das einzige, was Sie an dieser Stelle wissen müssen, ist, wann welche Personen die nächsten konkreten Schritte planen werden.

Notwendigkeit und Dringlichkeit können in vielen Formen dargestellt werden, müssen aber ungefälscht, glaubwürdig, authentisch und sachlich sein

Die Botschaft der Notwendigkeit und Dringlichkeit der Veränderung kann viele Formen haben. Dies kann eine Präsentation sein, es kann ein Video sein, das Beispiele der Probleme zeigt, es kann ein vorgetragener Bericht von Mitarbeitern sein. Wichtig ist, dass die Botschaft ungefälscht, glaubwürdig, authentisch und sachlich ist. Notwendigkeit und Dringlichkeit müssen für das Management und die Mitarbeiter nachvollziehbar sein (sie müssen das Problem bzw. die Chancen „sehen"), und sie müssen Management und Mitarbeiter persönlich berühren (sie müssen das Problem bzw. die Chancen „fühlen"). Packen Sie alle mit einer Botschaft der Notwendigkeit und Dringlichkeit, und bringen Sie alle dazu, selbst Handeln zu wollen.

Wenn Sie bei der Kommunikation die Technik des Sehens – Fühlens – Handelns anwenden, können Sie die Organisation zu einer echten und innerlich getragenen Mitarbeit bewegen. „Sehen" bedeutet, dass eine positive wie negative Situation durch überzeugende Beispiele visualisiert wird und so im Gedächtnis haften bleibt. „Fühlen" bedeutet, dass die Visualisierung den Zuhörer nicht nur sachlich, sondern auch gefühlsmäßig erreicht. So ist es möglich, gefühlsmäßige Barrieren gegen eine Veränderung zu überwinden und ein inneres Bedürfnis für eine Veränderung zu erzeugen. Damit gewinnen Sie die Bereitschaft der Mitarbeiter zu Handeln. Ein solchermaßen durch Fakten („Sehen") und Emotionen („Fühlen") untermauertes „Handeln" verstärkt die Bereitschaft, das Gesehene und Gefühlte konsequent umzusetzen.

Die Technik des Sehens, Fühlens, Handelns hilft, eine Organisation zu einer innerlich getragenen Mitarbeit zu bewegen

Beispiel:

Eine von uns betreute Organisation hatte Probleme mit der Lieferqualität der Ergebnisse und damit verbunden signifikante Verluste durch Gewährleistung und Konventionalstrafen. Eine erste Analyse hatte ergeben, dass das Problem zu einem großen Teil auf einer mangelnden Führung der Projekte durch das Management beruhte. Der CEO hatte deshalb die gesamte Führungsebene zu einem Arbeitstag eingeladen.

Beispiel für die Kommunikation von Notwendigkeit und Dringlichkeit durch eine Präsentation

Der CEO eröffnete selbst den Tag mit drei Grafiken, die den Umsatz, den operativen Gewinn und den durch die Gewährleistung und Konventionalstrafen verursachten Verlust zeigten. Danach wurden einige konkrete Beispielsituationen aus ausgewählten, aber allen bekannten Projekten gezeigt. (Sehen)

Während der Präsentation war es mucksmäuschenstill. Nach der Präsentation der Zahlen sagte niemand etwas – alle in der Organisation hatten ein sehr gutes positives Jahresergebnis erwartet. Bei der Vorstellung der Projektbeispiele fingen die Leute an, bei der manchmal auch witzig vorgetragenen Kritik zu klatschen und drückten damit aus, dass sie diese Probleme nicht nur genauso sahen, sondern auch eine Änderung wollten. (Fühlen)

Beispiel:

In einer anderen Organisation, die Probleme mit der Kundenzufriedenheit hatte, wurden die Kunden zu ihrer Meinung befragt und dieses Feedback auf Video aufgenommen. Außerdem wurde eine Analyse der Projektarbeit durchgeführt (siehe Kapitel 5: Ihnen ist unklar, was und wo sie anpacken müssen). Beides zusammen wurde von dem Team, das die Analyse durchgeführt hat, allen Mitarbeitern und der Geschäftsführung vorgestellt. (Sehen)

Beispiel für die Kommunikation von Notwendigkeit und Dringlichkeit durch Video und Situationsanalyse

Nach der Vorstellung war zunächst ein Schweigen im Saal. Dann drehte sich der CEO zu allen um und fragte: „Ist dieses Bild korrekt? Stimmt das?" Nach einer kurzen Weile nickten alle im Saal. Wieder war es still. (Fühlen)

Dann sagte der CEO: „Ok. Was müssen wir tun?" – dies war der Anfang einer für das Unternehmen sehr erfolgreichen Verbesserungsinitiative.

Die Botschaft zur Notwendigkeit und Dringlichkeit darf keine der Veränderungsbarrieren unterstützen

Es ist wichtig, dass Sie durch das Aufzeigen der Notwendigkeit und Dringlichkeit keine der existierenden oder latent vorhandenen Veränderungsbarrieren unterstützen. Eine Botschaft, die Ängste schürt oder bestätigt, mündet schnell in eine Starre oder Hyperaktivität. („Bei unseren jetzigen Verlusten durch die Konventionalstrafen werden wir in drei Monaten Konkurs anmelden müssen.") Eine Botschaft, die keine Dringlichkeit vermittelt, kann leicht Pessimismus und Fatalismus in der Organisation verstärken, weil die Mitarbeiter befürchten, dass sich nie etwas ändern wird. („Klar müssen wir besser planen – aber das haben wir schon vor 2 Jahren gesagt, da wird nie etwas passieren.") Vermeiden Sie solche Botschaften. Notwendigkeit und Dringlichkeit bedeutet nicht, Bomben in die Organisation zu werfen. Insbesondere deshalb muss die Botschaft der Notwendigkeit und Dringlichkeit glaubwürdig, authentisch und sachlich sein. Stellen Sie immer auch die Chancen dar, die sich durch die Veränderung bieten.

3.6   Lassen Sie die Notwendigkeit und Dringlichkeit nicht in Vergessenheit geraten

Die Notwendigkeit und Dringlichkeit müssen immer bewusst bleiben

Bei der Notwendigkeit und Dringlichkeit ist es wie bei jedem Treibstoff: Wenn er ausgeht, bleiben Sie stehen. Sie müssen sicherstellen, dass allen in der Organisation die Notwendigkeit und Dringlichkeit über den gesamten Zeitraum der Veränderung hinweg bewusst ist. Stellen Sie sicher, dass jeder an der Verbesserung Beteiligte und von der Verbesserung Betroffene in wenigen Worten sagen kann, warum die Veränderung durchgeführt wird und was deren Ziel ist. Denken Sie dabei auch an neue Mitarbeiter, denen ggf. der Veränderungsprozess, den ihr Unternehmen durchmacht, ebenfalls erläutert werden muss.

Peter, Paul und Marie

Paul überzeugt Marie, dass sie das Unternehmen aufrütteln müssen, damit sich etwas verändert und macht einen Termin mit Peter König

Paul geht zu Marie, um sie zu überzeugen, dass sie bei IIL eine Verbesserungsinitiative benötigen, die systematisch die Probleme von IIL adressiert. „Ich habe schon viele Verbesserungen kommen und gehen sehen – aber genutzt hat das bisher alles nichts." meint Paul. „Und an das Projekthandbuch hält sich sowieso keiner."

Marie nickt resigniert. „Ich weiß. Die Leute tun einfach nicht das, was wir sagen, und dem Management ist es im Endeffekt auch egal."

Paul nickt. „Stimmt. Ich glaube, dass allen nicht bewusst ist, was das für unser Unternehmen bedeutet. Ich glaube, wir müssen mal aufschreiben, warum es für IIL lebensnotwendig ist, dass wir etwas ändern."

Bevor Sie die Probleme aufschreiben ruft Paul noch beim Assistenten von Peter König an und bittet ihn, die Geschäftsziele zu schicken. Kurz darauf findet Paul in seiner Mailbox eine Folie mit folgendem Inhalt:

Paul besorgt die Geschäftsziele von IIL

Geschäftsziele von IIL:

(1)   Positives Jahresergebnis

(2)   Stärkung der Marktposition von IIL
(2.1)   Ausbau des Marktanteils
(2.2)   Schärfung des Profils im Markt
(2.3)   Verbesserung der Kundenzufriedenheit

(3)   Langfristige Stabilität von IIL
(3.1)   Geringe Mitarbeiterfluktuation
(3.2)   Sicherung des Leistungsvorsprungs

Danach nutzen Marie und Paul eine Brainstorming-Runde zur Identifizierung der Probleme, und nach einer anschließenden Diskussion kommen sie auf drei Punkte. Marie geht danach noch zum Controller, um ihn nach Daten zu fragen, damit Sie das Ausmaß der Probleme beziffern kann. Einen Tag später treffen sie sich wieder bei ihr. „Die Probleme sind größer, als ich gedacht hatte" sagt sie und legt ein Blatt mit folgenden Punkten auf den Tisch:

Paul und Marie schreiben die Probleme auf, von denen Sie glauben, dass sie IIL gefährden

- *IIL hat im letzten Jahr einen Umsatz von 200 Mio. EUR und einen operativen Gewinn von 18 Mio. EUR.*

- *Es hat uns im letzten Jahr 9 Mio. EUR gekostet, dass wir bei einigen Projekten den ursprünglich geschätzten Aufwand weit überschritten haben und bei einigen Projekten Konventionalstrafen zahlen mussten.*

- *Wir haben Aufträge in der Höhe von 30 Mio. EUR Umsatz, bei denen der Kunde droht, das Projekt abzubrechen, da er mit unserer Leistung unzufrieden ist.*

- *Eine Analyse hat ergeben, dass wir im Schnitt 10% mehr Aufwand für unsere Projekte benötigen als die Konkurrenz (das entspricht ca. 10 Mio. EUR), weil die Arbeit ineffizient ist. Wir haben aus demselben Grund im letzten Jahr 50 Mitarbeiter verloren, die ihre Arbeit unbefriedigend fanden.*

„Das ist eine ziemlich überzeugende Liste." meint Paul, „Das ist sogar erschreckend. Wir sollten auch aufschreiben, was wir glauben tun zu können". So formulieren sie als Ziel:

Paul und Marie schreiben die Ziele auf, die sie mit einer Verbesserung erreichen wollen – und wie damit die Geschäftsziele von IIL unterstützt werden

Wir haben durch konkrete Verbesserungen die Chance:

- *Eine Verlustleistung von 19 Mio. EUR (für Gewährleistung und auf Grund ineffizienter Arbeit) zu reduzieren, und dieses Geld produktiv*

> zur Stärkung der Marktposition von IIL und zur Sicherung der lang-
> fristigen Stabilität von IIL zu nutzen;
>
> • Aufträge in der Höhe von 30 Mio. EUR und damit die Marktposition
>   von IIL zu sichern, und vermutlich weitere Aufträge zu gewinnen und
>   den Marktanteil auszubauen;
>
> • Die Arbeit effizienter zu gestalten und Mitarbeiter besser für ihre
>   Arbeit zu qualifizieren. Damit können wir den Mitarbeitern ein besse-
>   res Arbeitsumfeld als die Konkurrenz bieten, und wir können unseren
>   Wissens- und Leistungsnachteil gegenüber den starken Konkurrenten
>   von IIL ausgleichen. Beides ist notwendig, um die langfristige Stabili-
>   tät von IIL zu sichern.

Paul und Marie diskutieren mit Peter König die Probleme und überzeugen ihn, das Verbesserungsmaßnahmen für IIL notwendig und dringend sind

*Nach der Diskussion machen Marie und Paul einen Termin bei Peter Kö-
nig. Zwei Tage später legen sie Peter König die identifizierten Probleme
und die Risiken auf den Schreibtisch und erklären ihm, dass sie eine Verbesserungsinitiative für notwendig und dringlich halten.*

*Peter König liest sich die Punkte durch. Obwohl er sichtlich betroffen ist
nickt er beim Lesen und meint dann: „Ich glaube, dass Sie Recht haben.
Viele der Punkte habe ich auch irgendwie wahrgenommen, aber Sie haben sie sehr gut auf den Punkt gebracht. Ich erkenne die Probleme daran,
dass wir vom Management sehr viel Zeit und Aufwand für Eskalationen
aufwenden. Ich komme kaum dazu, produktive Arbeit zu machen. Aber
was sind jetzt unsere konkreten Verbesserungen? Haben Sie Vorschläge?"*

*„Hmm" meint Paul, „wir haben alle eine Reihe von Problemen identifi-
ziert. Aber wir sollten IIL unvoreingenommen unter die Lupe nehmen,
um ganz ehrlich auf unsere Stärken und Schwächen zu kommen und
den Problemen auf den Grund zu gehen."*

*„Er meint, dass wir mal eine Standortbestimmung machen sollten" sagt
Marie. „Außerdem sollte da jemand von außen dabei sein. Danach können wir die Organisation informieren, so dass es Hand und Fuß hat."*

*„Können wir dann auch so ein Zertifikat bekommen?" fragt Peter König,
„Ich werde von unseren Kunden immer wieder gefragt, ob wir auch
CMMI zertifiziert sind."*

*„Ich denke, dass wir Ihnen in zwei Wochen einen Plan für die Standort-
bestimmung auf den Tisch legen können. Und das mit dem Zertifikat –
da informiere ich mich mal." meint Marie.*

*„Ok" sagt Peter König, „in zwei Wochen sehen wir uns wieder. Ich möch-
te, dass Sie das weiter verfolgen."*

Ihre Argumente

Was Sie tun sollten:

- Identifizieren Sie die ernsthaften Probleme, Risiken und ungenutzten Chancen der Organisation, die Sie adressieren wollen
- Verknüpfen Sie die Probleme mit den Geschäftszielen und priorisieren Sie die Probleme
- Formulieren Sie das Ziel bzw. die Vision der Veränderung
- Formulieren Sie eine überzeugende Botschaft der Notwendigkeit und Dringlichkeit und vermitteln Sie diese der Organisation
- Stellen Sie die Botschaft der Notwendigkeit und Dringlichkeit einer Veränderung ungefälscht, glaubwürdig, authentisch und sachlich dar, so dass sie ein Gefühl der Veränderungsnotwendigkeit erzeugt
- Überwinden Sie mit der Botschaft die Veränderungsbarrieren; Unterschätzen Sie nicht Selbstgefälligkeit, Unbeweglichkeit, Abwarten, Starre und Fatalismus, die in jeder Organisation existieren

Was Sie nicht tun sollten:

- Initiieren Sie keine Veränderung, ohne deren Notwendigkeit und Dringlichkeit vermittelt zu haben
- Führen Sie keine generischen Lehrbuchprobleme als Begründung für eine Verbesserung an
- Werfen Sie keine Bomben in die Organisation und vermeiden Sie reißerische Botschaften
- Verstärken Sie durch Ihre Kommunikation nicht die Veränderungsbarrieren
- Geben Sie keine Lösung oder Vision vor, bevor Sie nicht die Organisation von der Notwendigkeit und Dringlichkeit einer Veränderung überzeugt haben

Ergebnisse:

- Kenntnis der Geschäftsziele
- Priorisierte Probleme, Risiken und ungenutzte Chancen, die Sie adressieren wollen und die die Geschäftsziele betreffen
- Ziel der Veränderung
- Botschaft der Notwendigkeit und Dringlichkeit
- Eine Organisation, welche die Botschaft der Notwendigkeit und Dringlichkeit adoptiert hat und bereit ist, jetzt Veränderungen konkret anzugehen

Arbeitsaufwand:

- 10 Personentage Sie, 1/2 Tag CEO, 2h Organisation

Nutzen:

- Eine Organisation, die bereit ist zu handeln (ggf. am Anfang ein Management, das bereit ist zu handeln)

4 Niemand will mitmachen – Sie sind alleine?

Identifizieren und analysieren Sie die Betroffenen und Beteiligten. Entwickeln Sie Maßnahmen, um diese für die Veränderung zu engagieren.

Ihr Standort: Die Gebiete Involvierung, Beteiligte und Betroffene beim Basislager der Veränderung

4.1 Veränderung braucht eine engagierte Organisation

Allein schaffen Sie keine Veränderung der Organisation. Auch Napoleon hatte eine Armee, die er in die Schlachten führte, und ohne Wahlberater, Spendengelder und Heerscharen von Wahlkämpfern wäre kein einziger unserer Bundeskanzler gewählt worden. Selbst wenn Sie eine Position im oberen Management inne haben oder in der Unternehmensleitung tätig sind, müssen Sie die Mitarbeiter für Ihr Vorhaben gewinnen und ins Boot holen. Tiefgreifende Veränderungen gehen nur gemeinsam mit Kollegen, mit den Projekten, mit der ganzen Organisation. Was Sie brauchen ist ein Veränderungsteam und eine veränderungsbereite Organisation. Was Sie allein tun können ist, die anderen für Ihre Sache zu gewinnen.

Das Verbesserungs- bzw. Veränderungsteam plant die Maßnahmen, entwickelt die Lösungen und unterstützt die Organisation dabei, diese erfolgreich und nachhaltig umzusetzen. Aber nicht das Verbesserungsteam verändert die Organisation, sondern die Organisation muss sich selbst verändern. Dies ist ein erheblicher Teil des Veränderungsaufwandes. Die Mitarbeiter müssen die einzelnen Veränderungen adoptieren, d.h. annehmen, lernen, umsetzen und Feedback geben. Dies erfordert neben dem Bewusstsein der Notwendigkeit und Dringlichkeit (siehe Kapitel 3 auf Seite 23) auch eine ausreichende Veränderungsbereitschaft und -fähigkeit (siehe Abbildung 17).

Der Veränderungsbereitschaft stehen insbesondere Unsicherheiten der Betroffenen entgegen. Unsicherheiten entstehen primär aus mangelnder Information (Was kommt auf mich zu? Welche Konsequenzen hat die Veränderung?). Verstärkt werden diese, wenn die Betroffenen keine Möglichkeit haben, die Veränderung zu beeinflussen [43]. Hinzu kommt möglicherweise noch das Gefühl, nicht ausreichend qualifiziert zu sein oder dass die Veränderung zu groß ist. Insbesondere Unsicherheiten in Bezug auf den eigenen Arbeitsplatz führen zu massiver Gegenwehr bei den Mitarbeitern.

Aus Unsicherheiten entstehen
Barrieren für eine Veränderung

Wenn die Unsicherheiten nicht frühzeitig beseitigt werden und die Veränderungsbereitschaft erhöht wird, entstehen daraus die typischen Barrieren einer Veränderung. Die Beteiligten und Betroffenen verschanzen sich hinter ihren Ängsten und in ihrer Blockadehaltung. Je länger sie mit ihren Unsicherheiten allein gelassen werden, umso schwieriger ist es, diese Willensbarrieren zu überwinden. Auf der Karte der Veränderung bleiben sie im Ort „Angststarre" stehen.

Beispiel:

Beispiel: eine Initiative zur
Effizienzsteigerung löst
Unsicherheiten aus

Ein Unternehmen hat sich ein strategisches Wachstumsziel gesetzt und möchte dazu die Arbeitsabläufe und Organisationsstrukturen optimieren. Obwohl neue Arbeitsplätze geschaffen werden sollen, löst die Initiative zur effizienteren Gestaltung der Arbeitsabläufe dennoch bei vielen Mitarbeitern Angst um den eigenen Arbeitsplatz aus.

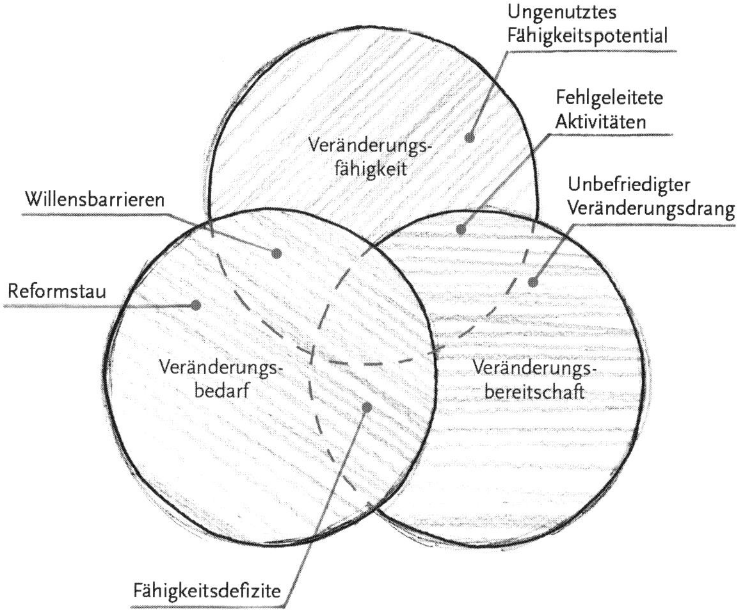

Abb. 17. Eine erfolgreiche Veränderung erfordert Veränderungsbedarf (Notwendigkeit und Dringlichkeit), Veränderungsbereitschaft und Veränderungsfähigkeit (Grafik aus [30]).

Informieren Sie die Betroffenen,
um Unsicherheiten zu verringern

Um die Ängste abzubauen, muss bei den Betroffenen eine klare Erwartungshaltung geschaffen werden: Wo stehen wir heute? Wo gehen wir hin? Was bedeutet das für die einzelnen Mitarbeiter? Gezielte Kommunikation ist unerlässlich beim Management von Veränderungen.

Darüber hinaus müssen die betroffenen Mitarbeiter die Möglichkeit haben, die Veränderung zu beeinflussen. Geben Sie ihnen die Chance, aktiv an der Gestaltung der Verbesserungen mitzuwirken, und erhöhen Sie damit die Veränderungsbereitschaft innerhalb der Organisation. Ziel ist es, die Betroffenen zu Beteiligten zu machen.

Machen Sie die Betroffenen zu Beteiligten, damit die Organisation veränderungsbereit ist

Die Beteiligung der Organisation ist nicht nur notwendig, um die Unsicherheiten zu mindern, sondern auch, weil das Verbesserungsteam die Einbeziehung der Betroffenen für die Entwicklung von Lösungen benötigt. Diejenigen, die heute die Arbeit konkret durchführen, sind zum einen Ihre Kunden, deren Bedürfnisse Sie adressieren müssen. Sie sind zum anderen aber auch Ihre Experten, die Ihnen am besten sagen können, was und wie etwas verbessert werden kann. Um gut funktionierende Problemlösungen zu entwickeln, benötigen Sie das Wissen, die Erfahrung und die Unterstützung der Betroffenen.

Machen Sie die Betroffenen zu Beteiligten, um Ihre Erfahrung zu nutzen und ihre Probleme zu adressieren

Negativbeispiel:

In einem Unternehmen wurde durch eine Strategieberatung ein Kennzahlensystem eingeführt. Die externen Berater haben die Kennzahlen alleine definiert, dokumentiert und haben ihren Auftrag mit „Erfolg" abgeschlossen. Seitdem werden durch die Projektleiter für den Monatsbericht umfangreiche Kennzahlen erhoben. Dieser Bericht wird durch eine Assistenz aufbereitet und an die Linienmanager weitergegeben.

Beispiel für eine Organisation, in der Berichte erstellt werden, die keiner nutzt

Als wir die einzelnen Personen nach der Verwendung des Berichts und der Nutzung der darin enthaltenen Informationen fragen, sagen uns die Projektleiter, dass sie den Bericht erstellen, damit das Linienmanagement den Status der Projekte kennt. Die Linienmanager sagen, dass der Bericht angefertigt wird, weil er den Projektleitern hilft, den Fortschritt des Projektes zu kennen. Sie selbst würden den Bericht nur überfliegen. Der Senior Manager sagt, dass er einen Managementbericht mit aggregierten Zahlen bekommt, er sich aber auf seine Linienmanager verlässt, die diese Zahlen benötigen.

Als Konsequenz hat diese Organisation für jedes Projekt jede Woche ca. 1 Personentag für diese Berichte aufgewendet, die niemand gelesen hat. Da die Berichte nicht genutzt wurden, hatte außer dem Projektleiter niemand in dieser Organisation eine Information über den Status der Projekte, und das Linienmanagement konnte infolgedessen die Projekte bzw. die Bereiche kaum führen.

Viele der Personen, die Sie aktiv mit in die Verbesserung einbeziehen und dafür motivieren, werden anschließend im Unternehmen selbst für die Veränderung eintreten. Das sind Ihre Multiplikatoren,

Machen Sie aus Beteiligten Multiplikatoren, die für die Veränderung eintreten

die Ihnen den Rücken stärken und auf die Sie angewiesen sind, um Stück für Stück die gesamte Organisation zu gewinnen.

4.2   Finden Sie Ihre Mitspieler

Erstellen Sie ein Beziehungsdiagramm der Betroffenen und Beteiligten

Zunächst müssen Sie wissen, wer von der Veränderung betroffen ist. Nehmen Sie sich dazu das Organigramm Ihres Unternehmens oder Ihrer Organisationseinheit. Identifizieren Sie, wer alles von dem Verbesserungsvorhaben betroffen ist oder Einfluss darauf ausübt. Dokumentieren Sie die Beteiligten und Betroffenen und deren Beziehung untereinander in einem Beziehungsdiagramm (siehe Abbildung 18).

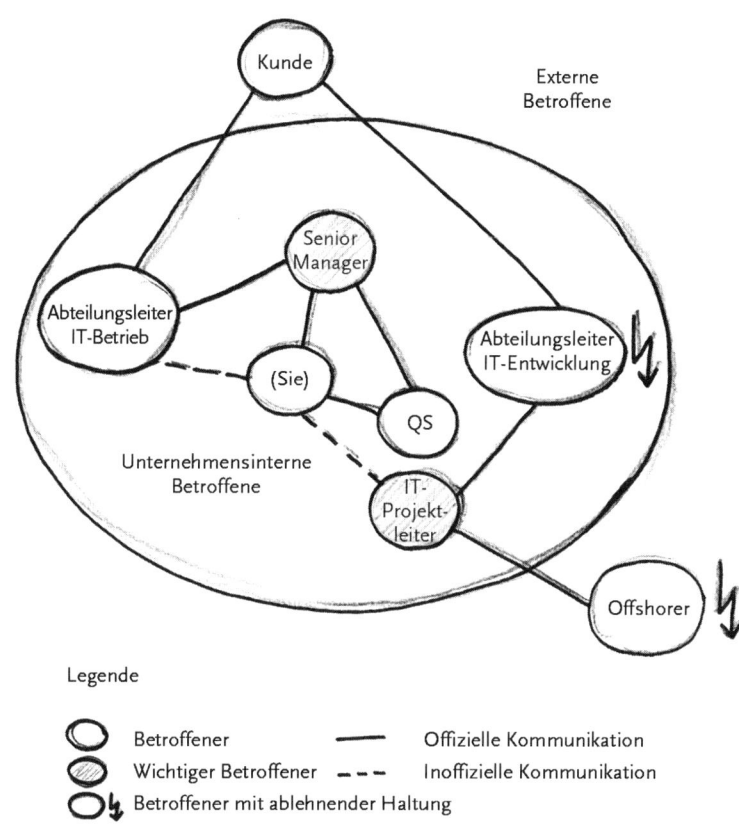

Abb. 18. Beispiel für ein Beziehungsdiagramm der Betroffenen und Beteiligten

Denken Sie auch an inoffizielle Beteiligte und Betroffene

Oft ist es nicht sofort ersichtlich, dass ein Mitarbeiter ein persönliches Interesse an der Veränderung hat, da er vielleicht nur durch inoffizielle Beziehungen und Berichtswege eingebunden ist. Identifizieren Sie auch diese Personen. Denken Sie ebenfalls darüber nach, ob es unternehmensexterne Beteiligte gibt, die Sie gegebenenfalls in

Ihr Vorhaben einbeziehen müssen. Dies trifft insbesondere auf Kunden und Zulieferer zu.

Beteiligte und Betroffene müssen nicht immer Einzelpersonen, sondern können auch Gruppen sein. Stellen Sie auch solche Personengruppen im Beziehungsdiagramm dar. Beispiele hierfür sind benachbarte Abteilungen, Ihre Kunden oder andere Unternehmen.

Beteiligte und Betroffene können auch Gruppen sein

Identifizieren Sie die für die Veränderung wichtigen Personen aufgrund ihrer Position und Einflussmöglichkeiten im Unternehmen (insbesondere Meinungsbildner). In der Notation werden die wichtigen Betroffenen fett markiert. Das gleiche gilt für starke Kommunikationsverbindungen zwischen ihnen. Anhand eines solchen Beziehungsdiagramms ist schnell erkennbar, welche Mitarbeiter und welche Kommunikationskanäle für Ihr Veränderungsvorhaben von besonderer Bedeutung sind.

Markieren Sie die einflussreichen Betroffenen

4.3   Verstehen Sie Freunde und Feinde

Um zu wissen, wie Sie die Mitarbeiter involvieren können, müssen Sie deren individuelle Interessen, Probleme und Ziele kennenlernen. Ermitteln Sie anhand des Organigramms, welche Mitarbeiter für welche Geschäftsziele verantwortlich sind und welche individuellen Interessen damit verbunden sind. Betrachten Sie die Situation aus Sicht der einzelnen Mitarbeiter. Welche Ziele und Interessen gibt es, welche Hindernisse, welche Probleme? Schreiben Sie die Betroffenen in eine Liste und tragen Sie deren Interessen ein (siehe Abbildung 19).

Finden Sie die Probleme, Interessen und Ziele der Betroffenen heraus

Tragen Sie neben den individuellen Zielen der Personen die Veränderungsziele ein, die denjenigen betreffen. Da Sie vorher bereits die individuellen Ziele der Mitarbeiter dokumentiert haben, können Sie nun bewerten, ob die Veränderungsziele den Mitarbeiter in negativer oder positiver Hinsicht berühren und ob hier möglicherweise ein Interessenkonflikt vorliegt.

Analysieren Sie welche Ziele der Veränderung die Betroffenen tangieren

Beispiel:
Ein IT-Unternehmen möchte mögliche Verschiebungen bei der Auslieferung an den Kunden früher erkennen, um die hohen Konventionalstrafen der Vergangenheit zukünftig zu vermeiden. Dazu wurde eine Verbesserungsmaßnahme gestartet, um die Transparenz und Vorausschaubarkeit der Projekte zu verbessern. Es wird ein neues Berichtsverfahren aufgesetzt, wonach der Status der Projekte und Bereiche auf Basis von berechneten Planabweichungen gebildet und bis an die Unternehmensführung aggregiert berichtet wird. Der Abteilungsleiter, der die Entwicklungsprojekte verantwortet, hat ein persönliches gehaltsrelevantes Ziel, dass mög-

Ein Beispiel zum Interessenskonflikt zwischen Unternehmensleitung und Abteilungsleiter hinsichtlich Transparenz der Projekte

lichst alle Eskalationen der Projekte von ihm gelöst und nicht weiter eskaliert werden. Er hat infolgedessen ein persönliches Interesse daran, dass Planabweichungen in den Projekten nicht weiter eskaliert werden.

Der Abteilungsleiter weist daraufhin seine Projektleiter unter vier Augen an, den Status ggf. nach eigener Einschätzung anders zu setzen, wenn sie der Meinung sind, sie würden die Planabweichungen noch in den Griff bekommen. Er handelt damit aktiv gegen die Umsetzung des neuen Statusberichtes und gegen die Veränderung.

Liste der Betroffenen und Beteiligten				
Name	Position/ Aufgabe im Unternehmen	Stakeholder- gruppe	Ziele, Interessen des Mitarbeiters	Veränderungsziele, die den Mitarbeiter betreffen
Peter Parker	Senior Manager	IT-Mgmt.	Marktposition gegenüber Konkurreten behaupten, Aquise neuer Kunden und Aufträge, Kostenoptimierung um günstig am Markt anbieten zu können	+ Erhöhung der Qualität + Effizienzsteigerung, kürzere Projektlaufzeiten
Heinz Hermann	Abteilungsleiter IT-Entwicklung	IT-Mgmt.	Alle IT-Projekte als erfolgreich abschließen, keine Planänderungen, Probleme möglichst ohne Wissen des Senior Managements lösen	+ Senkung der Projektrisiken + Erhöhung der Planungsstabilität - Transparenz der Projekte - transparente Eskalationen
Luise Sauer	Account- Managerin	Consultant	Aufträge aquirieren, hohe Kundenzufriedenheit	+ Erhöhung der Kundenzufriedenheit durch Erhöhung der Qualität
Paul Weller	IT-Projektleiter	Projektleiter	IT-Projekte erfolgreich inZeit und Budget managen	+ Senkung der Projektrisiken + Erhöhung der Planungsstabilität
Irmgard Krönke	QS- Mitarbeiterin	QS	bestehendes Projekthandbuch soll anerkannt und umgesetzt werden	- Anpassung des Projekthandbuches
Herbert Herrenburg	Abteilungsleiter IT-Betrieb	IT-Mgmt.	Betriebsanforderungen sollen in Entwicklung berücksichtigt werden, Betrieb soll früher eingebunden werden	+ Transparenz der Projekte + besser Planung der Beteiligung Betroffener

Abb. 19. Beispielliste von Betroffenen

Betroffene, deren Interessen mit den Veränderungszielen übereinstimmen, sind Sympathisanten

Wenn Sie sich mit den Interessen und Zielen Ihrer Kollegen beschäftigen, werden Sie schnell feststellen, dass es mehr Sympathisanten in Ihrer Umgebung gibt, als Sie vermutet haben. Wenn Sie unzufrieden mit bestimmten Arbeitsabläufen und Arbeitsweisen sind, geht das in den seltensten Fällen nur Ihnen so. Stimmen die Ziele der Veränderung mit den individuellen Zielen der Betroffenen überein, haben Sie bereits Fürsprecher, d.h. Sympathisanten gefunden. Haben Sie den Mut, diese anzusprechen und gemeinsam Probleme zu thematisieren und Lösungen anzudenken.

Beachten Sie aber auch Mitarbeiter, die sich entweder offen oder verdeckt widersetzen. Die wenigsten stellen sich öffentlich einem Verbesserungsvorhaben entgegen. Wenn sie es aber tun, geht dies meist mit einer gewissen Machtposition innerhalb der Organisationsstruktur einher, die es Ihnen erlaubt, sich offen gegen die Veränderung auszusprechen. Sie müssen herausfinden, was aus Sicht der offenen und verdeckten Opponenten gegen eine Verbesserung spricht und welches deren Veränderungshürden sind.

Betroffene mit Interessenkonflikten sind Opponenten

Unterschätzen Sie nicht die Bedeutung des mittleren Managements. Es ist einerseits für die Umsetzung von Verbesserungsmaßnahmen in seinem Bereich verantwortlich – dies kostet Aufmerksamkeit, Zeit, Ressourcen und Energie (siehe Abschnitt 6.4 auf Seite 73). Andererseits ist das mittlere Management durch die Veränderungen direkt betroffen und muss auch seine eigenen Arbeitsweisen anpassen. Beiden Punkten wird meistens zu wenig Aufmerksamkeit geschenkt. Häufig führt eine Professionalisierung der Arbeitsweise zu mehr Transparenz, klareren Verantwortlichkeiten und faktenbasierten Entscheidungen. Daraus resultiert eine Verschiebung von inoffiziellen zu offiziellen Machtstrukturen. Sogenannte „Fürstentümer", die sich vorher mangels klarer Strukturen herausgebildet haben, gehen verloren. Sehr oft ist das mittlere Management hiervon besonders stark betroffen. Erkunden Sie ganz besonders für diese Betroffenen, wie ihre Einstellung zum Verbesserungsvorhaben ist und wie ihre Interessen durch die einzelnen Veränderungen berührt werden. Beziehen Sie diese wichtigen Betroffenen gezielt in den Veränderungsprozess mit ein.

Das mittlere Management ist durch die Veränderungen besonders stark betroffen – unterschätzen Sie dies nicht

Um die stärker betroffenen Mitarbeiter hervorzuheben, kann zusätzlich in die Liste der Beteiligten und Betroffenen eine Markierung mit der Gewichtung der Betroffenheit eingeführt werden. Dies ist hilfreich, um in komplexeren Organisationen auf die besonders stark Betroffenen zu fokussieren.

Heben Sie die besonders stark betroffenen Mitarbeiter hervor

Bei der Analyse der Beteiligten und Betroffenen ist es anfänglich nicht wichtig, eine komplette Abdeckung zu erreichen. Im weiteren Verlauf der Veränderung werden Sie die Liste immer wieder überprüfen und ergänzen. Führen Sie die Analyse der Beteiligten und Betroffenen lieber häufiger, dafür jedesmal nur kurz und knapp durch.

Führen Sie die Analyse der Beteiligten und Betroffenen lieber häufiger, dafür jedesmal nur kurz und knapp durch

4.4 Beteiligen Sie die Betroffenen zu unterschiedlichen Zeitpunkten

Die Beteiligten und Betroffenen adoptieren eine Veränderung phasenweise in typischen Gruppen

Die Veränderungsbereitschaft der Beteiligten und Betroffenen ändert sich mit dem Fortschritt der Veränderung. Eine Veränderung wird schrittweise durch typische Adoptionsgruppen angenommen (siehe Abbildung 20) [37]. Die Mitarbeiter, die sich von Anfang an für die Veränderung aussprechen (Sympathisanten) und sich aktiv dafür einsetzen, werden als Innovatoren bezeichnet. Die Mitarbeiter, die sich zeitlich gesehen als nächstes dafür einsetzen, werden als frühe Umsetzer bezeichnet. Bei einer erfolgreichen Veränderung folgt dann die frühe Mehrheit und im Anschluss daran die späte Mehrheit der Betroffenen. Eine kleinere Gruppe von Nachzüglern übernimmt die Veränderung erst ganz zum Schluss oder gar nicht. Das Wichtige an dieser Verteilung ist, dass jede der Gruppen erst dann eine Veränderung annimmt, wenn die vorherige Gruppe dies getan hat. So wird z.B. die Gruppe der frühen Mehrheit erst dann die Verbesserung adoptieren, wenn die Gruppe der frühen Umsetzer dies getan hat und positive Erfahrungen berichtet. Sie müssen also bei einer Veränderung die Gruppen nacheinander erreichen bzw. adressieren.

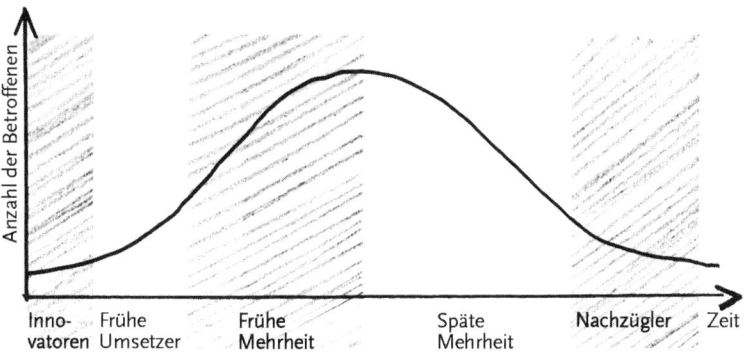

Abb. 20. Adoption der Veränderung durch Gruppen von Betroffenen mit der Zeit. Die Kurve deutet an, wie viele Personen in jeder Gruppe sind.

Innovatoren sind Fürsprecher der ersten Stunde

Die Innovatoren sind Ihre Fürsprecher der ersten Stunde. In Ihnen finden Sie die erste Unterstützung und wichtige Mitstreiter, um weitere Betroffene zu gewinnen. Mit den frühen Umsetzern werden Pilotprojekte gestartet, mit denen Sie die Verbesserungen in der Organisation testen bevor die Umsetzung in der Breite erfolgt.

Sie werden nicht alle gewinnen können

Sie werden nicht alle Betroffene für Ihr Vorhaben gewinnen können. Insbesondere die Nachzügler sind bis zuletzt Opponenten. Sie werden die Veränderung möglicherweise überhaupt nicht adoptieren. Gegebenenfalls müssen Sie sich darauf einstellen, dass einige dieser Mitarbeiter die Organisation verlassen.

Tragen Sie in die Liste der Betroffenen und Beteiligten ein, zu welcher Gruppe die aufgelisteten Mitarbeiter gehören (siehe Abbildung 20). Die Innovatoren sind die Betroffenen, die Sie als erstes in Ihr Veränderungsvorhaben einbinden.

Binden Sie als erstes die Innovatoren ein

4.5 Holen Sie Ihre Mitspieler ins Boot

Konzentrieren Sie sich zunächst auf die Mitarbeiter, die Sie für die nächsten Schritte benötigen und mit denen Sie das Verbesserungsteam bilden. Beachten Sie bei der Auswahl der Mitglieder für das Veränderungsteam, dass Sie Mitarbeiter beteiligen, die:

Bilden Sie für die nächsten Schritte das Verbesserungsteam

- in der Organisation anerkannt sind,
- über eine gute Erfahrung verfügen,
- repräsentativ für die Organisation sind und
- auch Opponenten überzeugen können.

Sie brauchen Mitarbeiter, die eine möglichst anerkannte Stellung in Ihrer Organisation haben. Überlegen Sie sich, wer in Ihrer Organisation die Meinungsbildner sind. Auf wen hören die Leute? Wer hat in der Vergangenheit die richtigen Argumente gefunden, andere zu überzeugen? Verwechseln Sie aber nicht Meinungsbildner mit Leuten, deren Meinung zwar bekannt ist, aber nicht übernommen wird. Hier haben Sie es schnell mit nicht ernst genommenen Fürsprechern zu tun, was sich für das Veränderungsvorhaben negativ auswirkt.

Beteiligen Sie Mitarbeiter, die in der Organisation anerkannt sind

Sie wollen etwas verbessern: also beteiligen Sie diejenigen, die auch jetzt schon die zu verbessernden Arbeitsabläufe besonders gut umsetzen. Wenn Sie beispielsweise die Planung von IT-Projekten verbessern wollen, dann beteiligen Sie die Projektleiter an der Verbesserungsmaßnahme, die auch heute schon eine gute und funktionierende Planung erstellen. Die besten Mitarbeiter sind diejenigen, die Akzeptanz innerhalb der Organisation haben und die Ihnen dabei helfen, gute Problemlösungen zu finden. Für Veränderungsinitiativen werden oft die Mitarbeiter gebraucht, die sonst in kritischen Situationen geholt werden (sofern sie strukturiert und methodisch vorgehen).

Beteiligen Sie die Mitarbeiter mit viel Erfahrung

Achten Sie darauf, dass Sie Mitstreiter auswählen, die für die Organisation repräsentativ sind. Wählen Sie Mitarbeiter aus allen Bereichen und allen Hierarchieebenen aus. Es nutzt beispielsweise wenig, wenn Sie nur die Projektleiter beteiligen, um die Projektplanung zu verbessern. Auch die oberen Managementebenen, die für

Achten Sie darauf, dass die Mitarbeiter, die Sie beteiligen, repräsentativ sind

die Projektrahmenbedingungen verantwortlich sind, müssen mit einbezogen werden. Ebenso die Entwickler, die möglichweise ihre Schätzungen anpassen müssen.

Es ist eine gute Strategie, Opponenten als Mitstreiter zu gewinnen

Es ist eine gute Strategie, Opponenten als Mitstreiter zu gewinnen, insbesondere wenn sie aufgrund Ihrer Position und Stellung in der Organisation als Fürsprecher geeignet sind. Gehen Sie davon aus, dass die Opponenten mit einer Machtposition im Unternehmen als versteckte oder offene Opponenten auch die größten Barrieren aufbauen können. Umso wichtiger ist es, diese Barrieren zu überwinden und aus Opponenten Sympathisanten zu machen. Damit schlagen Sie gleich zwei Fliegen mit einer Klappe: Sie räumen Hindernisse aus dem Weg und gewinnen gleichzeitig wichtige Fürsprecher.

Widerstände sind oft emotional geprägt; beachten Sie die persönlichen Interessen der Betroffenen

Selten werden Sie mit rein sachlichen Argumenten weit kommen. Widerstände resultieren aus Unsicherheiten und Interessenskonflikten. Beides hat einen hohen emotionalen Anteil. Deshalb ist auch der Widerstand emotional geprägt und sachlichen Argumenten wenig zugänglich. Sie müssen deshalb die Betroffenen auch emotional ansprechen, um ein Vertrauensverhältnis aufzubauen. Um ein Vertrauensverhältnis aufzubauen müssen Sie:

- die Interessen der Betroffenen beachten und unterstützen,
- sichtbar machen, dass Sie die Interessen der Betroffenen unterstützen,
- in Ihren Handlungen und Aussagen authentisch sein,
- von der Organisation fachlich und persönlich respektiert sein,
- eine Machtposition in der Organisation besitzen, z.B. durch Unterstützung des Senior Managements, damit Ihnen die Betroffenen die Veränderung auch zutrauen.

Definieren Sie Maßnahmen, um die Organisation zu engagieren

Ergänzen Sie die Liste der Betroffenen und Beteiligten um Maßnahmen, mit denen Sie die Mitarbeiter in Ihr Veränderungsvorhaben involvieren (siehe Abbildung 21). Diese Maßnahmen zielen zum einen darauf ab, klare Erwartungshaltungen zu schaffen, um Unsicherheiten zu verringern. Zum anderen sollen Interessenskonflikte aufgelöst werden, aufgrund derer die Betroffenen sich gegen die Veränderung stellen könnten.

Setzen Sie die Maßnahmen um

Setzen Sie nun die Aktionen zur Beteiligung der Betroffenen um, und beachten Sie dabei die Abhängigkeiten der Personen (siehe Abbildung 18). Mit der Umsetzung der Aktionen in Ihrer Liste der Beteiligten und Betroffenen können Sie nach und nach das Einverständnis der Mitarbeiter zu den Veränderungszielen erreichen.

Liste der Betroffenen und Beteiligten						
Name	Position/ Aufgabe im Unternehmen	Stakeholder-gruppe	Ziele, Interessen des Mitarbeiters	Veränderungsziele, die den Mitarbeiter betreffen	Einstellung zur Veränderung	Veränderungsziele, die den Mitarbeiter betreffen
Peter Parker	Senior Manager	IT-Mgmt.	Marktposition gegenüber Konkurreten behaupten, Aquise neuer Kunden und Aufträge, Kostenoptimierung um günstig am Markt anbieten zu können	+ Erhöhung der Qualität + Effizienz-steigerung, kürzere Projektlaufzeiten	unbekannt	Besprechungstermin zusammen mit Irmgard Krönke: Probleme aufdecken und Konsequenzen in Bezug zu Geschäftszielen, Notwendigkeit der Prozessverbesserung verdeutlichen
Heinz Hermann	Abteilungsleiter IT-Entwicklung	IT-Mgmt.	Alle IT-Projekte als erfolgreich abschließen, keine Planänderungen, Probleme möglichst ohne Wissen des Senior Managements lösen	+ Senkung der Projektrisiken + Erhöhung der Planungsstabilität - Transparenz der Projekte - transparente Eskalationen	Nachzügler	+ Senkung der Projektrisiken + Erhöhung der Planungsstabilität - Transparenz der Projekte - transparente Eskalationen
Luise Sauer	Account-Managerin	Consultant	Aufträge aquirieren, hohe Kundenzufriedenheit	+ Erhöhung der Kunden-zufriedenheit durch Erhöhung der Qualität	Frühe Mehrheit	+ Erhöhung der Kundenzufriedenheit durch Erhöhung der Qualität
Paul Weller	IT-Projektleiter	Projektleiter	IT-Projekte erfolgreich in Zeit und Budget managen	+ Senkung der Projektrisiken + Erhöhung der Planungsstabilität	Früher Umsetzer	+ Senkung der Projektrisiken + Erhöhung der Planungsstabilität
Irmgard Krönke	QS-Mitarbeiterin	QS	bestehendes Projekthandbuch soll anerkant und umgesetzt werden	- Anpassung des Projekthandbuches	Späte Mehrheit	- Anpassung des Projekthandbuches
Herbert Herrenburg	Abteilungsleiter IT-Betrieb	IT-Mgmt.	Betriebsanforderungen sollen in Entwicklung berücksichtigt werden, Betrieb soll früher eingebunden werden	+ Transparenz der Projekte + besser Planung der Beteiligung Betroffener	Innovator	+ Transparenz der Projekte + besser Planung der Beteiligung Betroffener

Abb. 21. Ergänzung der Liste der Beteiligten und Betroffenen um 2 weitere Spalten, um diese einer der Adoptionsgruppen zuzuordnen und Maßnahmen zur Einbindung zu definieren

4.6 Behalten Sie Ihre Mitspieler im Auge

Dokumentieren Sie die veränderte Einstellung zur Verbesserungsinitiative in der Liste und überdenken Sie die Ziele und Interessen sowie die Aktionen in regelmäßigen Abständen. Da sich die Veränderungseinstellung der Mitarbeiter ständig ändert, ist es wichtig, dass Sie die Betroffenen und Beteiligten immer wieder betrachten und deren Einstellung zur Veränderung überprüfen. Betrachten Sie die Liste der Betroffenen und Beteiligten als eines Ihrer wichtigsten Arbeitsmittel, um die Mitarbeiter zu involvieren und um Mitstreiter für Ihre Initiative zu haben, ohne die Sie auf verlorenem Posten wären.

Überarbeiten Sie die Liste der Betroffenen und Beteiligten regelmäßig

Peter, Paul und Marie

Paul erkennt, dass er nicht allein ist

Nach dem Gespräch mit Peter König ist Paul ermutigt, das Verbesserungsvorhaben weiter zu verfolgen. Er hat verstanden, dass er viel mehr Mitarbeiter beteiligen muss, wenn sich wirklich etwas verändern soll, als er angenommen hat. Und er erkennt auch, dass er in Marie schon einen Innovator und wichtigen Mitstreiter gefunden hat und gar nicht mehr so alleine da steht. Allerdings ist ihm auch klar, dass Marie als Mitarbeiterin der QS ggf. in der Organisation nicht so anerkannt ist.

Paul erstellt ein Diagramm der betroffenen Mitarbeiter

Als erstes macht er sich ein Diagramm von allen Betroffenen und zeichnet eine dickere Markierung um die Mitarbeiter, die eine wichtige Rolle bei der Verbesserung spielen könnten. Er überlegt sich, dass er einen guten Kontakt zu Harry, einem der Projektleiter hat und zeichnet eine dicke Verbindungslinie zwischen sich und Harry. Klaus sieht er als wichtigen Meinungsbildner. Er macht die Ressourcenplanung für die Projekte und leitet die Sitzung, in der alle Projekte ihren Status berichten.

Paul betrachtet interne und externe Betroffene und Beteiligte

Paul überlegt sich dann, dass es nicht schaden kann, Kontakt mit einem der Experten, die er auf der CMMI-Veranstaltung kennengelernt hat, aufzunehmen. Diese haben ihn mit ihrer Präsentation zur Verbesserung und Veränderung überzeugt. Auch die Kunden trägt er als eigenständige Gruppe der Betroffenen ein.

Marie korrigiert und ergänzt das Diagramm von Paul

Als er an diesem Punkt seiner Überlegungen sinnierend über seiner Zeichnung hockt, kommt Marie in sein Büro. Spontan schiebt Paul ihr die Zeichnung hin und erklärt ihr seine Überlegungen. Marie sagt nach einiger Überlegung, dass Heinz, der Abteilungsleiter für die IT-Entwicklung, fehle und dass Herbert zwar gern große Reden schwingt, aber kein echter Meinungsbildner sei. Außerdem schätzt sie ihn eher als jemanden der Späten Mehrheit, wenn nicht sogar der Nachzügler ein.

In einer Liste der Betroffenen tragen sie ihre Überlegungen zu den Interessen und Zielen der identifizierten Betroffenen ein

Gemeinsam erstellen sie daraufhin eine Liste mit allen wichtigen Betroffenen und überlegen sich deren Interessen, Probleme und Ziele. Dabei erkennen Sie, dass sie in Heinz keinen Fürsprecher haben. Heinz hat einen eher hemdsärmeligen Führungsstil und hält sich ungern an Regeln. Bei Irmgard identifizieren sie einen Interessenskonflikt, da Irmgard maßgeblich das bisherige Prozesshandbuch erstellt hat und darauf insistiert, dass dies die richtige Vorgehensweise für die Organisation ist, an der nichts mehr geändert werden müsse.

Marie will Irmgard für das Veränderungsteam gewinnen

Marie will sich auch mit Irmgard unterhalten und sie für eine „erneute" Verbesserung gewinnen mit dem Ziel, dass sich Irmgard als Prozessarchitektin im Veränderungsteam engagiert. Marie will Irmgard davon überzeugen, dass sie das Prozesshandbuch gemeinsam mit den Betroffenen überarbeiten, damit die Mitarbeiter sich auch daran halten.

Paul will außerdem auf die Account-Managerin Luise zugehen, um zu besprechen, wie sie die Veränderung gegenüber dem Kunden kommunizieren. Weiterhin beschließen sie, eine Präsentationsfolie mit den bisher identifizierten Problemen und den Veränderungszielen zu erstellen und auf der nächsten Mitarbeiterversammlung vorzustellen. Paul wird beim CEO Peter König anfragen, ob das Vorhaben im Intranet auf einer extra Seite vorgestellt werden kann und ob es möglich ist, in der nächsten Ausgabe der Unternehmenszeitung einen Artikel zu der Initiative herauszubringen.

Paul entwickelt Maßnahmen, um die Organisation zu informieren und an der Veränderung teilhaben zu lassen

Marie möchte als einer der nächsten Schritte eine Standortbestimmung durchführen. Sie möchte das Prozesshandbuch mit CMMI abgleichen und dafür ggf. einen der CMMI-Experten hinzuziehen. Paul guckt skeptisch. Marie ist ihm noch zu sehr auf das Handbuch fixiert.

Marie möchte einen Abgleich zwischen CMMI und dem Projekthandbuch, Paul ist skeptisch

Ihre Argumente

Was Sie tun sollten:

- Identifizieren und analysieren Sie die Betroffenen und Beteiligten, und identifizieren Sie Freunde und Feinde
- Erstellen Sie ein Beziehungsdiagramm der Beteiligten und Betroffenen
- Analysieren Sie die Interessen und Ziele der wichtigsten Beteiligten und Betroffenen
- Verknüpfen Sie die Ziele der Betroffenen mit den Veränderungszielen
- Definieren Sie Maßnahmen, um die Organisation zu informieren und zu beteiligen sowie um Mitstreiter zu gewinnen
- Machen Sie Betroffene zu Beteiligten
- Behalten Sie die Beteiligten und Betroffenen im Auge und analysieren Sie immer wieder Freunde und Feinde

Was Sie nicht tun sollten:

- Beteiligen Sie keine Fürsprecher, die niemand ernst nimmt
- Beziehen Sie nicht nur Betroffene aus einem Organisationsbereich oder einer Hierarchiestufe mit ein
- Lassen Sie sich nicht verleiten, die Mitarbeiter zu beteiligen, die sowieso gerade zu entbehren sind

Ergebnisse:

- Beziehungsdiagramm der Betroffenen und Beteiligten – einschließlich der Identifikation von Freunden und Feinden
- Liste der wichtigsten Betroffenen und Beteiligten mit Zielen, Interessen und Problemen
- Verknüpfung der Ziele der Betroffenen mit den Zielen der Veränderung
- Maßnahmen, um die Betroffenen als Mitspieler zu gewinnen

Arbeitsaufwand:

- Ca. 4 h für das Beziehungsdiagramm der Betroffenen und Beteiligten
- Für Analyse der Ziele und Interessen der wichtigsten Betroffenen und Verknüpfung mit den Veränderungszielen ca. 15 min pro Mitarbeiter
- Für die Definition von Maßnahmen pro Betroffenen ca. 10 min

Nutzen:

- Sie haben die Mitspieler identifiziert, die gemeinsam mit Ihnen für die Veränderung eintreten
- Sie haben eine Organisation, die bereit ist, die Veränderung anzunehmen und umzusetzen

5 Ihnen ist unklar, was und wo Sie anpacken müssen?

Finden Sie heraus, wo Sie stehen, um zu verstehen, was Sie tun müssen, und machen Sie dies in der Organisation klar.

Ihr Standort: Assessment, Stärken und Schwächen im Osten; Hafen der Verbesserungsvorschläge und Stadt der Ideen im Westen

5.1 Veränderung braucht Orientierung

Sie kennen die Probleme der Organisation sowie die Notwendigkeit und die Dringlichkeit für eine Veränderung. Sie haben mögliche Mitstreiter identifiziert und eine Idee, welches Team eine Veränderung beginnen könnte. Sie haben auch Unterstützung erster wichtiger Personen in der Organisation für die Veränderungen. Aber was muss verbessert werden, um die Probleme zu adressieren und in welcher Reihenfolge muss dies geschehen? Diese Antwort kann Ihnen in der Regel in Ihrer Organisation keine einzelne Person geben. Die Probleme verteilen sich über verschiedene Organisationsbereiche, Personen, Prozesse und Führungsebenen. Um entscheiden zu können, was die Ursachen Ihrer Probleme sind und welche Schritte zuerst in Angriff genommen werden müssen, benötigen Sie eine objektive Sicht auf die Stärken und Schwächen Ihrer Organisation. Aus einer solchen Standortbestimmung können Sie dann die notwendigen Maßnahmen und Schritte ableiten.

Um eine Veränderung durchführen zu können, müssen Sie wissen, wo die Organistion heute steht und welche Verbesserungen Sie durchführen müssen

In den meisten Fällen müssen Sie eine Zustimmung des Managements einholen, um die Ressourcen bzw. das Budget für die Durchführung der Standortbestimmung zu erhalten. Nutzen Sie die bisher gesammelten Argumente, um dies zu einem geeigneten Zeitpunkt zu tun. Damit sollte auch gleich der Sponsor der Standortbestimmung definiert werden. Dieser hat neben der Funktion als Geldgeber auch eine wichtige Rolle bei der Priorisierung und Durchsetzung der Standortbestimmung. Die Voraussetzung dafür, dass er diese Rolle wahrnehmen kann, ist in der Regel, dass der Sponsor eine Weisungsbefugnis für alle an der Standortbestimmung betroffenen Bereiche hat – zum Beispiel als CIO oder Leiter der betrachteten Lokation.

Holen Sie die Zustimmung des Managements ein und definieren Sie den Sponsor

Für eine objektive und systematische Standortbestimmung benötigen Sie ein sogenanntes Referenzmodell. Ein solches Modell beinhaltet die Punkte, die effektive und effiziente – also „gut funktionie-

Für eine objektive Standortbestimmung benötigen Sie ein Referenzmodell

rende" – Arbeitsabläufe und Arbeitsweisen charakterisieren. Ein Referenzmodell ist – wie der Name schon sagt – eine Referenz, gegenüber der Sie die Arbeitsweisen Ihrer Organisation objektiv einschätzen können. Wenn Sie einmal wissen, wo Sie stehen, können Sie das Referenzmodell darüber hinaus auch dazu nutzen, um mögliche Wege zu Ihrem Ziel zu bestimmen. Ein Referenzmodell ermöglicht Ihnen also nicht nur eine objektive Beurteilung Ihrer jetzigen Situation, sondern es hilft Ihnen auch, das Ziel der Veränderung und die Reihenfolge der Veränderungsmaßnahmen zu bestimmen.

Sie benötigen zwei Karten: die Karte der Veränderung und ein Referenzmodell

Neben dem Referenzmodell ist die Karte der Veränderung (siehe Kapitel 1) die zweite wichtige Orientierung, die Sie benötigen. Die Karte der Veränderung stellt die wichtigsten Elemente des Vorgehens bei einer Verbesserung dar. Das Referenzmodell beschreibt die wichtigsten Elemente des Ziels der Verbesserung – nämlich die Charakteristiken einer effektiven und effizienten Organisation. Für eine erfolgreiche Veränderung benötigen Sie beides – Wissen über das Vorgehen und Wissen über das Ziel.

Eine Standortbestimmung – auch Assessment genannt – liefert einen objektiven Blick auf die Stärken und Schwächen

Eine initiale Standortbestimmung – auch Assessment genannt – zeigt Ihnen auf, wo Sie sich in Bezug auf die Anforderungen des Referenzmodells befinden. Nur wenn Sie wissen wo Sie stehen, können Sie den Weg zum Ziel festlegen. In einem solchen Assessment wird die Arbeit der Organisation durch ein ausgebildetes Team von Experten auf der Basis eines Referenzmodells bewertet. Das Ergebnis ist ein möglichst objektiver Blick auf die Stärken und Schwächen der Organisation. Zusätzlich werden Geschäftskonsequenzen für die gefundenen Schwächen erkannt und entsprechende Verbesserungsmaßnahmen vorgeschlagen. Das Assessment liefert Ihnen eine glaubwürdige, authentische und sachliche Darstellung der momentanen Situation der Organisation und bietet damit die Untermauerung der schon identifizierten Notwendigkeit und Dringlichkeit (siehe Kapitel 3).

Nutzen Sie das Assessment zur Mobilisierung der Organisation

Neben der Feststellung der Ist-Situation der Organisation bietet das Assessment eine weitere große Chance. Nutzen Sie das Assessment und dessen Ergebnis, um eine Mobilisierung der Organisation zu erreichen. Das Assessment ist ein Werkzeug, mit dem Sie sowohl das Management als auch die Mitarbeiter einbinden und einen gemeinsamen Startpunkt für eine Veränderung schaffen können.

5.2   Wählen Sie ein Referenzmodell

Entscheiden Sie sich für ein Referenzmodell und bleiben Sie dabei

Wählen Sie zunächst das Referenzmodell aus, das Sie als Grundlage und Orientierung für das Veränderungsvorhaben nutzen, und ändern Sie dieses nicht unterwegs. Für die Entwicklung von Software-

und Hardware-Systemen gibt es z.B. das Capability Maturity Model Integration (CMMI). Ein ähnliches Referenzmodell ist SPICE (Software Process Improvement and Capability Determination). Für den IT-Betrieb gibt es die IT Infrastructure Library (ITIL). Weiter unten beschreiben wir diese Referenzmodelle kurz. Wie bei Landkarten ist es nicht entscheidend, welches Referenzmodell Sie nutzen, sondern dass die kartographierte Gegend die Passende ist. Darüber hinaus ist die Qualität des Referenzmodells wichtig.

Abb. 22. Wenn Sie nicht wissen wo Sie sind, nutzt Ihnen eine Karte nichts –
daher ist eine Standortbestimmung am Anfang einer Veränderung notwendig

Im Gegensatz zu einer konkreten Prozessbeschreibung (auch Vorgehensmodell genannt) definiert ein Referenzmodell, „Was" bei einer effektiven und effizienten Arbeit zu tun ist, es gibt aber keine konkreten Schritte und Strukturen (das „Wie") vor. Das „Wie" variiert je nach Organisation. Ein Referenzmodell hilft also, keine wichtigen Punkte zu übersehen, und es lässt gleichzeitig große Freiheiten bei einer für die Organisation adäquaten Umsetzung. Dies bedeutet insbesondere, dass bei einem Assessment die Arbeitsweisen der Organisation nicht nur gegenüber dem Referenzmodell, sondern auch gegenüber den organisatorischen Rahmenbedingungen und Geschäftszielen bewertet werden.

Referenzmodelle definieren „Was" aber nicht „Wie" etwas zu tun ist

Beispiel: Information Technology Infrastructure Library (ITIL)

ITIL ist ein Referenzmodell, welches von der britischen Behörde Office of Government Commerce (OGC) entwickelt und herausgegeben wurde. ITIL hat sich für den laufenden IT Betrieb eines Unternehmens als Verbesserungsmodell etabliert und gewinnt in Europa und Amerika immer mehr an Bedeutung.

ITIL besteht aus mehreren Büchern, in denen alle wichtigen Prozesse für das IT Service Management beschrieben werden. Die Version 2 besteht aus acht Büchern, von denen sich zwei in den letzten Jahren in der Praxis besonders bewährt haben, nämlich Service Support und Service Delivery. Diese beiden Bücher beinhalten 10 Prozesse, wobei jedes sein eigenes Glossar und seine eigene Struktur hat [38]. Die neue Version 3 umfasst fünf Bücher, in denen der bestehende Inhalt neu organisiert und ergänzt wurde [39]. Die ITIL Bücher können über den Buchhandel bezogen werden.

Für ITIL gibt es eine Integration mit dem Capability Maturity Model Integration (CMMI), das die Entwicklung von IT Systemen adressiert (siehe nächstes Beispiel).

ITIL hat europaweit eine sehr große Verbreitung gefunden. Zu ITIL gibt es unterschiedliche Ausbildungsmöglichkeiten, die mit standardisierten Prüfungen abgeschlossen werden (ITIL Foundation Certificate, ITIL Service Manager). Die Schulungen selbst sind nicht standardisiert. Assessments auf den IT Betrieb können mit Hilfe der ISO/IEC 20000 durchgeführt werden. Diese Norm nutzt ITIL nicht direkt als Referenzmodell, lässt aber Rückschlüsse auf die Umsetzung von ITIL zu.

Beispiel: Capability Maturity Model Integration (CMMI)

Das Capability Maturity Model Integration (CMMI) ist eine Familie von Referenzmodellen, die alle eine gemeinsame Struktur und Systematik haben. Im Prinzip handelt es sich bei CMMI um ein Set von „Karten", die identisch aufgebaut sind und zusammen ein größeres Gebiet abdecken. CMMI wird vom Software Engineering Institute (SEI) der Carnegie Mellon University betreut und kontinuierlich weiterentwickelt.

Bei CMMI gibt es zur Zeit vier Karten. Das CMMI for Development (CMMI-DEV) beschreibt die Charakteristiken einer Entwicklungsorganisation, zum Beispiel eines Unternehmens oder eines Bereichs, der IT Systeme entwickelt. Daneben gibt es das CMMI for Aquisition (CMMI-ACQ) und das – noch in Entwicklung befindliche – CMMI for Services (CMMI-SVC). Jedes der CMMI Modelle ist in Form eines Buchs zusammengefasst. Die elektronischen Versionen der CMMI Modelle können kostenlos von der Webseite des SEI herunter geladen werden [11]. Darüber hinaus existiert eine Version von ITIL in der CMMI Struktur – das CMMI für IT Operations (CMMI-ITIL) [17].

Das CMMI for IT Operations (CMMI-ITIL) und das CMMI for Development (CMMI-DEV) werden wir im folgenden weiter als Grundlage für die Beispiele in diesem Buch nutzen.

CMMI hat weltweit eine sehr große Verbreitung gefunden. Alle CMMI-Modelle sind systematisch und identisch aufgebaut, und alle Punkte des Referenzmodells (z.B. „Erstellen eines Projektstrukturplans") werden durch 1-2-seitige Texte erklärt. Zu CMMI gibt es umfangreiche Ausbildungsmöglichkeiten, unter anderem im Referenzmodell und im Assessmentverfahren. Die Schulungen sind durch das SEI standardisiert. Eine Qualitätssicherung der Schulungen und Assessments findet durch das SEI statt.

Beispiel: SPICE bzw. ISO/IEC 15504

Mit SPICE (Software Process Improvement and Capability Determination) [14] wird eine Familie von Referenz- und Assessmentmodellen bezeichnet, die auf der Norm ISO/IEC 15504 fußen [22]. Die ISO/IEC 15504 definiert Anforderungen an ein Referenzmodell und an ein Assessment-Verfahren. Zu diesem Anforderungen gibt es eine Reihe von Referenzmodellen mit einer gemeinsamen Struktur und Systematik, d.h. ebenfalls ein Set von „Karten" für bestimmte Anwendungsgebiete. Teil 5 der ISO/IEC 15504 beschreibt ein Referenzmodell für die Softwareentwicklung. Andere Referenzmodelle sind z.B. Automotive SPICE [2] und SPICE for SPACE (unveröffentlicht). Ein Referenzmodell für die Systementwicklung ist zur Zeit in Arbeit, aber noch nicht fertiggestellt.

Beispiel: SPICE (Software Process Improvement and Capability Determination) bzw. ISO/IEC 15504

SPICE ist inhaltlich vergleichbar mit CMMI. Beide Modelle wollen dasselbe und sind in ihren Anforderungen fast identisch. CMMI vertieft die Anforderungen durch informative Erklärungen. Dies erklärt auch den quantitativen Unterschied der beiden Modelle.

Die ISO/IEC Normen bzw. SPICE haben in Europa Verbreitung gefunden. Die Ausbildung in SPICE umfasst zwei fünftägige Assessmentschulungen. Im Gegensatz zu CMMI gibt es bei SPICE keine explizite Ausbildung zum Referenzmodell selbst. Das iNTACS (International Assessor Certification Scheme) gibt die Inhalte der Schulungen vor, nicht aber die genauen Schulungsunterlagen. Eine Qualitätssicherung der Schulungen und Assessments findet durch das iNTACS statt.

Lassen Sie das Team, das die Verbesserung umsetzen oder die Standortbestimmung durchführen soll, in dem ausgewählten Referenzmodell ausbilden. Eine Schulung dauert je nach Modell und Umfang der behandelten Themen 2-4 Tage. Eine solche Ausbildung ist notwendig, da alle Referenzmodelle als Nachschlagewerke und nicht als ein Buch zum Lesen konzipiert sind. Eine gezielte Ausbildung führt Sie in die Strukturen, Zusammenhänge und wichtigsten Themen ein, und sie hilft Ihnen bei der Interpretation des Modells.

Lassen Sie das Team im ausgewählten Referenzmodell ausbilden

Nutzen Sie Experten, damit Sie das Referenzmodell korrekt und effizient nutzen

Nutzen Sie außerdem Experten, die Erfahrung mit der Einführung des gewählten Referenzmodells haben. Dies hilft Ihnen eine korrekte und effiziente Nutzung des Referenzmodells sicherzustellen und verhindert Missinterpretationen.

5.3   Bestimmen Sie Ihren Standort

Führen Sie ein Assessment durch und bewerten Sie die Organisation gegenüber dem Referenzmodell und den Geschäftszielen

Führen Sie ein Assessment durch und evaluieren Sie mit einem Assessmentteam, inwieweit die Organisation die im Referenzmodell definierten Kriterien an die einzelnen Aufgabenbereiche (auch Prozessgebiete genannt) erfüllt. Erarbeiten Sie im Assessmentteam für die einzelnen Kriterien des Referenzmodells die Stärken, Schwächen, Geschäftskonsequenzen und Verbesserungsvorschläge. Diese Information benötigen Sie, um die richtigen Verbesserungen in Ihrer Organisation anstoßen und planen zu können (siehe Abschnitt 8.3 auf Seite 108). Achten Sie auch darauf, was in der Organisation gut funktioniert und beibehalten bzw. verstärkt werden sollte.

Setzen Sie das Assessmentteam aus einer Mischung verschiedener Experten zusammen – dies ist entscheidend für ein objektives und korrektes Ergebnis

Um eine möglichst objektive und korrekte Standortbestimmung durch das Assessment zu erhalten ist die richtige Zusammensetzung des Assessmentteams wichtig. Setzen Sie daher das Team aus einer Mischung verschiedener Experten zusammen. Die Teammitglieder sollten eine langjährige Erfahrung im betrachteten IT-Umfeld haben (z.B. erfahrene Projektleiter, erfahrene Entwickler, erfahrene Manager, erfahrene Qualitätssicherer etc.). Das Team sollte nicht nur aus Mitgliedern einer Qualitätssicherungsabteilung bestehen, und ebensowenig nur aus Projektleitern. Setzen Sie das Team aus verschiedenen Disziplinen zusammen, damit im Assessment die verschiedenen Aspekte berücksichtigt werden.

Nutzen Sie externe Teammitglieder und deren Objektivität, Erfahrung und Wissen

Wenn das ausgewählte Referenzmodell neu für Ihre Organisation ist, nutzen Sie externe Teammitglieder, die ein fundiertes Wissen im ausgewählten Referenzmodell und im Assessmentvorgehen haben. Externe Assessmentteammitglieder bringen Objektivität, Erfahrungen aus anderen Assessments, Lösungswissen aus anderen Organisationen und Kenntnisse in der Umsetzung von Veränderungen mit. Besetzen Sie insbesondere den Assessmentleiter extern, sofern intern keine Ausbildung in dem Referenzmodell und der Durchführung entsprechender Assessments vorhanden ist. Nur wenn ein gutes Verständnis des Assessmentvorgehens und des Referenzmodells im Team vorhanden ist, kann das Assessment korrekt durchgeführt werden, und nur dann hilft das Ergebnis der Organisation wirklich weiter.

Externe Teammitglieder können Probleme leichter offen ansprechen

Ein weiterer Grund für den Einsatz von externen Teammitgliedern kann das Bestreben sein, sie bei Bedarf die Rolle des Überbringers schlechter Nachrichten übernehmen zu lassen. Einerseits haben externe Teammitglieder weniger Skrupel, offen mit dem Management zu sprechen, Probleme darzustellen und die im Zweifelsfall eingeschränkt guten Ergebnisse des Assessments zu präsentieren. Andererseits gilt hier das aus der Bibel zitierte Sprichwort, dass der Prophet im eigenen Land wenig zählt. Daher wird einer Präsentation durch externe Teammitglieder – oder einer Präsentation, in die externe Erfahrung eingeflossen ist – auf allen Ebenen meist mehr Aufmerksamkeit geschenkt. In erfahrenen Organisationen werden externe Teammitglieder auch gerne eingesetzt, um neue Ideen und Aspekte in die Organisation zu tragen.

5.4 Mobilisieren Sie Ihre Organisation

Kommunizieren Sie die Ergebnisse des Assessments in der gesamten Organisation. Hierzu wird in der Regel eine Abschlusspräsentation des Assessments durchgeführt. Die Offenheit ist zum einen aus Gründen der Transparenz sinnvoll („ich möchte wissen, was die da machen und was da rauskommt"), zum anderen auch aus Gründen der Mobilisierung. Geben Sie der Organisation eine neutrale, ehrliche und objektive Beurteilung der Stärken und Schwächen. An dieser Stelle sollte auch das Management seinen Teil beitragen. Seine Aufgabe ist es, die zwingende Notwendigkeit und Dringlichkeit für die Veränderungen darzulegen und seine Unterstützung der Initiative klarzustellen. Hier muss das Management seine eindeutige Verpflichtung zu der anstehenden Veränderung geben. Nur dann werden Sie es schaffen, dass die gesamte Organisation die Ergebnisse akzeptiert und den abgeleiteten Maßnahmen zustimmt. Die Akzeptanz und Zustimmung der Betroffenen ist ein großer Meilenstein auf dem Weg zur Veränderung der Organisation.

Kommunizieren Sie die Ergebnisse und stellen Sie die Akzeptanz und Zustimmung der Organisation sicher

Für die Mitarbeiter ist das Assessment die Chance, ihre Probleme darzulegen und mit einer gemeinsamen Stimme eine Veränderung zu fordern. Es ist der erste Schritt zur Einbeziehung der Mitarbeiter. Die Mitarbeiter müssen das Gefühl haben, dass die Organisation sich selbst kritisch und vor allem ehrlich betrachtet, und dass ihre Stimme wichtig ist und gehört wird. Stellen Sie bei der Durchführung des Assessments klar, dass es um eine Feststellung des Verbesserungspotentials geht, und dass es das Ziel ist, wirklich etwas zu bewegen und zu verbessern. Häufig sind die Mitarbeiter in den Projekten und die Projektleiter die Leidtragenden von fehlenden Strukturen und unsystematischen Vorgehensweisen. Viele Mitarbeiter haben schon einige Prozessverbesserungsinitiativen kommen und gehen sehen, und es hat sich oft eine gewisse Resignation breit gemacht. Diese Resignation können Sie mit dem Assessment ankratzen und den Mitarbeitern eine Hoffnung auf Verbesserung geben. Viele Mitarbeiter sagen nach einem solchen Assessment: „Na, wenn

Die Mitarbeiter sehen das Assessment als Chance zur Verbesserung – binden Sie diese daher ein

jetzt nichts passiert, dann wird sich nie etwas ändern". Die meisten sehen die Bewegung, die ein solches Assessment in die Organisation bringt, als eine große Chance, dass sich wirklich etwas verändert. Diese Erwartungshaltung müssen Sie mit Ihrem Assessmentteam bis zum Management tragen.

Das Management muss die Ergebnisse akzeptieren und sich zu Veränderungen verpflichten

Präsentieren Sie Ihrem Management die Ergebnisse mit dem gesamten Assessmentteam. Indem ein Team vor ihm steht und zu den Ergebnissen nickt, wird das Management akzeptieren, dass diese Schwächen wirklich existieren und dass die Verbesserungsvorschläge tatsächlich notwendig sind. Die Präsentation für das Management kann in einer kleinen Runde durchgeführt werden (Executive Briefing) bevor die Präsentation vor der gesamten Organisation stattfindet. Dies gibt dem Management die Chance, sich auf das Ergebnis einzustellen und entsprechende Antworten auf die Erwartungshaltung der Mitarbeiter vorzubereiten. In dem Executive Briefing können Sie auch die konkreten nächsten Schritte besprechen, die dann anschließend der gesamten Organisation präsentiert werden. In der Präsentation vor der gesamten Organisation muss sich das Management zu den notwendigen Verbesserungen verpflichten und seine Unterstützung zusagen. Dies ist ein wichtiger Schritt in der Entwicklung der Organisation. Zu dieser Verpflichtung gehört auch, die notwendigen Ressourcen bereitzustellen und eventuelle zwischenzeitliche Produktivitätstiefs zu akzeptieren (siehe auch „Tal der Tränen" in Abschnitt 7.3 auf Seite 89).

Das Assessment bewirkt eine starke Motivation der gesamten Organisation

Durch die Vorstellung des Assessment-Ergebnisses vor der gesamten Organisation wird dieser vor Augen geführt, wo ihre Stärken und Schwächen liegen. Die eindeutige Benennung der Schwächen vor der versammelten Mannschaft bewirkt in der Regel einen kleinen Schock, einen angehaltenen Atem und eine Spannung auf die Reaktion des Managements. Das Management wird darauf antworten und klar machen, dass diese Schwächen behoben werden und dass dies eine Priorität gegenüber den tagtäglichen Geschäften hat. Dies bewirkt eine starke Motivation der gesamten Organisation und kann helfen, viele der offenen und verdeckten Barrieren für eine Veränderung zu überwinden (vgl. Kapitel 3 „Niemand sieht einen wirklichen Grund für eine Veränderung?" auf Seite 23).

Ein Assessment erhöht die Veränderungsbereitschaft in der Organisation

Das Assessment erhöht die Veränderungsbereitschaft in der Organisation („wir packen es gemeinsam an"). Es wird Ihnen einerseits helfen Opponenten der Veränderung zu überzeugen. Andererseits wird es aber teilweise auch aus offenen Opponenten verdeckte Opponenten machen, da sich nach dem Assessment keiner mehr trauen wird, offen gegen die Veränderung zu sprechen. Der Veränderungsbedarf für die Organisation wurde dort unmissverständlich klar gemacht und von den Mitarbeitern und vom Management akzeptiert. Den durch das Assessment ausgelösten Motivationsschub in der Organisation müssen Sie für die Veränderung nutzen. Dazu müssen die nächsten Schritte zur Veränderung zügig im Anschluss durchgeführt werden. Für die Organisation darf keine monatelange Pause eintreten, ansonsten versandet die Motivation.

Es gibt durchaus einige Fälle, bei denen die Chance, die das Assessment bietet, nicht genutzt werden. Typische Fehler sind:

- die Analysen werden unzusammenhängend durchgeführt und es gibt kein Team, welches das gesamte Bild kennt;
- die Ergebnisse werden der Organisation nie vorgestellt;
- die gefundenen Schwächen und das Assessment insgesamt machen keinen bleibenden Eindruck auf die Organisation;
- die Ergebnisse werden nicht für eine konkrete Maßnahmenplanung und -umsetzung verwendet, und das Assessment verpufft ohne Wirkung.

Manchmal wird ein Assessment nicht zur Mobilisierung genutzt und verpufft

An den obigen Fehlern kranken dann alle weiteren Bestrebungen zur Verbesserung. Die Wirkung eines richtig durchgeführten Assessments in der Organisation und auf das Management lässt sich nicht durch andere Aktivitäten erreichen. Widmen Sie daher der Durchführung des Assessments ein besonderes Augenmerk.

5.5 Finden Sie Ihren Weg

Als Grundlage für die weiteren Verbesserungsaktivitäten werden im Assessment die Stärken und Schwächen der Organisation ermittelt. Darauf aufbauend werden Geschäftskonsequenzen und vor allem Maßnahmen definiert, die durchgeführt werden müssen, um die Schwächen zu beheben und die Stärken weiter auszubauen.

Das Ergebnis eines Assessments sind Stärken, Schwächen und Maßnahmen

Die einzuleitenden Maßnahmen müssen die Geschäftsziele der Organisation unterstützen. Daher sind die Geschäftsziele die Maßgabe für die Priorität und bestimmen maßgeblich die Reihenfolge der Durchführung der Maßnahmen. Zeigen Sie die Verbindung der Geschäftsziele zu den Maßnahmen, und stellen Sie dar, wie die Maßnahmen die Geschäftsziele unterstützen. Durch die priorisierten Geschäftsziele ergibt sich auch die Priorisierung der Maßnahmen. Nutzen Sie das Referenzmodell, um Zusammenhänge zu verstehen und die Priorisierung der Maßnahmen zu unterstützen. Berücksichtigen Sie dabei auch die Rahmenbedingungen der Organisation, wie z.B. deren Struktur oder Kultur.

Die Maßnahmen müssen die Geschäftsziele unterstützen und entsprechend priorisiert werden

Beispiel 1: Reduktion von Time-to-Market als Ziel
Eine Organisation entwickelt innovative Web-Applikationen und ist damit immer mit bei den ersten auf dem Markt. Ihr primäres Geschäfts-

Beispiel 1: Reduktion von Time-to-Market als Ziel

ziel ist es, bei neuen Entwicklungen der erste auf dem Markt zu sein. Damit hat die Reduktion von Time-to-Market eine hohe Priorität. Dabei ist der eine oder andere Fehler im Betrieb ein relativ kleines Problem und dem zeitlichen Aspekt deutlich untergeordnet.

Bei einem Assessment werden Schwächen im Bereich des Projektmanagements und der Qualitätssicherung gefunden. Die Maßnahmen, die sich auf Projektmanagement beziehen – insbesondere solche, die sich auf Projektplanung beziehen – werden als höchste priorisiert. Die Maßnahmen, die sich mit Testen und Qualitätssicherung befassen werden niedriger priorisiert.

Beispiel 2: Erhöhung der Fehlerfreiheit als Ziel

Beispiel 2: Erhöhung der Fehlerfreiheit als Ziel

Eine andere Organisation ist an der Entwicklung des Steuersystems für einen Hubschrauber beteiligt. Das primäre Ziel dieser Organisation ist die Sicherheit und Fehlerfreiheit des Systems, da hier Menschenleben auf dem Spiel stehen, wenn Fehler im System auftreten. Dabei ist die zeitliche Komponente weniger wichtig („lieber liefere ich ein fehlerfreies System und dafür 2 Monate später").

Die hier in einem Assessment gefundenen Schwächen liegen auch im Projektmanagement und in der Qualitätssicherung. In diesem Fall werden aber aufgrund der Geschäftsziele der Organisation die Maßnahmen für Testen und Qualitätssicherung weit höher priorisiert, als jene, die sich mit dem Projektmanagement befassen.

5.6   Verfolgen Sie, wie Sie vorwärts kommen

Planen Sie regelmäßige kleinere Standortbestimmungen als Kontrollpunkte

Im weiteren Verlauf Ihrer Verbesserungsinitiative werden Sie sich planmäßig Ihrem Ziel, das Sie sich anhand des Referenzmodells vorgegeben haben, immer weiter nähern. Um sicherzustellen, dass Sie wirklich auf dem richtigen Weg sind, sollten Sie in regelmäßigen Abständen weitere – eventuell kleinere – Assessments durchführen. Dies sind Kontrollpunkte, an denen Sie feststellen, ob sich die Organisation tatsächlich durch ihre Verbesserungsaktivitäten bewegt hat und dem Ziel näher kommt. Diese wiederholten Standortbestimmungen können sich auf bestimmte Organisationsteile oder bestimmte Tätigkeiten beschränken, je nachdem, was zu bestimmten Zeitpunkten sinnvoll ist. Interessant sind jene Bereiche, in denen ein gewisser Fortschritt zu erwarten ist. Für solche Bereiche, in denen (noch) keine Verbesserungen stattgefunden haben, brauchen Sie natürlich keine wiederholten Überprüfungen.

Nutzen Sie die Ergebnisse der Standortbestimmungen als weitere Motivation

Planen Sie diese Assessments ein, und nutzen Sie die gleichen oder vergleichbare Assessmentteammitglieder dafür. Nutzen Sie auch diese Ergebnisse als Motivation für die Organisation und zeigen Sie auf, was sich schon bewegt hat. Ein positives Feedback für die Organisation wird Ihnen helfen, weitere Barrieren zu reduzieren und

Kontrahenten von der Wirksamkeit der Verbesserung zu überzeugen. Verwenden Sie neben den Assessments auch Metriken, um den Fortschritt und Nutzen der Verbesserung sichtbar zu machen. Hierauf gehen wir im Kapitel 11 auf Seite 173 im Detail ein.

Ich sage, er sollte anhalten und jemanden nach dem Weg fragen!

Abb. 23. Sie sollten immer wieder überprüfen, wie Sie vorwärts kommen und ob Sie noch auf dem richtigen Weg sind

5.7 Definieren und prüfen Sie Ihre Zielerreichung

Nutzen Sie ein offizielles Assessment als Meilenstein, an dem Sie die Umsetzung der Verbesserungen objektiv überprüfen. Definieren Sie am Anfang der Veränderung, wie Sie die Zielerreichung am Ende prüfen werden. Das offizielle Assessment hilft, die gesamte Organisation auf die Verbesserung und auf das gemeinsame Ziel hin zu verpflichten. Diese Verpflichtung gibt der Veränderung eine wichtige Rückendeckung. Zusätzlich ist ein erfolgreich bestandenes offizielles Assessment eine in der Industrie de-facto anerkannte Auszeichnung.

Nutzen Sie ein offizielles Assessment als Meilenstein, um die Zielerreichung zu prüfen und die Organisation zu verpflichten

Achten Sie aber auch darauf, dass das offizielle Assessment nicht zum Selbstzweck wird. Das Ziel Ihrer Veränderung ist die Verbesserung der Organisation – nicht die Umsetzung eines Referenzmodells. Letzteres ist eine Unterstützung für die Veränderung und Verbesserung, nicht aber das Ziel selbst.

Achten Sie darauf, dass das offizielle Assessment nicht zum Selbstzweck wird

Peter, Paul und Marie

Marie holt Experten für die Standortbestimmung

Marie hatte auf einer Veranstaltung Experten kennengelernt, die bei einer Firma arbeiten, die sich auf die Organisationsveränderung mit CMMI spezialisiert hat. In der nächsten Woche ruft Marie bei dieser Firma an und macht einen Beratungstermin aus, an dem sie die Pläne, Ideen und die Situation bei IIL besprechen wollen.

Marie möchte das Projekthandbuch prüfen

Zu diesem Termin erscheinen die Berater Tina und Lucas, die Marie auch von der Veranstaltung kennt. Sie beginnen damit, dass Marie kurz die Probleme von IIL erläutert und erzählt, dass sie beschlossen haben, nach CMMI vorzugehen. Dann stellt sie das Projekthandbuch vor und sagt, dass sie dies gerne auf Übereinstimmung mit CMMI überprüfen möchte.

Tina und Lucas schauen sich an. Tina fragt: „Wird das Projekthandbuch denn gelebt? Tun die Leute in den Projekten das, was da drin steht?"

Marie lächelt und meint: „Naja, wir machen ab und zu Reviews auf wichtige Projekte und dann sehen wir eigentlich, dass das Projekthandbuch nicht eingehalten wird."

Tina nickt.

Lucas und Tina schlagen ein Assessment vor, bei dem die konkreten Arbeitsweisen in den Projekten überprüft werden

Lucas holt tief Luft. „Ok. Wenn wir eine Verbesserung erreichen wollen, dann geht es in erster Linie um die konkreten Arbeitsweisen in den Projekten und in der Organisation. Es ist erst in zweiter Linie interessant, was das Projekthandbuch sagt, was sie tun sollten. Die Leute tun Dinge nicht, obwohl sie im Handbuch stehen, und umgekehrt machen sie meistens viele Dinge gut, obwohl sie nicht im Handbuch stehen."

Tina fügt hinzu: „Wir können gerne ein Review des Projekthandbuchs machen, um zu analysieren, was theoretisch erwartet wird. Entscheidend ist aber, die Projekte und die Organisation genau zu betrachten. Wir müssen sehen, was die Projekte und die Organisation wirklich umsetzen und wie sie arbeiten. Nur so können wir den Problemen, die Ihr erkannt habt, auf den Grund gehen. Und das sollten wir mit einem Assessment machen."

Marie schaut kurz kritisch und meint dann „Na gut. Dann schauen wir das Projekthandbuch kurz vorher an. Dann untersuchen wir die Arbeitsweisen der Projekte und der Organisation im Detail und schauen, was wirklich getan wird."

Sie planen ein Team-Assessment mit fünf internen und zwei externen Teammitgliedern

Gemeinsam fangen sie an, das Assessment zu planen. Nach einer kurzen Besprechung sind sich alle einig, welche Teile von CMMI als Prüfgrundlage genommen werden. Sie einigen sich auf die Durchführung eines Team-Assessments mit sieben Mitgliedern, davon zwei externe. Tina – als eines der externen Mitglieder – wird das Assessment leiten. Als interne Teammitglieder werden Irmgard und Paul, ein weiterer Projektleiter, ein Entwickler und ein Architekt bestimmt.

„Diese Teammitglieder sollten auf alle Fälle eine Schulung in CMMI erhalten." sagt Tina. „Außerdem ist es sinnvoll, auch andere Mitarbeiter, welche die Verbesserung nachher unterstützen sollen, auszubilden. So gewinnen wir qualifizierte Fürsprecher für die Verbesserung mit CMMI."

„Stimmt" meint Marie und notiert sich den Punkt, „ich werde mich darum kümmern."

Dann fangen sie an, den Umfang des Assessments zu planen. Betrachtet wird zunächst nur die IT-Anwendungsentwicklung. Hier werden als Stichprobe 4 Projekte ausgesucht, welche die Bereiche innerhalb der Anwendungsentwicklung abdecken: hostbasierte Bankenanwendungen, Web-Entwicklungen, Lotus-Notes-basierte Anwendungen und die Entwicklung von embedded Software für Chipsätze. Zwei der Projekte sind Neu-Entwicklungen (mit 10 bzw. 50 Projektmitarbeitern) und zwei sind Erweiterungsprojekte zu bestehenden Anwendungen (mit 4 bzw. 2 Projektmitarbeitern). Sie legen gemeinsam den groben Zeitplan fest, der 3 Wochen Vorbereitungsphase und 8 Tage für das eigentliche Assessment vorsieht.

Zunächst soll die IT-Anwendungsentwicklung betrachtet werden

Mit diesem Plan geht Marie zu Peter König und bespricht diesen mit ihm. Peter König hat ein paar Fragen dazu. „Warum prüfen wir nicht alle Bereiche von CMMI ab?"

Marie stellt Peter König den Plan des Assessments vor und beantwortet seine Fragen

„Weil unsere Pläne nicht stimmen und wir keine Termine halten. Wir haben grundsätzliche Probleme im Projektmanagement. Solange wir die nicht gelöst haben, brauchen wir uns mit den Problemen in der Entwicklung gar nicht zu befassen. Wir sollten uns konzentrieren und eins nach dem anderen machen. Und daher haben wir die Projektmanagement-Themen herausgesucht."

„Und warum brauchen wir da externe Unterstützung? Wir haben doch selbst auch schon Reviews gemacht."

„Schon, aber erstens haben wir die tiefgehende Kenntnis von CMMI nicht, zweitens geben sie uns einen objektiven Blick von außen, drittens helfen sie uns bei der Überzeugung der Organisation und viertens haben wir ein Assessment in diesem Ausmaß und mit diesem Einfluss auf die Organisation selbst noch nicht gemacht .... Ach, wo wir gerade davon sprechen: Sie sollen bei der Kick-off-Veranstaltung ein paar Worte darüber sagen, warum wir das Ganze machen. Sie sollen verdeutlichen, wo unsere Probleme liegen und warum es notwendig ist, etwas zu unternehmen. Außerdem sollten Sie sagen, dass alle mithelfen und in den Interviews ehrlich auf Fragen antworten sollen. Schließlich geht es darum Verbesserungspotenzial zu identifizieren und es hilft keinem, wenn vorgetäuscht wird, dass alles prima läuft."

Marie informiert Peter König über
seine Aufgaben beim Assessment

Peter König ist nachdenklich. „Hmm, ok. Ist eine gute Idee.“

„Und bei der Abschlusspräsentation müssen Sie auch da sein.“ sagt Marie. „Die Ergebnisse werden dort der gesamten Organisation präsentiert und Sie sollen am Ende darauf reagieren.“

„Wie soll ich darauf reagieren?“

„Sie sollten die Ergebnisse akzeptieren, die erarbeitet und durch alle Teilnehmer des Assessments gereviewt worden sind. Sie sollten sagen, dass wir diese Probleme jetzt erkannt haben und angehen werden.“

„Aha, ich bin sozusagen der Motivator.“

„Nicht nur. Sie sind derjenige, auf den die Leute vertrauen, dass etwas getan wird und dass sich etwas verbessert. Und genau das müssen Sie auch als Ihre eigene Erwartungshaltung darstellen.“

Peter König nickt. „Gut, werde ich tun. Noch was?“

„Eigentlich nicht. Ansonsten brauchen wir Sie nur für ein Interview am ersten Tag.“

„Mich? Ich denke es geht hier um Projektarbeit.“

„Klar. Sie sind der Chef, Sie kennen die Ziele und Visionen des Unternehmens, und Sie müssen die Geschäftsziele klar machen. Sie führen die Organisation, die alle diese Projekte durchführt, und Sie legen die Spielregeln in diesem Unternehmen fest. Deswegen müssen wir auch mit Ihnen reden. Ich habe schon einen Terminvorschlag geschickt.“

„Irgendwie dachte ich, ich hätte damit nichts zu tun. Wenn ich das gewusst hätte ... vielleicht schicken Sie mir auch mal einen Termin, an dem Sie mir ein bisschen von CMMI erklären?“

Jetzt grinst Marie. „Habe ich schon. Nächsten Dienstag, 8 Uhr.“

Kurz bevor Marie geht, sagt sie noch: „Ach, bezüglich des Zertifikats: es gibt keine offiziellen Zertifikate für CMMI. Tatsächlich gibt es nur eine Bestätigung durch ein offizielles Assessment oder Appraisal, das von einem vom SEI autorisierten Lead Appraiser geleitet wird.“

„Ah. Na gut. Kommt noch. Jetzt sehen wir erstmal was wir noch tun müssen, um dahin zu kommen.“

Das Assessment deckt einige
Schwächen auf und Peter König
motiviert die Organisation und sich
selbst zu den notwendigen
Veränderungen

Nach der logistischen Vorbereitung aller Interviews und der Schulung der internen Assessmentteammitglieder startet das Assessment und läuft über die geplanten 1,5 Wochen. Bei der Abschlusspräsentation werden die Ergebnisse durch Tina vorgestellt. Es sind einige Schwächen zu Tage getreten, die von keinem in dieser Deutlichkeit erwartet worden waren. Selbst Marie ist an einigen Stellen überrascht.

Peter König, der in der ersten Reihe sitzt, dreht sich zur versammelten Mannschaft um und fragt: „Stimmt das? Ist das so?“

Das gesamte Team nickt. Aus der hinteren Reihe brummelt ein Entwickler „Und das ist noch nett formuliert.“

Einige Mitarbeiter nicken, andere grinsen. Die meisten schauen Peter König erwartungsvoll an. Er atmet tief durch, steht auf, und hält seine vorbereitete Rede. Er ist überrascht, wie sehr er plötzlich selbst an die Worte glaubt, die er sagt.

Ihre Argumente

Was Sie tun sollten:

- Wählen Sie ein Referenzmodell und bilden Sie das Team darin aus
- Führen Sie eine Standortbestimmung für Ihre Organisation durch
- Setzen Sie ein gemischtes und objektives Team ein und nutzen Sie Experten für das Referenzmodell; stellen Sie sicher, dass im Team Erfahrung in der Durchführung von Standortbestimmungen vorhanden ist, und nutzen Sie gegebenenfalls einen externen Assessmentleiter
- Bestimmen Sie im Assessment die Stärken, Schwächen, Geschäftskonsequenzen und Maßnahmen, und priorisieren Sie die Maßnahmen anhand Ihrer Geschäftsziele
- Präsentieren Sie das Ergebnis vor der versammelten Mannschaft (inkl. Management) und holen Sie die Zustimmung der Organisation und des Managements zum Ergebnis der Standortbestimmung ein
- Nutzen Sie das Assessment zur Mobilisierung der Organisation
- Verfolgen Sie den Fortschritt der Verbesserungen mit kleinen Assessments
- Nutzen Sie ein offizielles Assessment als Meilenstein, um die Organisation auf das gemeinsame Ziel zu verpflichten

Was Sie nicht tun sollten:

- Präsentieren Sie die Ergebnisse nicht nur dem Management und lassen es dann in der Schublade verschwinden
- Setzen Sie kein Team aus nur einem Bereich ein (z.B. nur aus der QS)
- Setzen Sie kein Team ein, das nicht das notwendige Wissen über das Referenzmodell und das Assessmentvorgehen hat
- Lassen Sie bei der Erstellung der Maßnahmen die Geschäftsziele der Organisation nicht außer Acht

Ergebnisse:

- Ausgewähltes Referenzmodell
- Objektive Einschätzung der Organisation in Bezug auf das Referenzmodell mit Stärken, Schwächen und Geschäftskonsequenzen
- Priorisierte Maßnahmenliste
- Akzeptanz und Zustimmung der Beteiligten
- Positive Wahrnehmung der Veränderungsinitiative in der Organisation

Arbeitsaufwand:

- 5-15 Tage für das gesamte Team, 2-10 Tage (in der Summe) für Interview-Teilnehmer, 2 x 2h für die gesamte Organisation, externe Kosten

Nutzen:

- Akzeptanz der Notwendigkeit für die Veränderung in der Organisation
- Priorisierung der Verbesserungs-Maßnahmen

6 Das Management hat keine Zeit die Veränderungen zu führen?

Planen Sie als Manager konkrete Aufgaben ein, um die Veränderungen zu führen. Fordern Sie als Mitarbeiter diese Führung ein.

Ihr Standort: Managementinsel mit allen Verbindungen (zu Führung, Führung Expedition und Grundsätze des Managements)

6.1 Veränderung braucht Führung durch das Management

Durch die Standortbestimmung haben Sie eine Vorstellung davon, welche Aufgaben bei der Verbesserung und Veränderung vor Ihnen liegen. Sie haben die Organisation hierfür gewonnen, und es gibt ein erstes Team, das die Aufgaben beginnen kann. Die Verbesserung und Veränderung benötigt nun eine Führung.

Die Verbesserung und Veränderung benötigt eine Führung

OK, Sie machen die Verbesserung,
während ich mich um die wichtigen Dinge kümmere.

Abb. 24. Ein häufiger und teurer Fehler: das Management delegiert die Führung der Verbesserung und Veränderung

Häufig wird eine Organisationsveränderung an eine Qualitäts-Organisation oder ein Verbesserungsteam delegiert. Dies kann nicht erfolgreich sein. Das Management ist für die Organisation, seine Arbeitsweisen und Strukturen verantwortlich. Damit steht es auch in der Macht des Managements, die Ziele, die Art und den Umfang der Änderungen in der Organisation zu bestimmen. Diese Führungs-

Das Management hat die Verantwortung für die Organisation – und folglich auch für die Organisationsveränderung

verantwortung kann im Kern nicht delegiert werden – insbesondere nicht für eine so unternehmenskritische Aufgabe wie der aktiven Verbesserung und Veränderung der Organisation. Die Organisationsgestaltung und -weiterentwicklung ist eine der originären Managementaufgaben.

Mit der Führung der Veränderung durch das Management stehen und fallen sowohl die Kosten als auch der Erfolg der Verbesserung. Unsere Erfahrungen zeigen, dass Organisationen mit einer starken Verpflichtung des Senior Managements gegenüber der Veränderung

- die notwendigen Maßnahmen bis zu vier mal so schnell durchführen wie andere Organisationen und

- im Schnitt bis zu vier mal so gute Verbesserungen wie andere Organisationen erreichen.

Mit anderen Worten: Organisationen mit einer aktiven Führung der Veränderung durch das Managementteam, insbesondere durch den Senior Manager, haben einen Return-On-Investment, der bis zu 16 mal so hoch ist wie der von Organisationen mit einer mangelnden Unterstützung. Die Qualität der Veränderungsführung durch das Management ist der wichtigste Kosten- und Erfolgsfaktor für eine Veränderungsinitiative.

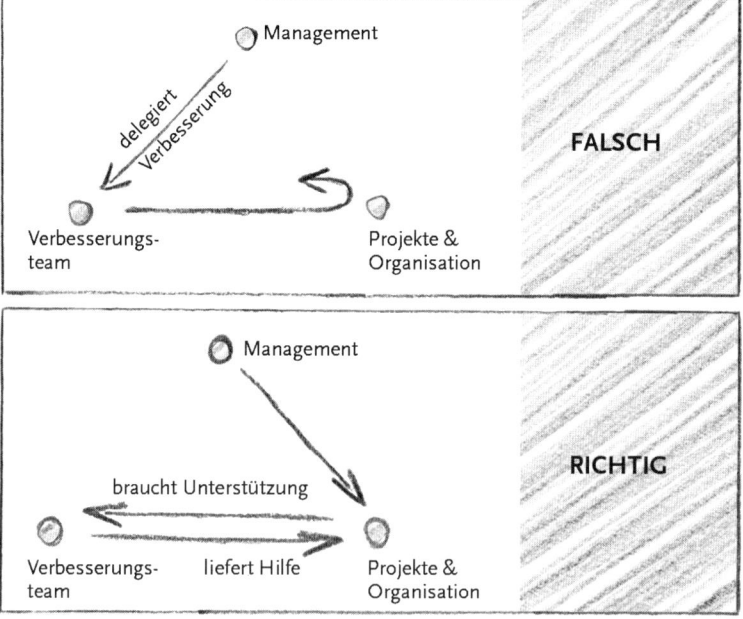

Abb. 25. Das Führungsdreieck der Veränderung

Abbildung 25 illustriert die Bedeutung der Führungsaufgabe. Wird die Verbesserung vom Management an ein Verbesserungsteam delegiert, so werden die Vorschläge des Verbesserungsteams häufig von den Projekten abgeblockt. Die Ursache hierfür ist, dass aus Sicht der Projekte direkt durch das Management gesetzte Ziele immer eine höhere Priorität haben als Vorschläge „von der Seite". In einem solchen Umfeld können Verbesserungen keinen Erfolg haben. Fordert das Management hingegen selbst die Verbesserungen ein und formuliert eine klare Erwartungshaltung bezüglich der Arbeitsweisen, so setzt es damit Prioritäten für die Projekte und die Organisation. Diese benötigen und suchen dann die Unterstützung des Verbesserungsteams, das konkrete und gefragte Hilfe liefern kann. In einem solchem Umfeld können Verbesserungen erfolgreich umgesetzt werden.

Das Management muss die Veränderung führen

Eine Verbesserung der Arbeitsweisen einer Organisation führt meist nicht nur zur Änderungen bei den Projekten, sondern auch beim Management. Dies erfordert ebenfalls eine aktive Beteiligung des Managements an der Veränderung.

Auch die Änderung der Arbeitsweisen des Managements erfordert eine Beteiligung der Führung

Neben der Führungsaufgabe bei der Veränderung muss das Veränderungsvorhaben im Detail geplant, umgesetzt, verfolgt und gesteuert werden. Für diese Aufgabe muss ein Verbesserungs- und Veränderungsteam mit einem Leiter etabliert werden. Daneben ist eine Qualitätssicherung bzw. ein Auditteam notwendig, das die Einhaltung der definierten Arbeitsweisen und die Umsetzung der Veränderungen in der Organisation überprüft (siehe Abschnitt 10.4 auf Seite 155). Diese drei Aufgaben der Veränderung – Führung, Umsetzung im Detail, und Überprüfung in der Organisation – bilden den Kern eines erfolgreichen Veränderungsvorhabens (siehe Abbildung 26).

Für eine Veränderung müssen Management, Verbesserungsteam und Auditteam eng zusammenarbeiten

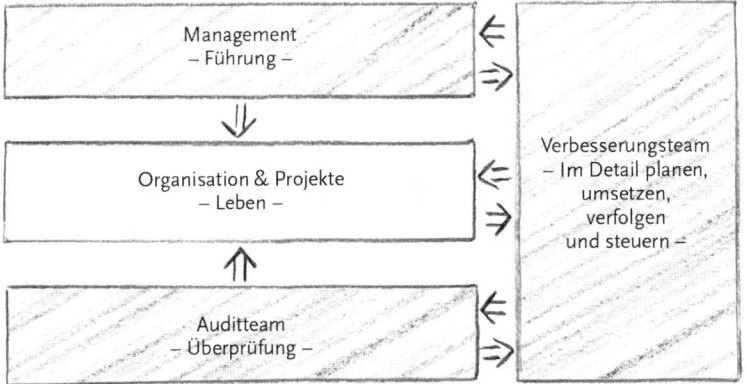

Abb. 26. Zusammenarbeit von Management, Verbesserungsteam und Auditteam

Der Leiter des Veränderungsvorhabens nimmt eine Managementfunktion wahr und hat entsprechende Rechte und Pflichten

Zu der Aufgabe, eine erfolgreiche Verbesserung und Veränderung der Organisation durchzuführen, gehören auch die entsprechenden Rechte. Der Leiter des Veränderungsvorhabens nimmt eine Managementaufgabe wahr und muss Entscheidungen im Namen der Unternehmensführung treffen und durchsetzen können. Er braucht die hierfür notwendige Qualifikation, Respekt in der Organisation und im Management, sowie das Vertrauen des Senior Managers. Die Position des Leiters des Veränderungsvorhabens muss daher entsprechend qualifiziert besetzt werden, und die Rechte und Pflichten müssen bewusst und für alle eindeutig an diese Person übertragen werden (siehe Abschnitt 6.3).

Ein Leiter des Veränderungs- vorhabens ersetzt nicht die Führung der Veränderung durch das Management

Ein Leiter des Veränderungsvorhabens ersetzt nicht die aktive Führung der Veränderung durch das Management, sondern ergänzt diese. Management, Veränderungsteam und Auditteam müssen in der täglichen Praxis eng zusammenarbeiten.

6.2   Verpflichten Sie den Senior Manager als Sponsor der Veränderung

Identifizieren Sie den Sponsor, der für die Organisation verantwortlich ist, Durchsetzungsfähigkeit hat, die Veränderung kommunizieren kann, und auch selbst zu Änderungen bereit ist

Identifizieren Sie als erstes einen für die Verbesserung und Veränderung geeigneten Sponsor. Dies ist diejenige Führungsperson, die:

- ein eigenes Interesse an der Verbesserung und Veränderung hat;
- für die zu verändernde Organisation verantwortlich ist und die notwendigen Ressourcen für die Veränderung bereitstellen kann;
- die notwendige Autorität und Führungsqualifikation besitzt, mit der sie Entscheidungen fällen und auch unangenehme Dinge in der Organisation durchsetzen kann;
- die Notwendigkeit der Veränderung und den Veränderungsprozess kommunizieren kann;
- bereit ist, selbst die Änderungen vorzuleben und die eigenen Arbeitsweisen zu ändern.

Bei der Auswahl des Sponsors sind dessen Qualifikationen wichtiger als die formale Position

Der Sponsor ist oft die oberste Führungsperson der Organisation. Seine Durchsetzungsfähigkeit und sein Durchsetzungswille sind entscheidend für die Führung der Veränderung. Besitzt ein Bereich nur eine schwache Führungsperson, kann es ggf. sinnvoll sein, einen übergeordneten Manager als Sponsor zu gewinnen. Umgekehrt kann es sein, dass es einen Manager gibt, der zwar an den Geschäftsführer berichtet, aber das operative Geschäft eigenverantwortlich führt. Obwohl dieser Manager nicht formal an der Spitze der Organisation steht, kann er ein geeigneter Sponsor sein. Achten Sie daher bei der Suche nach einem geeigneten Sponsor darauf, dass dieser alle obigen Qualifikationen erfüllt.

Diese Aufgaben, die muss ich alle erledigen?

Abb. 27. Die Vereinbarung der Sponsorrolle mit dem Senior Manager

Der Sponsor nimmt im Rahmen des Veränderungsvorhabens eine Reihe von konkreten Aufgaben wahr, denen er Aufmerksamkeit widmen und für die er konkret Zeit einplanen muss.

Der Sponsor:

- Stellt sich persönlich und sichtbar hinter die Veränderung und kommuniziert deren Notwendigkeit und Dringlichkeit;
- Stellt die Verbindung der Veränderung zu den Geschäftszielen sicher;
- Definiert die Richtung der Veränderung und setzt realistische Ziele;
- Setzt Prioritäten;
- Stellt die notwendigen raren Ressourcen für die Veränderung bereit;
- Passt das Bonussystem so an, dass es die Veränderung und die neuen Arbeitsweisen unterstützt;
- Setzt die Änderungen gegenüber dem Management durch;
- Verfolgt den Fortschritt der Veränderung und führt eine regelmäßige Statussitzung mit dem Leiter des Veränderungsvorhabens und dem Management durch;
- Formuliert selbst seine Erwartungen bzw. Grundsätze an die Arbeitsweisen der Organisation;

Der Sponsor nimmt eine Reihe von konkreten Aufgaben wahr, denen er Zeit und Aufmerksamkeit widmen muss

- Führt regelmäßig Durchsprachen mit repräsentativen Projekten, Organisationseinheiten und dem Management durch, um einen Einblick in die Arbeitsweise und die Umsetzung der Grundsätze zu bekommen;

- Lebt die Änderungen vor und ist bereit, auch die eigenen Arbeitsweisen zu ändern;

- Kommuniziert die Veränderungen gegenüber den Kunden (auf seiner Ebene);

- Unterstützt die Veränderung insbesondere in schwierigen Situationen.

Gewinnen Sie Ihren Sponsor, stellen Sie ihm die Aufgabe dar und holen Sie seine Zusage und Verpflichtung ein

Nachdem Sie den möglichen Sponsor identifiziert haben, müssen Sie ihn für diese Aufgabe gewinnen. Machen Sie einen Termin mit dem Sponsor, und stellen Sie ihm die Aufgabe der Sponsorrolle klar dar. Holen Sie explizit seine Zusage und Verpflichtung ein, diese Aufgabe wahrzunehmen. Planen Sie konkret mit dem Sponsor, wann er welche Aufgaben wahrnimmt und wie viel Aufwand er dafür investiert. Zum einen muss dem Sponsor klar sein, was seine Aufgabe ist, und zum anderen benötigen Sie als Leiter des Veränderungsvorhabens eine belastbare Verpflichtung. Zusammen werden sie beide maßgeblich für den Erfolg und Mißerfolg der Veränderung verantwortlich sein.

6.3   Sorgen Sie für ein adäquates Mandat des Leiters der Veränderung

Sorgen Sie dafür, dass der Leiter des Veränderungsvorhabens vom Sponsor ein adäquates Mandat für die Führung der Veränderung bekommt

Sorgen Sie dafür, dass der Leiter des Veränderungsvorhabens vom Sponsor ein adäquates Mandat für die Führung der Veränderung bekommt. Dieses Mandat umfasst:

- Ausreichend Zeit – außer bei sehr kleinen Organisationen (mit 10-20 Mitarbeitern) ist die Führung der Veränderung eine Vollzeitaufgabe;

- Einbindung des Leiters des Veränderungsvorhabens in das Managementteam;

- Das Recht, die Veränderung realistisch zu planen, die Bereitstellung der dazu benötigten Ressourcen, und die Übertragung der Verantwortung für diese Ressourcen (zu diesen Ressourcen gehören unter anderem: Teammitglieder, Budget, Dauer bis zur Zielerreichung);

- Die Zusicherung, dass der Sponsor seine Führungsaufgabe wahrnimmt.

Vereinbaren Sie die Rollen und geben Sie die Besetzung der Organisation bekannt

Sowohl für die Aufgabe des Sponsors als auch des Leiters der Veränderung ist es sinnvoll, die Rechte und Pflichten kurz schriftlich festzuhalten. Sie schaffen damit eine klare Erwartungshaltung und vermeiden implizite Annahmen. Die Besetzung des Leiters des Veränderungsvorhabens sollte an alle Mitarbeiter kommuniziert werden, zum Beispiel im Rahmen einer Betriebsversammlung.

Der Leiter des Veränderungsvorhabens muss einen regelmäßigen Termin mit dem Sponsor vereinbaren, in dem beide den Status und wichtige offene Punkte der Veränderung besprechen.

Sorgen Sie für einen regelmäßigen Termin mit dem Sponsor

Beispiel 1:

In einer von uns betreuten Organisation hat der Leiter der Veränderung direkt an den Vorstand berichtet. Vorstand und Leiter haben sich regelmäßig in Vier-Augen-Gesprächen getroffen und die Entscheidungen für das Managementteam vorbereitet. In der Managementsitzung war der Leiter der Veränderung bei den entsprechenden Tagesordnungspunkten mit dabei. Außerdem hatte der Leiter der Veränderung eine große Entscheidungsbefugnis eingeräumt bekommen. Beides war allen in der Organisation bekannt. Infolgedessen hatte das Wort des Leiters der Veränderung Gewicht, und schwierige Entscheidungen konnten schnell getroffen werden. Diese Organisation hat ihre Veränderungsziele überdurchschnittlich schnell erreicht.

Beispiel für eine Organisation mit einem starken Mandat für den Leiter der Veränderung, die ihre Veränderungsziele überdurchschnittlich schnell erreicht hat

Beispiel 2:

Im Gegensatz dazu konnten wir zur gleichen Zeit in einer anderen Organisation den Effekt eines schwachen Mandats für den Leiter der Veränderung beobachten. Der Sponsor hat nicht nur seine Rolle wenig wahrgenommen, sondern zwischen dem Leiter der Veränderung und dem Sponsor waren zwei Hierarchieebenen. Alle Entscheidungen des Veränderungsteams und des Leiters wurden durch diese Ebenen gefiltert und beeinflusst. Damit haben Entscheidungen sehr lange gebraucht, sie wurden häufig verwässert, und die Organisation hat die Veränderungen des Teams – zu Recht – wenig ernst genommen. Obwohl beide Organisationen zum gleichen Zeitpunkt gestartet sind, hat die zweite Organisation ihr Ziel erst zwei Jahre später, nur für ein Drittel der Projekte und mit dem dreifachen Budget erreicht.

Beispiel für eine Organisation mit einem schwachen Mandat für den Leiter der Veränderung, die ihre Veränderungsziele sehr langsam, nur für ein Teil der Projekte und mit dem dreifachen Budget erreicht hat

6.4 Involvieren Sie das gesamte Management in die Führung der Veränderung

Die Verantwortung und die Aufgaben der Unternehmensführung werden – außer in sehr kleinen Organisationen – durch das Managementteam geteilt. Damit ist nicht nur der Senior Manager für die Organisationsgestaltung und -veränderung verantwortlich, sondern das gesamte Managementteam. Gewinnen Sie daher das gesamte Managementteam für die Führung der Veränderung, nachdem Sie den Senior Manager bereits als Sponsor gewonnen haben.

Das gesamte Managementteam ist für die Führung der Veränderung verantwortlich

Holen Sie eine sichtbare Zusage
und Verpflichtung des
Managementteams zur
Führungsaufgabe ein
Stellen Sie dem Managementteam seine Aufgaben bei der Veränderung dar. Definieren Sie auch hier die Aufgaben schriftlich, und holen Sie eine sichtbare Zusage und Verpflichtung zu dem Veränderungsvorhaben und zu der Führungsaufgabe des Managements ein.

Die Mitglieder des Managementteams:

- Stellen sich ebenso wie der Sponsor persönlich und sichtbar hinter die Veränderung und kommunizieren dessen Notwendigkeit;
- Unterstützen in ihrem jeweiligen Verantwortungsbereich die Veränderung, indem sie die Rahmenbedingungen für eine erfolgreiche Veränderung schaffen;
- Kommunizieren und erläutern die Grundsätze für die Arbeitsweisen der Organisation;
- Stellen Ressourcen für ggf. neue Aufgaben und für den Lern- und
  Umsetzungsaufwand neuer Arbeitsweisen bereit;
- Verfolgen und steuern die Umsetzung der konkreten Verbesserungsmaßnahmen, die in ihrem jeweiligen Bereich liegen;
- Nehmen ggf. an internen Audits teil;
- Führen regelmäßig Durchsprachen und Reviews mit Projekten
  durch, um einen Einblick in Status und Arbeitsweise sowie in die
  Umsetzung der Grundsätze zu bekommen;
- Geben dem Sponsor und dem Leiter der Veränderung ein Feedback zum Fortschritt der Veränderung in ihrem jeweiligen Bereich;
- Leben die Änderungen selbst vor und sind bereit, auch die eigenen Arbeitsweisen zu ändern;
- Coachen andere – insbesondere neue – Führungsmitglieder;
- Kommunizieren die Veränderungen gegenüber den Kunden.

Es ist sinnvoll, die Sitzung, in der das Management seine Zusage
und Verpflichtung zur Führung bei der Veränderung gibt, mit dem
Sponsor vorzubereiten.

6.5   Sorgen Sie dafür, dass das Management nicht loslässt

Die Führungsaufgabe der
Veränderung ist für Sponsor und
Management eine dauerhafte
Aufgabe
Die Führungsaufgabe der Veränderung ist für Sponsor und Management eine dauerhafte Aufgabe. Zum einen muss das Management die Veränderung über den gesamten Zeitraum der Initiative
hinweg aktiv begleiten. Zum anderen hat das Management aber
auch nach der erfolgreichen Durchführung der Veränderung die
Aufgabe, die geänderten Arbeitsweisen dauerhaft zu unterstützen,
aufrecht zu erhalten und ggf. zu verbessern.

Das Management spielt somit nicht nur bei der Etablierung der Veränderungen und Arbeitsweisen eine entscheidende Rolle, sondern auch bei deren dauerhaften Führung und Unterstützung (zu den Details siehe Abschnitt 10.2 auf Seite 152). Zu den dauerhaften Aufgaben des Managements gehören unter anderem die Formulierung von Grundsätzen bezüglich der Arbeitsweisen, die Verfolgung der Einhaltung der Grundsätze und die Durchführung regelmäßiger Durchsprachen. Diese Tätigkeiten des Managements sind auch Gegenstand des Veränderungsvorhabens, und sie sollten wie alle anderen Tätigkeiten der Organisation einer objektiven Evaluierung unterliegen (siehe Abschnitt 10.4 auf Seite 155).

> Das Management spielt nicht nur bei der Etablierung der Veränderungen eine entscheidende Rolle, sondern auch bei der dauerhaften Führung und Unterstützung der Arbeit

Abb. 28. Der Status der Verbesserung und Veränderung als Tagungsordnungspunkt des Managements

Als Leiter der Veränderung müssen Sie darauf achten, dass der Sponsor und das gesamte Managementteam ihre Führungsrolle bei der Veränderung aktiv, dauerhaft und für alle sichtbar wahrnehmen. Zu dieser Aufgabe zählen ohne Ausnahme alle Punkte, die wir für den Sponsor (Abschnitt 6.2) und das Managementteam (Abschnitt 6.3) aufgeführt haben. Die Unterstützung durch den Sponsor und das Management ist der wichtigste kritische Erfolgsfaktor einer erfolgreichen Veränderung (siehe Kapitel 12 auf Seite 185). Widmen Sie ihm daher die entsprechende Aufmerksamkeit.

> Achten Sie als Leiter der Veränderung darauf, dass das Management seine Führungsaufgabe wahrnimmt

Nutzen Sie gezielt die Sitzungen mit Sponsor und Management zu deren Einbindung

Als Leiter der Veränderung sind Ihre beiden zentralen Instrumente zur Einbindung von Sponsor und Management:

- Die regelmäßige Statussitzung mit dem Sponsor;
- Die regelmäßige Berichterstattung an das Managementteam, geleitet durch den Sponsor und unterstützt durch den Leiter der Veränderung.

Beide Sitzungen müssen sorgfältig vorbereitet werden, damit Sponsor und Managementteam einen schnellen Überblick erzielen und effizient Entscheidungen treffen können. Die Sitzungen sollten nicht zusammengelegt werden, damit Sie die Möglichkeit haben, im kleinen Kreis Dinge mit dem Sponsor vorzubereiten. So können Sie anschließend beide zusammen die Sitzung mit dem Managementteam leiten.

6.6   Sorgen Sie für Experten

Nutzen Sie Experten, um Erfahrungen im Veränderungsmanagement, im Referenzmodell, in unterschiedlichen Lösungsalternativen und in Assessments in das Team einzubringen

Der Erfolg und auch die Effizienz einer Veränderungsinitiative wird wesentlich von der Erfahrung der Beteiligten mitbestimmt. Wenn intern nur wenig Erfahrung mit erfolgreichen Veränderungsinitiativen vorhanden ist, sollten Sie insbesondere bei einem größeren Veränderungsvorhaben auf Experten zurückgreifen. Nutzen Sie Experten, die bereits erfolgreich Verbesserungen und Veränderungen umgesetzt haben und die Ihre Organisation bei ihrer Veränderung begleiten und unterstützen können. Insbesondere müssen die Experten in der Lage sein folgendes einzubringen:

- Erfahrung im Management von Veränderungen und in der Durchführung von Veränderungsinitiativen
- Fundiertes Wissen im Referenzmodell
- Kenntnis unterschiedlicher Lösungsalternativen und bewährter Praktiken in verschiedenen Umfeldern
- Erfahrung in Assessments

Externe Experten können auch aus dem eigenen Unternehmen kommen

Greifen Sie im Zweifelsfall auf externe Experten zurück. Diese können von einem Beratungsunternehmen kommen oder von einem anderen Bereich des Unternehmens. Gerade in größeren Unternehmen gibt es manchmal Bereiche, die in der Form von internen Beratern die Verbesserung und Veränderung Ihrer Organisation unterstützen. Aber auch Mitarbeiter aus anderen Bereichen Ihres Unternehmens, die bereits an erfolgreichen Veränderungen mitgearbeitet haben, kommen als externe Experten in Frage.

Nutzen Sie externe Experten, um die Veränderungsinitiative schnell zu starten und typische Fehler zu vermeiden

Mit ihrer Erfahrung von Veränderungsinitiativen können externe Experten helfen, eine Veränderungsinitiative schnell zu starten und typische Fehler zu vermeiden. Damit werden „Umwege" vermieden, und besonders zu Beginn einer Veränderung können Experten diese mit auf den richtigen Weg bringen.

Darüber hinaus können externe Experten leichter unabhängig von bestehenden Machtstrukturen einer Organisation agieren. Die Lösungs- und Umsetzungserfahrung aus verschiedenen Organisationen und die Unabhängigkeit von der bestehenden Kultur kann außerdem dazu beitragen, Lösungen außerhalb von bestehenden Verhaltens- und Denkmustern einer Organisation zu finden.

Nutzen Sie externe Experten, um unabhängig von bestehenden Machtstrukturen zu agieren und um aus bestehenden Verhaltens- und Denkmustern auszubrechen

Nicht zuletzt hilft die Unterstützung durch externe Experten, eine Veränderungsinitiative zu stabilisieren. Zum einen erfordert der Einsatz von externen Experten eine weitergehende Verpflichtung, als dies bei internen Mitabeitern häufig der Fall ist. Zum anderen fällt es einer Organisation viel schwerer, die Tätigkeiten eines Veränderungsteams einen Monat auszusetzen, wenn die externen Experten regelmäßig für das Projekt arbeiten.

Die Unterstützung durch externe Experten hilft, eine Veränderungsinitiative zu stabilisieren

Besetzen Sie aber auf keinen Fall das Veränderungsteam ausschließlich – oder zum wesentlichen Teil – mit externen Ressourcen. Ihre Organisation muss sich verändern – ein externes Team kann dies nicht an Stelle Ihrer Organisation tun. Ebenso wenig sinnvoll ist es, die Prozessbeschreibungen oder Hilfsmittel durch ein externes Team erstellen zu lassen. Die Lösungen für notwendige Verbesserungen und Veränderungen müssen mit der Organisation und spezifisch für diese gestaltet werden. Noch viel weniger kann eine „Reife" eingekauft oder in eine Organisation implantiert werden. Dies mag aus Marketingaspekten sinnvoll erscheinen, eine Verbesserung und Veränderung erfolgt so jedoch nicht.

Besetzen Sie das Veränderungsteam nicht nur mit externen Ressourcen

Peter, Paul und Marie

Peter König lädt nach dem Assessment Paul und Marie zu einer Sitzung ein, um das weitere Vorgehen zu besprechen. Peter König kommt ohne große Vorrede zur Sache: „Da sind eine ganze Menge von Punkten bei dem Assessment herausgekommen. Auf der einen Seite haben wir vieles von dem gewusst, aber in der Zusammenfassung und Deutlichkeit hat es unseren Handlungsbedarf klar gemacht. Ich möchte das jetzt konkret angehen. Habt Ihr Vorschläge?"

Peter König lädt Paul und Marie zu einer Sitzung ein, um das weitere Vorgehen zu besprechen

Marie hat sich schon vorbereitet und holt eine Liste von Maßnahmen aus ihrer Tasche. „Ich bin mit einem Kollegen die Punkte des Assessments durchgegangen. Wir haben für alle Punkte Maßnahmen identifiziert und sie den Projekten zugeordnet. Wir wollen das jetzt mit den Projekten besprechen und die Maßnahmen verfolgen." Sie legt die Liste auf den Schreibtisch. „Außerdem müssen wir unsere Prozessbeschreibungen ergänzen."

Marie schlägt Maßnahmen für die Projekte und eine Verbesserung der Prozessbeschreibung vor; Paul möchte gerne bei einigen Punkten mitarbeiten, aber Peter König ist sich nicht sicher, ob das Verfolgen der Maßnahmenliste zum Ziel führt

Paul hat sich auch schon die Liste von Marie angesehen. „Bei einigen der Maßnahmen auf Maries Liste könnte ich helfen. Mein Projekt endet in einem halben Jahr, bis dahin könnte ich nebenher ein bißchen mithelfen. Danach kann ich ein paar von den Projektmanagementpunkten umsetzen."

Peter König zögert. „Ich weiß nicht. Ich finde diese Liste gut, aber ich denke, dass wir die Verbesserung jetzt systematisch angehen sollten. Wir haben ja bisher auch eine Menge gemacht, aber wir sind nicht dort, wo ich uns gerne hätte. Ich glaube, dass wir etwas ganz anders machen müssen als bisher."

Peter König möchte eine externe Person, um die Veränderung zu leiten, und schlägt Tina vor

Alle schweigen eine Weile, dann fährt Peter König fort: „Wie wäre es, wenn wir jemand von außen holen? Jemand, der Dinge hinterfragt, weil er sie nicht kennt. Ich glaube, dass so jemand leichter in unserer Organisation liebgewonnene Dinge ändern kann, weil er unabhängig von der Hierarchie unserer Organisation ist. Und bestimmt gibt es eine Menge von Dingen, die wir gar nicht mehr anders kennen, die aber jemand von außen kritisch sieht. Außerdem, Marie, du hast gesagt, dass du hierfür Unterstützung brauchst. Und wenn wir jetzt dafür Ressourcen holen, dann sollten die Personen Erfahrung in einer solchen Verbesserung haben. Wir suchen ja auch Entwickler mit Erfahrung für unsere Projekte, warum nicht für diese Verbesserung."

Marie zögert, nickt aber dann. „Das stimmt. Ich habe gestern mit einem Kollegen aus einem anderen Unternehmen geredet, die gerade ein Verbesserungsprojekt erfolgreich beendet haben. Der hat mir auch den Rat gegeben, dass wir externe Unterstützung nutzen sollen. Ich war mir aber nicht sicher, ob wir dafür das Budget haben."

Peter König nickt. „Gerade jetzt am Anfang können wir eine Menge falsch machen. Ich denke, das spart uns am Ende viel Zeit und Geld. Wir können ein Führungsteam bilden, mit einem externen Leiter und einer internen Person als Copilot. So haben wir die externe Person auch in einer klaren Verantwortung. Nach einer Weile, wenn die Veränderungsinitiative stabil läuft, können wir dann die Leitung übergeben und auf die externe Person verzichten. Ich glaube, so kommen wir am schnellsten vorwärts. Und dafür bin ich auch bereit, Geld auszugeben."

Marie denkt eine Weile nach und sagt dann: „Wir können das zumindest mal ausprobieren. Haben Sie einen Vorschlag, wer das machen soll?"

Peter König antwortet: „Wie wäre es mit Tina Traute? Ich fand sie sehr kompetent und überzeugend. Sie hat schon jetzt viele gute Ratschläge gegeben. Außerdem glaube ich, dass sie im Managementteam Gehör finden würde. Was meinen Sie?"

Marie und Paul überlegen eine Weile. So hatten sie sich das eigentlich nicht vorgestellt, aber auf der anderen Seite denken Sie, dass Tina eine wirklich gute Unterstützung wäre. Und einen externen Experten die kritische erste Phase machen lassen, mit der ganzen Durchsetzung im Ma-

nagement, das erscheint ihnen auch ganz gut. Schließlich nicken beide, und Paul sagt: „Wenn ich so darüber nachdenke ist das eine gute Idee."

„Gut." meint Peter König, „ich lasse meine Assistentin einen Termin mit Tina Traute machen. Dann können wir sehen, was sie vorschlägt und ob das Sinn macht."

Ein paar Tage später treffen sich Peter König und Tina Traute zu einem Vorgespräch. Nach ein paar einleitenden Worten von Peter König über seine Ziele und die Erwartung fragt er Tina: „Was mich jetzt interessiert ist, wie Sie das angehen wollen. Können Sie mir das kurz beschreiben?"

„Klar. Ich habe Ihnen 5 Folien zusammengestellt, welche die wichtigsten Punkte erläutern. Ich schlage vor, dass wir uns hierfür 30 Minuten Zeit nehmen". Tina stellt dann kurz dar, dass eine Verbesserung der im Assessment gefundenen Punkte eine Organisationsentwicklung ist. Sie erläutert die wichtigsten Schritte des Vorgehens und erklärt, dass man eine solche Veränderung als ein Projekt durchführen sollte. Dann skizziert sie kurz auf einem Flipchart die wichtigsten Schritte des Veränderungsvorhabens.

Peter König ist beeindruckt. Das ist das erste Mal, dass ihm jemand präzise sagt, wie diese Verbesserung durchgeführt werden kann. Und das Konzept erscheint ihm verständlich und plausibel. „Und welche Aufgabe hat das Management dabei? Sie sagten ja, dass das besonders wichtig ist."

Tina zeigt auf die Folie mit den Aufgaben des Managements und erklärt kurz jeden Punkt. Dann geht sie noch auf die Folie mit den Rechten und Pflichten des Leiters der Veränderung ein und erklärt, was ihre Rolle bedeuten würde. „Sie müssen sich überlegen, ob Sie die Rolle des Sponsors ausüben können und wollen. Das kostet Sie ca. 5% Ihrer Zeit. Und Sie müssen sich überlegen, ob Sie mir die Rolle des Leiters der Veränderung mit den Rechten und Pflichten geben wollen. Aber da können Sie noch mal drüber schlafen."

Peter König sagt nichts, aber eigentlich findet er die Punkte gut. Auch die klaren Aussagen von Tina Traute gefallen ihm, er versteht irgendwie alles, was sie sagt. Peter König hat aber ein wenig Bauchschmerzen, so viel Verantwortung an einen Externen zu geben. Daher denkt er sich, dass noch mal darüber schlafen nicht schadet, obwohl er sich eigentlich schon entschieden hat. Peter König weiß, dass ein professionell durchgeführter Start der Veränderung unbedingt notwendig ist, und Tina Traute gibt ihm das Gefühl, dass sie die Aufgabe mit ihrer Erfahrung gut meistern wird.

Peter König und Tina Traute treffen sich zu einem Vorgespräch, in dem Tina Traute ihre Herangehensweise, die Rolle des Managements und die nächsten Schritte kurz erläutert

Anschließend schlägt Tina die nächsten Schritte vor. „Als nächstes sollten wir uns einen Arbeitstag mit dem Managementteam, Marie und Paul vornehmen. Hier werden wir zusammen die wichtigsten Grundsätze der Veränderung erarbeiten und die Managementaufgaben erläutern."

Peter König nickt. „Und dann?"

„Danach machen wir eine detaillierte Planung des Vorhabens mit dem Team. Diese Planung stellen wir zuerst Ihnen vor. Dabei sollten wir auch Ihre Aufgaben als Sponsor bei der Veränderung fest vereinbaren. Nachdem wir die Planung besprochen haben stellen wir sie gemeinsam dem gesamten Management vor. In dieser Sitzung sollten wir auch die Rolle des Managements zusammen beschließen."

„Und wann können Sie anfangen?"

„In vier Wochen, bis dahin habe ich alles vorbereitet."

Peter König nickt. „OK"

„Schön," fährt Tina fort, „dann wäre es gut, wenn Sie zu diesem Termin Ihre Anforderungen an die Verbesserung aufschreiben. Die Geschäftsziele haben wir ja noch vom Assessment."

„Meine Anforderungen?" fragt Peter König.

„Ja, Zeitrahmen, Prioritäten, welche Organisationseinheiten adressiert werden sollen etc. Ich habe eine Frageliste, die schicke ich Ihnen zu. Es wäre gut, wenn Sie den Arbeitstag mit dem Management eröffnen und dem Team sagen, was Sie von dem Veränderungsvorhaben und vom Management erwarten. Dabei sollten Sie insbesondere Ihre Anforderungen darstellen. Sie geben damit der Veränderung den notwendigen Rahmen."

„Das mache ich gerne. Wissen Sie, mir ist das wirklich wichtig."

„Gut. Das ist die wichtigste Voraussetzung. Ich schlage vor, dass ich den Arbeitstag und die Planung zusammen mit Marie und Paul vorbereite. Ist das ok?"

„Ja, gehen Sie doch direkt zu Marie. Sagen Sie ihr, dass wir das so besprochen haben. Ich begleite Sie noch zu ihr."

Marie freut sich über die Entscheidung von Peter König. Als Peter König wieder weg ist, machen Tina und Marie einen Zeitplan für den Arbeitstag mit dem Management und für die Planung und bereiten die ersten Schritte vor. Sie vereinbaren, dass Marie alles logistisch vorbereitet, und Tina für die inhaltliche Vorbereitung verantwortlich ist.

Ihre Argumente

Was Sie tun sollten:

- Nehmen Sie als Senior Manager die Sponsorrolle aktiv wahr und führen Sie die Veränderung
- Besetzten Sie die Leitung der Veränderung mit einer erfahrenen Person, die Respekt in der Organisation und im Management sowie das Vertrauen des Sponsors hat
- Geben Sie dem Leiter der Veränderung ein adäquates Mandat
- Involvieren Sie das gesamte Management in die Führung der Veränderung, und holen Sie hierzu ein in der Organisation sichtbares Commitment ein
- Nehmen Sie als Management die Führungsaufgabe bei der Veränderung aktiv, dauerhaft und für alle sichtbar wahr
- Führen Sie auch auf die Aufgaben des Managements eine Qualitätssicherung durch

Was Sie nicht tun sollten:

- Delegieren Sie als Senior Manager nicht die Führung der Veränderung
- Lassen Sie das gesamte Managementteam nicht ohne eine aktive Führungsrolle bei der Veränderung
- Lassen Sie als Sponsor und als Managementteam auf keinen Fall von den Führungsaufgaben der Veränderung los

Ergebnisse:

- Definition und Besetzung der beiden zentralen Rollen: Sponsor und Leiter der Veränderung
- Sichtbares Commitment zu den Aufgaben des Sponsors und ein adäquates Mandat für den Leiter der Veränderung
- Vereinbarung einer regelmäßigen Statussitzung zwischen Sponsor und Leiter der Veränderung und Einbindung des Leiters der Veränderung in das Managementteam
- Statusbericht des Leiters der Veränderung an den Sponsor und das Managementteam [regelmäßig]
- Definition der Aufgabe des gesamten Managementteams bei der Veränderung, und ein in der Organisation sichtbares Commitment zu diesen Aufgaben

Arbeitsaufwand:

- 2 Tage für die Definition der Rollen von Sponsor, Managementteam und Leiter der Veränderung
- 2 Sitzungen für die Vereinbarung der Rechte und Pflichten

Nutzen:

- Verankerung der Veränderungsverantwortung beim Management
- Rückendeckung für die Veränderung durch das Management

7 Alle glauben mit einem neuen Prozesshandbuch wird alles gut?

Verstehen Sie eine umfassende Verbesserung als eine organisatorische und kulturelle Veränderung.

Ihr Standort: Der Kontinent der Veränderung

7.1 Veränderung braucht Organisationsentwicklung

Damit eine Organisation ihre Geschäftsanforderungen besser erfüllen kann, benötigt sie neue Fähigkeiten. Um neue Fähigkeiten zu erhalten, muss sich die Organisation weiterentwickeln. Im Rahmen einer Veränderung und Verbesserung wird das Unternehmen organisatorisch weiterentwickelt. So wie in der IT ein Softwaresystem entwickelt wird, ist das Ergebnis einer Organisationsentwicklung eine neu funktionierende Organisation mit neuen Fähigkeiten [49].

Verbesserung und Veränderung bedeutet, die Organisation mit Ihren Fähigkeiten weiterzuentwickeln

Abb. 29. Für eine erfolgreiche Veränderung ist Organisationsentwicklung notwendig

Sicher haben Sie schon die eine oder andere Prozessverbesserung erlebt. Sehr oft beschränken sich solche Initiativen darauf, neue Arbeitsweisen und Vorlagen zu dokumentieren. Das Verbesserungsteam verkündet die Existenz eines neuen Prozesshandbuches und feiert den Erfolg. Die Zielgruppe ignoriert die neue Dokumentation oder begegnet ihr mit hohem Widerstand. Es werden größere oder

Nur neue Prozessdokumentationen zu erstellen mündet nicht in einer nachhaltigen Verbesserung

kleinere Kämpfe ausgetragen und schließlich gibt die Organisation auf oder versucht einen anderen Ansatz. Dieses Vorgehen mündet nicht in einer nachhaltigen Verbesserung.

Organisationsentwicklung betrifft Ablauf- und Aufbauorganisation sowie die Fähigkeiten der Mitarbeiter und Werkzeuge

Eine Organisation ist ein soziales System mit Personen und definierten Ablauf- und Aufbaustrukturen. Wenn es darum geht, dass eine Organisation sich verbessert, so müssen wir eine ganze Reihe von Aspekten bei der Veränderung berücksichtigen, insbesondere:

- die Ablauforganisation, d.h. die Arbeitsabläufe und Arbeitsweisen
- die Aufbauorganisation, d.h. die Teams, die Rollen und ihre Rechte und Pflichten
- die Ausbildung und die Fähigkeiten der Mitarbeiter, die diese Rollen wahrnehmen
- die Werkzeuge, welche die Mitarbeiter für ihre Arbeit nutzen

Eine Verbesserung und Veränderung geht einher mit einer Anpassung der Unternehmenskultur

Eine Verbesserung und Veränderung geht einher mit einer Anpassung der Unternehmenskultur und schließt oft die Neuorientierung beruflicher Werte beziehungsweise Handlungsmaximen der Mitarbeiter mit ein. Erst in einer veränderten Unternehmenskultur haben die neuen Arbeitsweisen dauerhaften Bestand und werden als selbstverständlich angesehen.

Damit die Mitarbeiter die neuen Arbeitsweisen akzeptieren und leben ist Veränderungsmanagement notwendig

Das Veränderungsmanagement zielt darauf ab, die Organisation dabei zu begleiten und ihr zu ermöglichen, die neuen Arbeitsweisen und Funktionen zu leben. Zu den Kernaufgaben des Veränderungsteams gehören (siehe Abbildung 30):

- Entwicklung der neuen Arbeitsweisen, Hilfsmittel und Werkzeuge gemeinsam mit den Beteiligten und Betroffenen und Etablierung einer dauerhaften Wartungsstruktur für die kontinuierliche Anpassung und Weiterentwicklung der Arbeitsabläufe;
- Erstellung des Ausbildungsmaterials und Etablierung einer dauerhaften Aus- und Weiterbildung der Mitarbeiter und des Managements;
- Etablierung der Nutzung der neuen Arbeitsweisen und dauerhafte Unterstützung der Mitarbeiter bei der Umsetzung der Arbeitsweisen;
- Änderung der (Aufbau-)Organisation mit ihren Rollen und Verantwortlichkeiten, damit die verbesserten Arbeitsweisen umgesetzt werden können;
- Kommunikation der Verbesserungen an alle Beteiligten und Betroffenen. Dazu gehört, die neue Prozessbeschreibungen allen Beteiligten und Betroffenen an zentraler Stelle, z.B. im Intranet, verfügbar zu machen;

- Messung des Nutzens der Arbeitsabläufe und Installation einer dauerhaften Nutzenmessung;
- Etablierung eines unabhängigen Auditteams zur objektiven Überprüfung der Arbeitsweisen und Arbeitsergebnisse. Diese Überprüfung wird in Referenzmodellen wie CMMI oder SPICE auch als Qualitätssicherung bezeichnet.

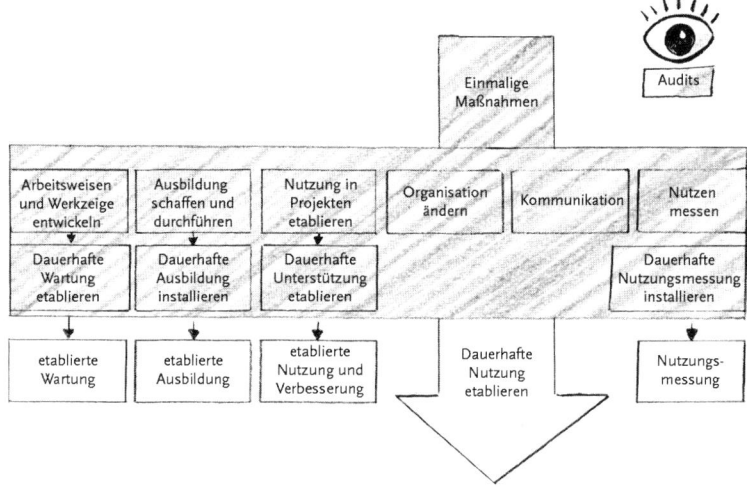

Abb. 30. Die Veränderung umfasst sowohl einmalige Maßnahmen zur Umsetzung der Verbesserungen als auch die Etablierung von Regeltätigkeiten zur Sicherstellung einer dauerhaften Nutzung

Um die dauerhafte Nutzung der neuen Arbeitsweisen nachhaltig in der Organisation sicherzustellen, müssen folgende Dinge etabliert sein (siehe Abbildung 30):

Neue Arbeitsweisen müssen dauerhaft etabliert werden

- In der Organisation müssen klare Verantwortlichkeiten für die dauerhafte Wartung der Arbeitsabläufe etabliert sein. Dazu gehört es, die Arbeitsabläufe auf neue Anforderungen aus den Geschäftszielen anzupassen sowie Feedback von den Betroffenen und Beteiligten zu nutzen und in die Prozessbeschreibungen und Hilfsmittel einfließen zu lassen.
- Die Organisation muss dauerhaft für die Ausbildung in den Arbeitsabläufen sorgen, um zum Beispiel neue Mitarbeiter mit den Abläufen vertraut zu machen.
- Die dauerhafte Nutzung und Verbesserung muss etabliert sein. Dazu gehört die Zuweisung von Verantwortlichkeiten für Hilfestellungen bei Fragen und Problemen. Außerdem müssen die Verantwortlichkeiten für die Unterstützung bei allen Beteiligten und Betroffenen bekannt sein.
- Kennzahlen, welche die Umsetzung der Verbesserungen sichtbar machen und zur Steuerung der Arbeit dienen, müssen von der

Organisation definiert, erhoben und gepflegt werden. Messen Sie, inwieweit die Arbeitsweisen die Geschäftsziele der Organisation unterstützen.

- Die Umsetzung der Arbeitsweisen in der Organisation muss regelmäßig von einem unabhängigen Auditteam überprüft werden. Abweichungen vom erwarteten Vorgehen müssen festgestellt, Maßnahmen zur Behebung der Abweichungen definiert und diese nachverfolgt werden. Das Management und die Betroffenen müssen Einblick in die Ergebnisse dieser Audits erhalten.

Auf diese Punkte gehen wir im Kapitel 10 auf Seite 149 im Detail ein.

80-90% des Gesamtaufwandes benötigen Sie für das Veränderungsmanagement

Typischerweise entfallen nur 10-20% des Gesamtaufwandes auf die Definition und Dokumentation der Arbeitsabläufe, also das Design der Veränderung. Die eigentliche Arbeit liegt in der organisationsweiten Umsetzung der Veränderung. Dafür benötigen Sie das Veränderungsmanagement – hier liegen in Abhängigkeit von der Organisationsgröße ca. 80-90% des Arbeitsaufwands einer erfolgreichen Veränderung.

7.2 Identifizieren und verfolgen Sie Ihre Anforderungen

Lernen Sie Ihre Anforderungen kennen

Wie in jedem normalen IT-Entwicklungsvorhaben haben Sie auch für ein Verbesserungsvorhaben Anforderungen, die es umzusetzen gilt. Analysieren Sie, welche konkreten Anforderungen Sie in Ihrer Verbesserungsinitiative zu erfüllen haben. Machen Sie sich bewusst, dass Sie unterschiedliche Aspekte in Ihren Anforderungen haben (siehe Abbildung 31):

- Geschäfts- und Verbesserungsziele: die Geschäftsziele der Organisation, deren Erreichung durch die Verbesserung unterstützt werden soll, sowie die Ziele und die Vision der Verbesserung; hierzu zählen auch die in der Standortbestimmung festgestellten Schwächen;

- Anforderungen an die Prozesse: Anforderungen an die Arbeitsabläufe und Arbeitsweisen, abgeleitet aus den Bedürfnissen der Betroffenen und der Organisation – z.B. notwendige Reaktionszeiten zum Kunden, Projektgrößen oder Arten von Projekten;

- Referenzmodell: Methodisch-fachliche Anforderungen aus dem gewählten Referenzmodell;

  Wenn Sie z.B. CMMI oder SPICE als Referenzmodell verwenden, sind am einfachsten die einzelnen Praktiken der ausgewählten Prozessgebiete als Anforderungen zu verstehen. Das Referenzmodell gibt Ihnen Orientierungshilfe für das, was getan werden muss. Die Veränderungsziele definieren, wie die Lösungen für Ihre Organisation aussehen müssen;

- Benutzerfreundlichkeit der Prozessbeschreibungen: Anforderungen der Anwender bezüglich der Benutzerfreundlichkeit der Prozessbeschreibungen und eines Portals, das diese zusammen mit anderen Hilfsmitteln zur Verfügung stellt – z.B. Art der Darstellung, Verständlichkeit, Zugriffsverfügbarkeit, Umfang;

  Dieser Punkt schließt auch die Wartbarkeit der Prozessbeschreibungen mit ein: eine kontinuierliche Verbesserung macht eine kontinuierliche Weiterentwicklung der Prozessbeschreibungen notwendig – diese muss einfach und effizient möglich sein;

- Rahmenbedingungen: Rahmenbedingungen an die Veränderung – z.B. betroffene Bereiche, zeitliche Vorgaben oder zugesicherte Ressourcen;

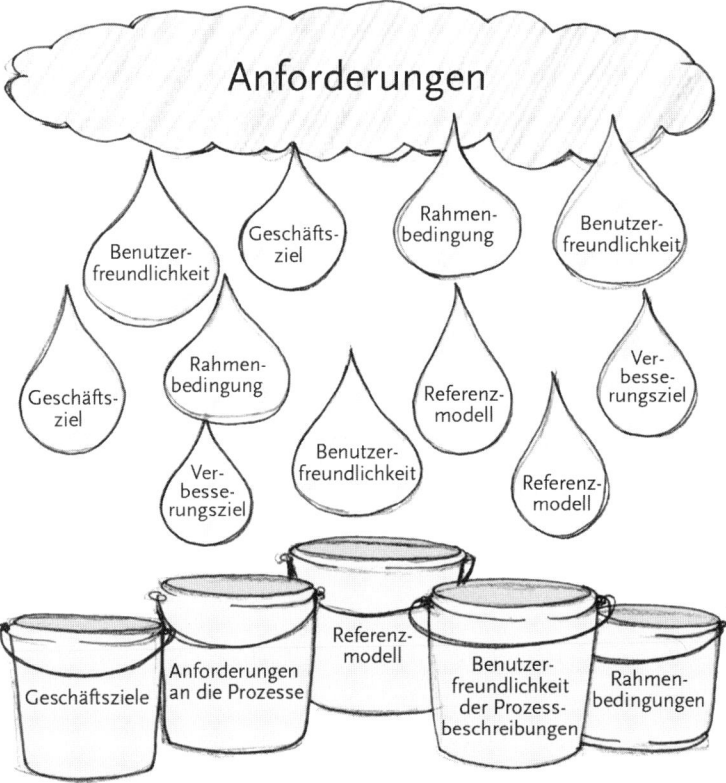

Abb. 31. Identifizieren und verfolgen Sie Ihre Anforderungen

Beispiel:

Um die Entwicklungskosten zu senken und sein Marktpotential langfristig auszubauen, möchte ein IT-Unternehmen zukünftig enger mit Off-shoring-Partnern im osteuropäischen und ostasiatischen Raum zusammenarbeiten. Erste Pilotprojekte hatten signifikante Schnittstellenprobleme ans Tageslicht gebracht. Daraufhin wurde eine Verbesserungsin-

Beispiel: Ableitung von Anforderungen im Hinblick auf Offshoring-Zusammenarbeit

itiative mit dem Ziel, in 3 Jahren Offshoring-Projekte innerhalb des geplanten Zeit- und Kostenrahmens und mit einem Ergebnis in erforderlicher Qualität durchführen zu können, beschlossen. Als erstes wurde eine Standortbestimmung gegen den CMMI Maturity Level 2 durchgeführt. Unter anderem wurden dabei folgende Schwächen festgestellt:

- *Es ist nicht immer allen Beteiligten klar, ob das vorliegende Dokument, z.B. das Pflichtenheft, aktuell ist.*

- *Dem oberen Management ist fast immer zu spät ersichtlich, dass Projekte Mehraufwände haben werden oder Funktionalitäten nicht wie erwartet umgesetzt werden können. Der Statusbericht ist in Textform verfasst und lässt keinen eindeutigen Projektstand erkennen.*

Aus den festgestellten Schwächen und dem kommunizierten Verbesserungsziel wurden unter anderem die nachfolgenden Verbesserungsziele als Anforderungen abgeleitet:

- *Einheitliche Ablagestruktur für alle Dokumentationen und einfacher Zugriff für alle unternehmensinternen Mitarbeiter sowie schneller selektiver Zugriff für die Offshoring-Partner;*

- *Konfigurationsmanagementsystem mit Schnittstelle zum Offshorer, mit dem jede Änderung nachvollzogen werden kann und aus dem der Status eines Dokuments eindeutig ersichtlich ist;*

- *Dokumentation von Aufwandsschätzungen, so dass sie auch von Nichtprojektbeteiligten nachvollzogen werden können;*

- *Earned Value Analysis und ein darauf aufbauendes Projektmanagement mit wöchentlichem Earned Value Status-Bericht;*

- *Bericht mit noch zu definierenden Statuskennzahlen durch die Offshoring-Partner, der auch in den Rahmenverträgen gefordert wird;*

Fragen Sie die Beteiligten und Betroffenen nach dem konkreten "wie" der Verbesserung

Die Anforderungen an das „wie", d.h. die konkrete Ausgestaltung der Verbesserung, erhalten Sie von den Beteiligten und Betroffenen, welche die Veränderungen in der Organisation umsetzen. Zum einen sind sie die Experten, die am ehesten wissen, wie eine Verbesserung aussehen kann. Zum anderen sind sie die Anwender der Verbesserung, deren Bedürfnisse und Probleme Sie adressieren. Insbesondere Anforderungen an die Benutzerfreundlichkeit erhalten Sie von den Anwendern. Beziehen Sie daher die Beteiligten und Betroffenen bei der Anforderungsdefinition mit ein.

Priorisieren Sie Ihre Anforderungen

Um zu entscheiden, ob und wann eine Anforderung umgesetzt werden soll, ist es hilfreich, die Anforderungen zu priorisieren. Bewerten Sie Ihre Anforderungen hinsichtlich Dringlichkeit (Wie schnell muss das Problem behoben werden?) und Notwendigkeit (Wie riskant sind die Auswirkungen des Problems?). Daraus abgeleitet ergibt sich eine Priorisierung der Anforderungen.

Das letzte Wort über die Anforderungen hat der Sponsor. Er ist Auftraggeber und ihm gegenüber schulden Sie als Verbesserungsteam Rechenschaft über die Umsetzung der Anforderungen. Stellen Sie sicher, dass Sie und Ihr Sponsor das gleiche unter den Anforderungen verstehen und holen Sie sich seine Zustimmung zu diesen und zu deren Priorisierung ein.

Vereinbaren Sie die Anforderungen mit dem Sponsor

7.3 Machen Sie nicht alles auf einmal, planen Sie kleine Schritte

Um eine Veränderung herbeiführen und steuern zu können, ist es notwendig, die unterschiedlichen Phasen einer Veränderung zu verstehen (siehe Abbildung 32) [46]:

Verstehen Sie die typischen Veränderungsphasen: Initialisierung, Mobilisierung, Umsetzung und Institutionalisierung

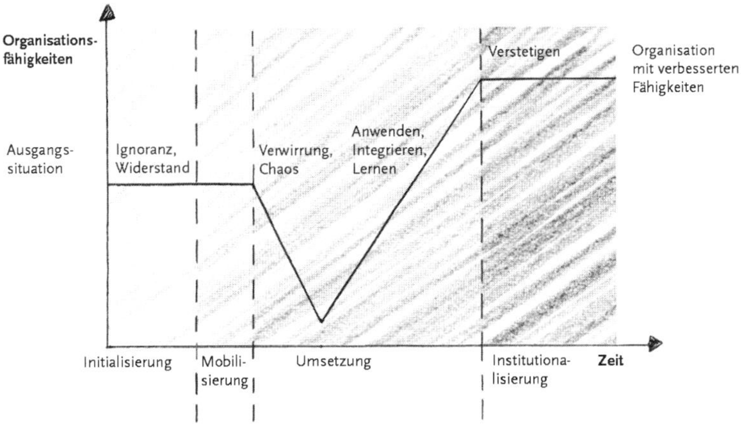

Abb. 32. Jede Veränderung verläuft in typischen Phasen

- Wenn zu Beginn einer Veränderungsinitiative die Verbesserung initialisiert wird (Initialisierungsphase), wird die Veränderung zunächst ignoriert. An der bestehenden Arbeitsweise wird noch nichts verändert.

- Wenn die Umsetzung der Veränderung aktiv vom Management eingefordert wird, fangen die Mitarbeiter an, sich mit der neuen Arbeitsweise zu beschäftigen und zu akzeptieren, dass die Veränderung auch für sie notwendig ist (Mobilisierungsphase).

- Mit der dann beginnenden Umsetzung entstehen Verwirrung und Chaos, weil alte Strukturen und Abläufe nicht mehr gelten, die neuen Abläufe aber noch nicht erlernt worden sind. Durch den Lernaufwand und durch die zeitweilige Verwirrung entsteht ein Produktivitätsknick – wir nennen diesen Knick das „Tal der Tränen". Dieser Produktivitätsknick ist ein kritischer Punkt in der Veränderung, der durch adäquate Unterstützung der Betroffenen und Beteiligten überwunden werden muss. Mit der Zeit setzt die

Organisation die neuen Arbeitsweisen immer besser um und integriert sie im Arbeitsalltag (Umsetzungsphase).

- Wenn die Verbesserungen etabliert und dauerhaft genutzt werden, werden die neue Abläufe verstetigt (Institutionalisierungsphase).

In der Umsetzungsphase existieren oft die größten Risiken für das Veränderungsvorhaben. Es ist der Zeitpunkt, an dem die Organisation erkennt, dass sie sich wirklich verändern und das „Tal der Tränen" durchschreiten muss. Während bisher „Lippenbekenntnisse" ausreichend waren, werden jetzt Handlungen eingefordert. So entstehen gerade hier eine Reihe von typischen Risiken:

- Das Management wird vor die Entscheidung gestellt, ob die Verbesserungsinitiative Vorrang hat oder die inhaltliche Arbeit. Eventuell wird das Verbesserungsvorhaben dann verschoben oder aufgegeben.
- Die Mitarbeiter bekommen keine Zeit, sich mit neuen Vorgehensweisen zu beschäftigen. Sie empfinden die Veränderung als störend und lehnen sie ab.
- Die neuen Vorgehensweisen sind möglicherweise noch nicht optimal, da sie erst mit zunehmender Erfahrung verbessert werden können, und sie werden daher nicht angewandt.
- Neue Strukturen und Verfahren gehen einher mit neuen Verantwortlichkeiten. Dies wird von einigen Betroffenen möglicherweise als Machtverlust empfunden. Sie agieren gegen die Veränderung.
- Der Mehraufwand für das Erlernen der neuen Vorgehensweise ist zeitweise für die Organisation so hoch, dass die Ergebnisse nicht im vorgegebenen Rahmen umgesetzt werden können.

Beispiel:

Eine neue Projektplanungsvorlage wird für alle IT-Entwicklungsprojekte für verbindlich erklärt. Einer der Projektleiter soll in zwei Tagen eine Aufwandsabschätzung für sein neues Projekt abgeben. Bisher hat er handschriftlich notiert, wieviel Aufwand er für Design, Entwicklung und Test aus seinen Erfahrungen heraus schätzt, und dies dann mit seinem Chefentwickler verifiziert und 20% Risikoaufschlag addiert. Dafür hat er in der Vergangenheit ca. zwei Stunden gebraucht. Nun soll er die neue Planungsvorlage anwenden. Das ist eine Excelliste, in der jedes einzelne Arbeitsergebnis aufgeführt wird, einschließlich der den Arbeitsaufwand bestimmenden Einflussgrößen wie z.B. Anzahl Java-Klassen im Code, oder Seitenumfang der Betriebsdokumentation. Nach 2 Stunden überlegen, notieren, und verwerfen gibt der Projektleiter auf, da er mit den anzugebenden Einflussgrößen zum Teil nichts anfangen kann und zum anderen ihm dafür die Erfahrungswerte fehlen. Er vereinbart ein

Gespräch mit einem anderen Projektleiter, der die Vorlage schon ange-
wandt hat. Gemeinsam diskutieren und erarbeiten sie an 2 Nachmitta-
gen (2*4h *2Personen = 16h) die Aufwandsschätzung mit der neuen
Vorlage. Sicherheitshalber schätzt der Projektleiter auch noch ad-hoc
nach seinem alten Verfahren, um ein sichereres Gefühl für das Ergebnis
zu bekommen (+ 2 h). Insgesamt hat er für die neue Aufwandschätzung
20 h (2 h vergeblicher Versuch, 16 h Schätzen mit Kollegen und 2 h nach
altem Verfahren) aufgewendet statt der bisherigen 2h Aufwand.

Nachdem der Projektleiter die neue Projektplanungsvorlage 2-3 mal ver-
wendet hat, hat er genügend Erfahrung, diese selbstständig in drei bis vier
Stunden auszufüllen. Das ist mehr als er für seine bisherige grobe Schätz-
methode benötigt hat, vermindert aber durch die genauere und nachvoll-
ziehbare Schätzung im weiteren Projektverlauf das Risiko eines
ungeplanten signifikanten Mehraufwands.

Je umfangreicher die Veränderung für die Organisation ist, um so **Je umfangreicher die Veränderung**
größer sind die genannten Risiken und um so tiefer ist das „Tal der **ist, um so größer ist die Gefahr**
Tränen". Die Gefahr ist wesentlich höher, dass die Organisation in **des Fehlschlags**
die alten Strukturen und Arbeitsweisen zurückfällt. Oft wird in Verbesserungsinitiativen erst ein komplettes Prozesshandbuch erstellt,
das dann als ganzes Vorgehensmodell für die Organisation auf einmal verbindlich wird („Big-Bang-Ansatz"). Der Änderungsaufwand
für die Projekte ist dann so hoch, dass sie das neue Handbuch ignorieren und mit den alten Strukturen und Arbeitsweisen weiterarbei-
ten, da sonst die Projektziele gefährdet wären (siehe Abbildung 33).

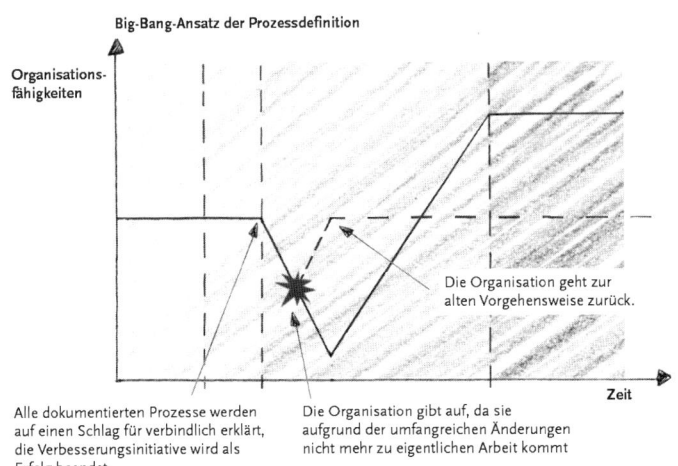

Abb. 33. Beim Big-Bang-Ansatz ist die Gefahr des Fehlschlages einer Veränderung sehr groß

Planen Sie deshalb mehrere kleine Verbesserungen, die aufeinander aufbauen und in denen die Veränderung in kleinen Etappen umgesetzt wird. Die Risiken für kleine Veränderungsschritte sind geringer als bei großen. Außerdem können die Beteiligten und Betroffenen kleine Veränderungen besser bewältigen, da sie diese mit einem überschaubarem Aufwand adoptieren können und kleine Veränderungen keine kritische Behinderung für die Projekte darstellen.

Wenn Sie iterativ vorgehen, durchläuft jeder einzelne Verbesserungsschritt die beschriebenen Veränderungsphasen (Abbildung 34). In der Initialisierungsphase wird die Verbesserung mit den Beteiligten erarbeitet und eventuelle Arbeitsbeschreibungen, Vorlagen, Messungen und Schulungsunterlagen erstellt. In der Mobilisierungsphase wird die Verbesserung pilotiert und anschließend für die Organisation verbindlich. In der Umsetzungsphase werden Schulungs- und Coachingmaßnahmen durchgeführt. Danach beginnt die Verstetigung, indem die Einhaltung der neuen Arbeitsweisen regelmäßig überprüft und dauerhaft unterstützt wird.

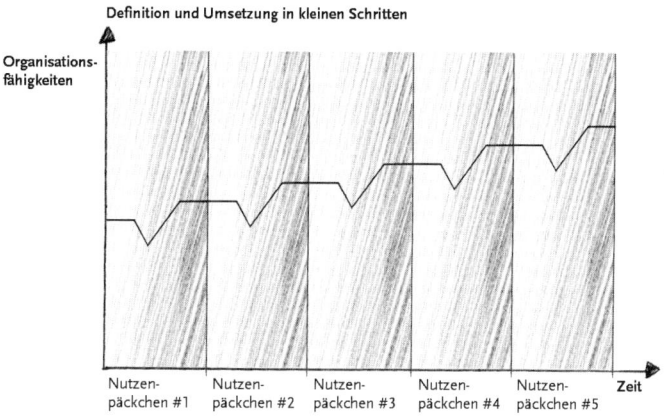

Abb. 34. Planen Sie kleine Verbesserungsschritte für eine erfolgreiche Veränderung

Durch eine regelmäßige Taktung
wird eine Kultur der kontinuierlichen Verbesserung etabliert

Das Vorgehen in kleinen Verbesserungsschritten hat den Effekt, dass die Veränderungen klein genug sind, so dass sie in der Organisation schnell und leicht umgesetzt werden können. Außerdem schafft die erfolgreiche Adoption erster Verbesserungen ein Vertrauen für die gesamte Veränderung. Lassen Sie die kleinen Verbesserungsschritte einem regelmäßigen zeitlichen Takt folgen. Um eine für die Organisation kurze Taktfrequenz aufrecht zu erhalten, ist es sinnvoll, die Verbesserungszyklen ineinander zu verschränken (Abbildung 35). Durch ein systematisches iteratives Vorgehen gewöhnt sich die Organisation an die kleinen Verbesserungsschritte. Die Veränderung wird zur Normalität, und es wird eine Kultur der kontinuierlichen Verbesserung etabliert.

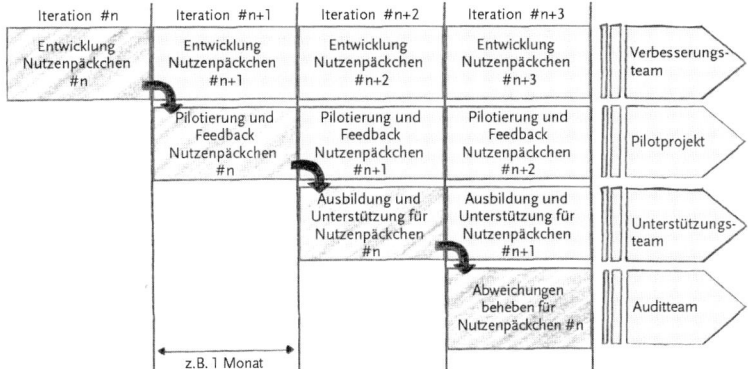

Abb. 35. Etablieren Sie eine Kultur der kontinuierlichen Verbesserung durch eine regelmäßige Taktung

Um die kleinen Verbesserungsschritte zu planen, bilden Sie Nutzenpäckchen. Nutzenpäckchen sind kleine, in sich abgeschlossene Verbesserungen, die von der Organisation umgesetzt werden können und einen Nutzen bringen.

Bilden Sie Nutzenpäckchen, d.h. kleine, in sich abgeschlossene Verbesserungen

Legen Sie bei der Bildung der Nutzenpäckchen besonderen Wert darauf, dass sie klein genug sind, um die Mitarbeiter mit der Veränderung nicht zu überlasten, aber dennoch einen erkennbaren Mehrwert für den Anwender besitzen. Themengebiete wie „Projektplanung" oder „Anforderungsmanagement", die ggf. noch direkt einem Referenzmodell entnommen sind, sind meist viel zu große Veränderungsschritte für eine Organisation. Besser wäre es, kleinere Päckchen aus Sicht des Anwenders zu bilden, die ein und dieselbe Schwäche adressieren. Wie klein ein Nutzenpäckchen sein muss, hängt von der Veränderungsbereitschaft der Organisation ab und ist eine Entscheidung, die auf Basis der Kenntnis des Unternehmens und der Erfahrung im Veränderungsmanagement getroffen wird. Orientieren Sie die Nutzenpäckchen nicht am Referenzmodell, sondern an den identifizierten Schwächen und den Bedürfnissen der Organisation.

Machen Sie die Nutzenpäckchen so klein wie möglich

Beispiel:

Ein Beispiel für ein solches Nutzenpäckchen wäre die Aufwandsschätzung in Verbindung mit der Ist-Erfassung der Aufwände, noch ohne Betrachtung von Zeitaspekten, Fähigkeiten, Ressourcenverfügbarkeit etc. Eine Aufwandsschätzung ohne Betrachtung der tatsächlichen Aufwände läuft ins Leere und bringt keinerlei Erfahrungswerte. Erst mit der Gegenüberstellung der tatsächlichen Aufwände können Erfahrungswerte in die folgenden Aufwandsschätzungen einfließen. Damit ist ein konkreter Nut-

Ein Beispiel für ein Nutzenpäckchen ist die Aufwandsschätzung

zenaspekt adressiert, der im Umfang so abgegrenzt ist, dass er von der IT-Organisation ohne Gefährdung von bestehenden Projektzielen adoptiert werden kann.

7.4 Entwickeln Sie Lösungen, keine Regelwerke

Eine Lösung ist mehr als ein Handbuch

Damit die Probleme der Organisation adressiert werden, sind unterschiedliche Ergebnisse zu erarbeiten. Die Erstellung einer schriftlichen Prozessbeschreibung ist nur ein kleiner Teil der Arbeit. Erarbeiten Sie Lösungspakete, die folgendes beinhalten:

- Adäquate Organisationsstruktur mit Verantwortlichkeiten
- Notwendige Ressourcen
  z.B. Infrastruktur, Werkzeuge, Dokumentvorlagen
- Messungen, die notwendige Informationen zur Steuerung der Arbeit zur Verfügung stellen und die den Nutzen der Verbesserungen zeigen (inklusive einer Ablagestruktur für die Messergebnisse)
- Prozessbeschreibungen mit grafischer Visualisierung der Abläufe, Dokumentenvorlagen, Beispiele sowie Richtlinien, um die Standardabläufe den spezifischen Gegebenheiten anzupassen
- Ausbildungsmaterial
  z.B. Schulungsunterlagen, Testfragen, Einarbeitungspläne, Übungsaufgaben
- Unterlagen für die Qualitätssicherung
  z.B. Fragenkatalog, um die Einhaltung der Arbeitsabläufe zu überprüfen
- Kommunikationsmaterial
  z.B. Plakate, Taschenguides, Newsletter, Releasenotes, Messestände; geben Sie der Verbesserung ein Gesicht und verwenden Sie Beispiele und Zitate aus Ihrer Organisation

Erarbeiten Sie organisationsspezifische Lösungen, verwenden Sie keine Prozessbeschreibungen „out of the box"

Bei der Erarbeitung der Lösungen ist es unerlässlich, dass Sie die Bedürfnisse der Organisation adressieren. Verbesserungsinitiativen sind Individualentwicklungen. Es sind Ihre Arbeitsweisen, Ihre Arbeitsabläufe, Ihre Prioritäten, und es ist Ihre Aufbaustruktur, Ihre Organisationsgröße und Ihre Unternehmenskultur. Die Verbesserungen müssen dem entsprechen und können nicht als beliebiger Standard „aufgepfropft" werden. Es ist nicht möglich, sogenannte Standardprozesse „out of the box" einzukaufen und in der Organisation umzusetzen. Greifen Sie stattdessen auf externe Erfahrungen zurück, um die Entwicklung von individuellen Lösungsmöglichkeiten zu beschleunigen.

Stellen Sie sicher, dass die Rahmenbedingungen für die Umsetzung der Verbesserungen vorhanden sind. Überlegen Sie, welche Werkzeuge notwendig sind. Planen Sie Schulungsmaßnahmen – auch für die Werkzeuge – ein. Überprüfen Sie, ob ausreichend Lizenzen vorhanden sind und setzen Sie gegebenenfalls den zusätzlichen Bedarf durch.

Sorgen Sie für die Rahmenbedingungen zur Umsetzung der Verbesserungen

Binden Sie die Betroffenen bei der Erarbeitung der Lösungen intensiv mit ein. Diejenigen, die unmittelbar von der Veränderung betroffen sind, wissen in der Regel am besten, wie eine Verbesserung aussehen könnte. Sie sind die Experten, deren Wissen Sie nutzen können und müssen, um gute und akzeptierte Lösungen zu entwickeln. Ohne die Einbindung der Betroffenen besteht das Risiko, sog. „Elfenbeinturmlösungen" zu erarbeiten, die niemandem nutzen, weil sie die Bedürfnisse der Betroffenen nicht treffen.

Nutzen Sie das Expertenwissen Ihrer Organisation

Gleichen Sie Ihre Lösungen mit den Anforderungen ab. Stellen Sie einerseits sicher, dass Sie alle Anforderungen adressieren, und dass andererseits die Lösungen nicht am Bedarf der Organisation vorbei gehen.

Stellen Sie sicher, dass Sie die Anforderungen treffen

7.5 Entwickeln Sie praktikable Beschreibungen, vermeiden Sie Papiertiger

Wenn Prozessbeschreibungen erstellt werden, so wird häufig der Fehler begangen, dass diese Beschreibungen sehr schöne theoretische Modelle sind, die leider kaum eine konkrete Unterstützung für die tatsächliche Arbeit darstellen. Vielfach wird völlig ignoriert, dass die Prozessbeschreibungen Arbeits- bzw. Hilfsmittel für die Mitarbeiter sein sollen. Orientieren Sie daher die Form der Beschreibungen an den Anforderungen der Mitarbeiter, welche die Beschreibungen lesen sollen. Achten Sie auf die Benutzerfreundlichkeit. Fragen Sie die Mitarbeiter, wie Prozessbeschreibungen aussehen müssen, damit diese sie einfach verstehen. Wählen Sie deshalb eine möglichst einfache Darstellungsform und visualisieren Sie Arbeitsabläufe durch eine Grafik. Einfache Beschreibungsformen, die jeder versteht, sind adäquater als formale und häufig komplexe Abläufe. Zu umfangreiche Prozessbeschreibungen enden als reine Papiertiger, die von niemandem gelesen werden. Bedenken Sie, dass ein Mensch im Durchschnitt nur eine Menge von sieben Elementen erfassen und behalten kann. Beschränken Sie sich auf die notwendigen Informationen, und verwenden Sie die gebräuchliche Terminologie der Organisation. Erstellen Sie für neue oder uneindeutige Begriffe ein Glossar.

Erstellen Sie Prozessbeschreibungen, die Arbeits- bzw. Hilfsmittel für die Mitarbeiter sind

Weniger ist oft mehr: Lassen Sie Spielraum für die Entwicklung von guten Praktiken

Gerade am Anfang einer Verbesserungsinitiative ist es hilfreich, den Betroffenen mehr Spielraum bei der Anwendung der Lösungen zu lassen. Somit können die Anwender unterschiedliche Erfahrungen in der Umsetzung der Verbesserungen machen und eigene gute Praktiken herausfinden, die im Rahmen einer Kultur der kontinuierlichen Verbesserung wiederum zu Standards werden können.

Stellen Sie sicher, dass die Betroffenen einfachen Zugang haben

Eine Voraussetzung für die Anwendung der Prozessbeschreibungen ist ein einfacher Zugriff auf diese für jeden betroffenen Mitarbeiter. Idealerweise bietet sich dafür das Intranet an, das in den meisten IT-Organisationen bereits genutzt wird. Die Zugriffsgeschwindigkeit ist dabei ein wichtiger Einflussfaktor für die Akzeptanz und die Nutzung des Portals.

Abb. 36. Weniger ist oft mehr. Vermeiden Sie zu umfangreiche Prozessbeschreibungen und konzentrieren Sie sich auf praktikable Lösungen

7.6   Testen Sie die Lösungen

Führen Sie einen Test auf Ihre Projektergebnisse durch

Zur Erarbeitung der Lösungen gehört – genau wie bei einem IT-Entwicklungsprojekt – ein Test der Ergebnisse, bevor diese in der Organisation eingesetzt werden. Prüfen Sie die erstellten Arbeitsergebnisse gegen die Anforderungen, um sicherzustellen, dass sie diesen entsprechen. Besetzen Sie dazu im Projekt eine eigene Rolle für den Test und vereinbaren Sie Testkriterien für alle Arten von Arbeitsergebnissen. Dies betrifft nicht nur die zu erstellenden Prozessbeschreibungen, Hilfsmittel und Werkzeuge, sondern auch alle anderen Projektergebnisse wie Schulungs-, Coaching- und Kommunikationsmaterialien (siehe Abschnitt 8.10 und Abschnitt 8.9). Die Qualitätssicherung kann in Form eines strukturierten Reviews erfolgen oder in Form einer Pilotierung in einem oder mehreren repräsentativ ausgewählten Anwendergruppen.

Eine probate und sehr effiziente Methode für den Test von Prozessbeschreibungen ist das strukturierte Review (auch „Inspektion" genannt [16]). Bei einem strukturiertem Review liest der Leser die Dokumentation und gibt dem Autor den Inhalt mit eigenen Worten wieder. Autor und Reviewer entscheiden, ob der Inhalt korrekt wiedergegeben und damit verständlich formuliert worden ist oder nicht. Mit dieser Methode können sehr gründlich Fehler gefunden und unklare Formulierungen aus dem Weg geräumt werden.

Nutzen Sie die Methode des strukturierten Reviews, um Dokumente zu prüfen

Beispiel:

In einer IT-Organisation von 1000 Mitarbeitern und ca. 50 Projekten pro Jahr wird eine neue Projektplanungsvorlage erarbeitet. Das strukturierte Review (Inspektion) für diese Vorlage dauert 4 * 4 h. Beteiligt sind der Projektleiter und zwei Mitarbeiter aus dem Verbesserungsteam, also drei Personen. Damit entsteht ein Aufwand von 6 PT für das strukturierte Review eines Dokuments. In diesem Review werden grundsätzliche Missverständnisse aufgedeckt, die pro Verwendung der Vorlage ca. einen Tag Zusatzaufwand gekostet hätten. Bei 50 Projekten im Jahr wären allein während der Projektinitialisierung insgesamt 50 PT im nächsten Jahr an Mehraufwand angefallen. Für das Review ergibt sich damit ein Return on Investment von mehr als 1:8.

Beispiel für die Effizienz eines strukturierten Reviews

Nutzen Sie Pilotprojekte und -bereiche, um zu überprüfen, dass sich die von Ihnen geschaffenen Lösungen in der Praxis bewähren. Planen Sie dabei den Mehraufwand für die Betroffenen ein. Wählen Sie ein Projekt oder einen Bereich aus, der repräsentativ für die Organisation ist und der als Pilotkunde für den neuen Ablauf geeignet ist. Überprüfen Sie mit dem Prototypen, ob die Änderungen den erwarteten Nutzen bringen. Achten Sie dabei insbesondere auf Verständlichkeit der erstellten Dokumentation, Verwendbarkeit der erstellten Hilfsmittel und Werkzeuge, und messen Sie den erwarteten Nutzen (siehe Kapitel 11). Sammeln Sie das Ergebnis aus der Anwendung des Prototypen ein und integrieren Sie die Verbesserungsvorschläge der Pilotanwender in Ihre Projektergebnisse.

Testen Sie die Ergebnisse in Pilotprojekten auf den zu erwartenden Nutzen

Planen Sie den Test der Lösungen in einem Testkonzept. Schätzen Sie den Testaufwand und planen Sie diesen für jedes Nutzenpäckchen mit ein.

Erstellen Sie ein Testkonzept für die Lösungen Ihrer Nutzenpäckchen

7.7 Bringen Sie die Lösungen zum Leben

Die Verbesserungen müssen in
allen Bereichen und dauerhaft
etabliert werden

Es nutzt wenig, wenn die Verbesserungen nur von wenigen Pilotprojekten umgesetzt werden. Die Verbesserungen müssen vielmehr
in der gesamten Organisation dauerhaft etabliert werden. Eine solche dauerhafte Etablierung wird in der Fachliteratur als „Institutionalisierung" bezeichnet und umfasst zwei wesentliche Punkte:

- Die Veränderungen müssen in allen betroffenen Bereichen oder
  Projekten zum Leben gebracht werden;
- Die Veränderungen müssen als Teil der täglichen Arbeitspraxis
  selbstverständlich gelebt werden.

Wir gehen in zwei Kapiteln
detailliert auf das „Zum-Leben-
Bringen" und auf die dauerhafte
Etablierung der Veränderungen
ein

Diese beiden Aspekte sind nicht nur von zentraler Bedeutung für eine Verbesserung, sondern auch mit viel Arbeitsaufwand verbunden,
da die gesamte Organisation in der Breite adressiert werden muss.
Wir gehen daher in zwei Kapiteln im Detail auf diese Punkte ein:

- In Kapitel 9 auf Seite 133 beschreiben wir, wie Sie zusammen mit
  den betroffenen Bereichen oder Projekten Schritt für Schritt konkrete Änderungen in der täglichen Arbeit umsetzen;
- In Kapitel 10 auf Seite 149 beschreiben wir, wie Verbesserungen
  dauerhaft und nachhaltig etabliert werden, so dass sie als Teil der
  täglichen Arbeitspraxis selbstverständlich gelebt werden.

Peter, Paul und Marie

Marie und Tina haben den
Arbeitstag mit dem Management
vorbereitet

*Nachdem Tina von Peter König beauftragt worden ist, das Verbesserungs-
vorhaben zu unterstützen, haben Tina und Marie einen Arbeitstag mit
dem Management bei IIL vorbereitet. Ziel dieses Arbeitstages ist es, die
Ziele und das Vorgehen für das anstehende Verbesserungsvorhaben mit
dem gesamten mittleren Management gemeinsam zu besprechen und abzustimmen.*

*Wie besprochen hat Tina den Termin inhaltlich vorbereitet und Marie
den organisatorischen Teil übernommen. Dabei musste Marie die Absage
von 2 Abteilungsleitern an Peter König eskalieren, bevor der Termin für
alle relevanten Manager eingeplant werden konnte.*

Peter König eröffnet den Arbeitstag
mit dem Management

*Zu Beginn des Arbeitstages gibt Peter König eine kurze Zusammenfas-
sung der bisherigen Folgeaktivitäten und -überlegungen nach der Standortbestimmung vor wenigen Wochen. Er erläutert auch seine Entscheidung, dass Tina Traute das Vorhaben inhaltlich mit ihrer Erfahrung in
Veränderungsprojekten begleiten und zu Beginn auch die Leitung der Initiative übernehmen soll. Dann übergibt er an Tina.*

*Nachdem Tina kurz den Ablauf des Tages vorgestellt hat, gibt sie als erstes
einen Überblick über die Ergebnisse der Standortbestimmung und fasst
die wichtigsten festgestellten Schwächen zusammen. Anschließend erläu-*

tert sie die kritischen Erfolgsfaktoren bei einer Verbesserungsinitiative. Marie und Paul hören dabei aufmerksam zu, obwohl sie schon einige der Punkte kennen.

Einer der Abteilungsleiter hat in einem anderen Unternehmen schon ein Verbesserungsprojekt erlebt und somit schon einige Erfahrung in dem Umfeld. Er möchte von Tina als erstes wissen, welche Qualifikation sie selbst mitbringt, um das Thema bei IIL voranzutreiben, und welche Erfahrung sie als Projektleiterin hat, da sie das Projekt bei IIL anfänglich leiten soll.

Tina legt ihre Erfahrungen im Veränderungsmanagement dar

Tina antwortet darauf: „Ich arbeite seit 2 Jahren bei PRIMA als Beraterin und habe in der Zeit 2 Kundenprojekte betreut, die heute einen anerkannten CMMI Level nachgewiesen haben. Bevor ich zu PRIMA gekommen bin, habe ich selbst in einem Bereich mit 300 Mitarbeitern eines großen Unternehmens ein Verbesserungsprojekt geleitet. Da ich ursprünglich aus der Softwareentwicklung komme, habe ich auch Erfahrungen in IT-Projekten und kann sehr gut nachvollziehen, was es für die Projekte bedeutet, neue Arbeitsweisen im laufenden Geschäft einzuführen."

Danach geht Tina dazu über, den von ihr vorbereiteten Ansatz zum Vorgehen bei IIL vorzustellen: „Als erstes brauchen wir für das Verbesserungsvorhaben die Anforderungen an die Lösungen, die wir ausarbeiten wollen. Das gewählte Referenzmodell CMMI sagt uns ja nur, was wir tun müssen, aber nicht wie. Das müssen wir für IIL speziell festlegen und als Anforderung für das Vorhaben mit aufnehmen."

Einer der Abteilungsleiter bemerkt: „Ist ja wie in jedem anderen Projekt auch."

Tina: „Ja genau. Und da kommen wir auch schon zum nächsten Punkt. So ein Thema lässt sich nicht neben der normalen Arbeit nebenbei mit erledigen. Die Verbesserungen, die Sie vorhaben, erfordern Veränderungen in der gesamten Organisation. Das ist ein einmaliges Vorhaben, das anschließend in eine Art Wartung übergeht. Deshalb werden wir diese Verbesserungsinitiative als Projekt aufsetzen und durchführen. Wir etablieren ein Projektmanagement wie für jedes normale Projekt auch mit Plänen, Fortschrittskontrolle und Statusbericht."

Tina erläutert den Ansatz für das Projektvorgehen

Der in Prozessverbesserung bereits erfahrene Projektleiter ist an dieser Stelle noch etwas skeptisch: „Ich habe das alles schon einmal erlebt. So ein Projekt beschäftigt sich lange Zeit mit sich selbst, erzeugt Unmengen von Papier, glaubt dann, etwas verbessert zu haben und feiert sich selbst."

Tina nickt: „Ja, das habe ich auch schon häufig miterlebt, dass eine angebliche Verbesserung so durchgeführt wird. Das haben wir aber ganz bestimmt nicht vor. Wir werden die Verbesserung auch nicht im Projekt durchführen. Das können nur die Mitarbeiter in der Organisation. Das Verbesserungsprojekt ist dazu da, der Organisation zu helfen, sich zu verbessern. Das bedeutet unter anderen, dass die Organisation sich auch Ihre Lösungen selbst schaffen muss. Wir werden die Verbesserungen in klei-

nen Schritten, sogenannten Nutzenpäckchen, planen und etablieren. Dazu werden wir viele kleine Releases bilden und in jedem Release in intensiven Arbeitstagen zusammen mit Projektleitern, Entwicklern, Managern und anderen Beteiligten aus der Organisation die Lösungen grob erarbeiten. Die Feinarbeit erfolgt anschließend durch das Projektteam. Für den Test der Arbeitsabläufe werden wieder Mitarbeiter aus der Organisation eingeladen. Jeder Verbesserungsschritt wird intensiv geschult und gecoacht, bevor die nächste Verbesserung begonnen wird. So begleiten wir Schritt für Schritt die Organisation bei der Veränderung und arbeiten dabei eng mit den Beteiligten und Betroffenen zusammen."

„Aber ist das nicht alles viel zu viel Aufwand. Da kommen wir in den Projekten ja gar nicht mehr zum Arbeiten!" sagt einer der Abteilungsleiter.

Tina antwortet darauf: „Nun, für den Erfolg des Vorhabens ist es sehr wichtig, dass die Mitarbeiter – und ich rede hier von den erfahrenen und besonders guten Mitarbeitern, denn Sie wollen ja hinterher auch gute Lösungen haben – für die Verbesserungserarbeitung zur Verfügung stehen. Jede Verzögerung kann durch ihre demotivierende Außenwirkung großen Schaden anrichten, der hinterher teuer bezahlt werden muss. Unterstützende Aufgaben wie die Publikation im Prozessportal oder die Vorbereitung von Schulungsmaterialen werden wir innerhalb des Verbesserungsteams durchführen. Somit ist gewährleistet, dass die Mitarbeiter aus der Organisation, die ja nur begrenzt zur Verfügung stehen und auch noch ihre normale Arbeit zu erledigen haben, nicht mehr als notwendig in Anspruch genommen werden und dennoch ihren wichtigen Input leisten können."

Marie ist noch skeptisch: „Und wie genau wollen Sie erreichen, dass die Lösungen anschließend auch angewendet werden? In der Vergangenheit hatten wir damit nur mäßigen Erfolg."

Paul pflichtet Marie bei und ergänzt: „Ja und inzwischen werden wir bei vielen meiner Kollegen mit unseren Vorschlägen auf taube Ohren stossen."

Tina: „Zum einen beziehen wir die Mitarbeiter bei der Erstellung der Lösungen ein – was ja auch Sinn macht, da sie ja die Experten sind. Schließlich machen Sie das bereits tagtäglich und wissen am ehesten, wo es etwas zu verbessern gibt. Es wird ein Team von Multiplikatoren geben, das die Projekte gezielt betreuen wird und mit diesen individuelle Verbesserungspläne vereinbart. Für alle Lösungen wird dieses Team Schulungen veranstalten. Außerdem nimmt das Team die Unterstützung, das Coaching und die Pflege der erstellten Lösungen in der Organisation wahr. Dieses Team ist wichtig für das „Zum-Leben-Bringen" der Verbesserungen in der Organisation. Für jedes Aufgabengebiet wird es einen Verantwortlichen geben, der aus der Organisation kommt und nicht Mitglied der QS-Abteilung ist. Mitarbeiter der QS-Abteilung werden die Umsetzung der Arbeitsweisen gezielt durch Audits überprüfen. Die ganze Veränderung werden wir durch eine offene und rege Kommunikation begleiten."

Nachdem das Vorgehen erläutert und alle sich einverstanden erklärt haben, geht Tina dazu über, die Anforderungen an die Prozessverbesserung
zu diskutieren. Sie eröffnet eine gemeinsame Diskussion über die Geschäftsziele und die daraus resultierenden Anforderungen an die Verbesserungen, die es umzusetzen gilt. Während Tina die Diskussion moderiert hält sie gleichzeitig die Ergebnisse der Diskussion stichpunktartig auf
einem Flipchart fest.

Tina moderiert die Diskussion über die Anforderungen an die Verbesserung

Am Ende vereinbaren sie, eine Planungswoche durchzuführen, in der das
Vorhaben mit allen Anforderungen und Rahmenbedingungen geschätzt
und geplant wird. Daran sollen Tina, Marie und Paul teilnehmen – und
ein weiterer Mitarbeiter, der für das Verbesserungsprojekt noch bestimmt
werden soll.

Ihre Argumente

Was Sie tun sollten:

- Verstehen Sie die Veränderung als Organisationsentwicklung
- Setzen Sie in jeder Veränderungsphase gezielte Kommunikationsmaßnahmen um
- Leiten Sie die Anforderungen an die Veränderung aus den Geschäftszielen und der Standortbestimmung ab
- Bilden Sie kleine Nutzenpäckchen gemäß den Anforderungen und priorisieren Sie die Nutzenpäckchen
- Erarbeiten Sie mit den Anwendern organisationsspezifische Lösungen
- Machen Sie die Prozessbeschreibungen und Hilfsmittel in einem zentralen Portal verfügbar
- Testen Sie die entwickelten Lösungen
- Bringen Sie die Arbeitsabläufe durch gezielte Schulungs- und Coachingmaßnahmen zum Leben
- Schließen Sie eine Maßnahme erst dann ab, wenn Sie den Status „Organisationsweit zum Leben gebracht" hat
- Nutzen Sie externe Experten, um die Veränderung mit ihrem Wissen und ihrer Erfahrung zu begleiten und zu unterstützen

Was Sie nicht tun sollten:

- Verfolgen Sie keinen „Big-Bang-Ansatz"
- Führen Sie kein Rollout der Prozessbeschreibungen durch, indem Sie einfach nur ein neues Prozesshandbuch verkünden
- Schüren Sie keine Ängste und Widerstände, indem Sie zu wenig informieren
- Produzieren Sie keine umfangreichen Regelwerke oder Papiertiger
- Konzentrieren Sie sich nicht nur auf einige wenige Pilotprojekte
- Besetzen Sie das Veränderungsteam nicht nur mit externen Ressource, und lassen Sie die Prozessbeschreibungen und Hilfsmittel nicht durch ein externes Team erstellen

Ergebnisse:

- Kommunikationsplan und -material
- Anforderungsliste für die Veränderung
- Priorisierte Nutzenpäckchen
- Zentrales Prozessportal
- Ganzheitliche Prozesslösungen
- Schulungs- und Coachingmaterial

Ihre Argumente (ff.)

Arbeitsaufwand:

- 1 Tage für die Anforderungsliste und 1 Tag für die Abstimmung
- Ca. 30 min pro Nutzenpäckchen
- Kommunikationsmaßnahmen: ca. 20-40% des Gesamtaufwandes
- Ca. 2 Monate für die Bereitstellung eines Prozessportals
- Entwicklung der Prozesslösungen: ca. 10-20% des Gesamtaufwandes

Nutzen:

- Sie erhalten einen Verbesserungsansatz, mit dem Sie Prozesslösungen erarbeiten, die den Anforderungen der Organisation entsprechen und gelebt werden können

8 Die Veränderung soll nebenher gemacht werden?

Planen und führen Sie die Veränderung als Projekt. Messen Sie den Fortschritt des Projekts am Fortschritt der Veränderung in der Organisation.

Ihr Standort: Das Basislager der Veränderung

8.1 Veränderung braucht Projektmanagement

Durch die Standortbestimmung kennen Sie die bestehenden Schwächen der Organisation und das Ziel der Verbesserung (Kapitel 5 auf Seite 51). Sie wissen außerdem, was grundsätzlich zur Umsetzung einer Verbesserung und Veränderung zu tun ist (Kapitel 7 auf Seite 83). Damit die Beteiligten die Zeit und die Ressourcen haben, die notwendigen Maßnahmen umzusetzen, müssen die konkreten Verbesserungsaktivitäten, Ergebnisse und Ressourcen geplant und nachverfolgt werden. Eine Veränderung kostet viel Arbeitsaufwand und funktioniert daher nicht nebenbei.

Die Umsetzung der Verbesserung muss konkret geplant und verfolgt werden

Um die Verbesserung geplant und systematisch anzugehen, gibt es zwei unterschiedliche Herangehensweisen: die revolutionäre und die kontinuierliche Verbesserung (siehe Abbildung 37).

Revolutionäre versus kontinuierliche Verbesserung

- Die revolutionäre Verbesserung ist durch eine signifikate Verbesserung des Leistungsniveaus einer Organisation innerhalb eines bestimmten Zeitraumes gekennzeichnet. Die revolutionäre Verbesserung wird nur einmal und in einem definierten Zeitraum durchgeführt. Deshalb planen und führen Sie das revolutionäre Verbesserungsvorhaben als Projekt mit definierten Anforderungen.

Die revolutionäre Verbesserung ist ein einmaliger Vorgang und deshalb ein Projekt

- Im Gegensatz dazu ist die kontinuierliche Verbesserung darauf ausgerichtet, ständig kleine Verbesserungsschritte umzusetzen, um ein Leistungsniveau zu halten bzw. langsam weiterzuentwickeln. Stillstand ist Rückschritt: ohne Verbesserung verschlechtert sich ein Prozess langsam aber stetig. Gründe hierfür sind beispielsweise sich ändernde Rahmenbedingungen, neue Erkenntnisse bzw. Technologien, Mitarbeiterfluktuation oder sich einschleichende Nachlässigkeit. Insbesondere in der IT kommen neue Erkenntnisse und technologische Änderungen, die ständig neue Rahmenbedingungen schaffen, hinzu. Daher ist eine konti-

Die kontinuierliche Verbesserung dient der Erhaltung eines erreichten Leistungsniveaus

nuierliche Verbesserung zur Aufrechterhaltung der Leistungsfähigkeit einer Organisation immer notwendig und eine
Regeltätigkeit (siehe Abschnitt 10.5 auf Seite 161).

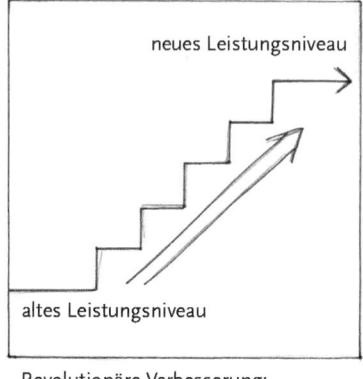
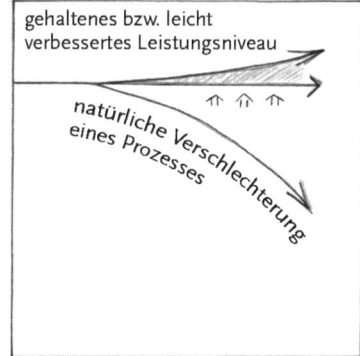

Revolutionäre Verbesserung: Kontinuierliche Verbesserung:
ein neues Leistungsniveau erreichen   bestehendes Leistungsniveau halten
                                      bzw. langsam verbessern.

Abb. 37. Revolutionäre versus kontinuierliche Verbesserung

Die revolutionäre und die kontinuierliche Verbesserung dienen unterschiedlichen Zielen, sind beide notwendig und ergänzen sich

Die revolutionäre und die kontinuierliche Verbesserung dienen unterschiedlichen Zielen und ergänzen sich. Beide Verbesserungsarten sind notwendig und können nicht gegeneinander ausgetauscht werden. Außerdem haben sie unterschiedliche Rahmenbedingungen, Organisationsformen und Herangehensweisen. Die revolutionäre Verbesserung werden Sie immer dann nutzen, wenn sie gezielt ein neues Leistungsniveau erreichen oder eine größere organisatorische Veränderung umsetzen müssen. Die kontinuierliche Verbesserung ist hingegen eine notwendige Regeltätigkeit. Insbesondere die Ergebnisse einer revolutionären Veränderung müssen nach ihrer initialen Einführung in die Pflege durch eine kontinuierliche Verbesserung eingehen und erhalten werden. Selbst wenn sich an eine revolutionäre Verbesserung ein weiteres Verbesserungsprojekt anschließt, sind dennoch die Aktivitäten der kontinuierlichen Verbesserung notwendig, um das erreichte Leistungsniveau aus dem ersten Verbesserungsprojekt zu erhalten.

Ein Veränderungsprojekt hat besondere Schwierigkeiten und verlangt ein professionelles Projektmanagement

Eine Verbesserung ist für eine Organisation normalerweise kein Projekt, das schon oft durchgeführt wurde. Es ist daher mit besonderen Schwierigkeiten verbunden. Zum einen sind die Art und Weise sowie die Inhalte eines Verbesserungsprojekts für alle Beteiligten neu. Dies erfordert einen entsprechenden Lernaufwand und die Akzeptanz, neue Arbeitsweisen auszuprobieren und gegebenenfalls zu korrigieren. Sie konkurrieren zum anderen in diesem Projekt um die begehrten Personen, deren gute und systematische Arbeitsmethoden in der Organisation verbreitet werden sollen. Veränderungen „stören" darüber hinaus die Projekte und das Management, weil es während der Veränderung zu einem Leistungsabfall kommt (siehe das „Tal der Tränen" in Abbildung 32 auf Seite 89). Nicht zuletzt haben solche Projekte mit offenen und verdeckten Widerständen zu rechnen. All diese Schwierigkeiten und Risiken verlangen ein professionelles Projektmanagement, um mit ihnen fertig zu werden und um das Projekt zum Erfolg zu führen. Außerdem hängt der Aufwand eines Verbesserungsprojekts signifikant von seiner professionellen Durchführung ab.

8.2   Suchen Sie einen guten Veränderungsmanager

Um das Veränderungsprojekt professionell durchzuführen, benötigen Sie einen besonders erfahrenen und fähigen Projektleiter als Leiter der Veränderung (siehe Abschnitt 6.3 auf Seite 72). Definieren Sie schriftlich die Anforderungen an den Projektleiter und fordern Sie vom Sponsor des Veränderungsprojekts die adäquate Besetzung dieser Position ein. Nur der Sponsor hat die Möglichkeit, das Veränderungsprojekt innerhalb der Organisation so zu priorisieren, dass die raren guten Ressourcen zur Verfügung stehen.

Suchen Sie einen erfahrenen und fähigen Projektleiter für die Leitung des Verbesserungsprojekts

Da der Projektleiter im Auftrag und im Namen des Sponsors handelt und Entscheidungen trifft, muss ein geeigneter Projektleiter in der Organisation respektiert sein. Ein Projektleiter, dessen Entscheidungen in der Organisation häufig angezweifelt und nicht akzeptiert werden, hat kaum eine Chance. Er hat mit zusätzlichen unnötigen Schwierigkeiten zu kämpfen, die den Erfolg des Projekts in Frage stellen. Ein weiterer Grund, warum ein gutes Projektmanagement wichtig ist: das Projekt hat Vorbildcharakter. Frei nach dem englischen Sprichwort „Eat your own dogfood" sollte das Projekt sich selbst an die Arbeitsweisen und Richtlinien halten, welche die Organisation befolgen soll.

Der Projektleiter muss in der Organisation respektiert sein

Um ein Veränderungsprojekt managen zu können, ist neben Projektmanagementkenntnissen auch Wissen und Erfahrung im Veränderungsmanagement notwendig. Der Projektleiter muss in der Lage sein, alle im vorherigen Kapitel 7 beschriebenen Aspekte planen, steuern und umsetzen zu können.

Der Projektleiter muss über Erfahrung im Veränderungsmanagement verfügen

Sollten Sie in Ihrer Organisation niemanden finden, der ausreichend Erfahrung und Wissen im Projekt- und Veränderungsmanagement hat, dann besetzen Sie diese Rolle von außen. Entweder Sie stellen einen neuen Mitarbeiter ein, der diese Voraussetzungen erfüllt, oder Sie nutzen einen erfahrenen externen Veränderungsmanager. Im letzteren Fall führt dieser das Projekt für einen definierten Zeitraum. Dabei bildet er einen internen Projektleiter aus und übergibt das Projekt dann an diesen.

Besetzen Sie den Projektleiter gegebenenfalls von außen

8.3   Planen Sie das Veränderungsprojekt

Planen Sie das Projekt zusammen mit dem Veränderungsteam

Beim Aufsetzen des Verbesserungsprojekts ist es wichtig, dass Sie am Ende die Zustimmung aller am Projekt Beteiligten zu den Zielen, Aufgaben, Ergebnissen, Zeitplänen und organisatorischen Rahmenbedingungen bekommen. Sie brauchen nicht nur die Zustimmung, sondern auch die Verpflichtung zur Einhaltung und Umsetzung der genannten Punkte. Am einfachsten ist es, das Verbesserungsprojekt zusammen mit den am Projekt Beteiligten (Verbesserungsteam) zu planen, sofern sie schon bekannt und verfügbar sind. Andernfalls holen Sie deren Einverständnis und Verpflichtung später gezielt ein. Nur mit seiner Zustimmung steht das Team wirklich hinter Ihnen und nur dann sind die Verpflichtungen einforderbar.

Analysieren Sie die Risiken für das Verbesserungsprojekt

Werden Sie sich bei der Planung des Projekts zuerst über die möglichen Risiken klar. Identifizieren Sie die Risiken und schätzen Sie deren Eintrittswahrscheinlichkeiten ein. Analysieren Sie dann die möglichen Auswirkungen und legen Sie deren Grad fest. Anhand der Eintrittswahrscheinlichkeiten und Auswirkungen können Sie die Risiken priorisieren. Definieren Sie für die Risiken mit hoher Priorität Gegenmaßnahmen, um die Wahrscheinlichkeit des Eintretens oder den Grad der Auswirkung zu mindern.

Mögliche Risikoquellen in einem Verbesserungsprojekt

Mögliche Risikoquellen in einem Verbesserungsprojekt sind beispielsweise:

- Probleme, die bereits bei vorangegangenen Verbesserungsinitiativen auftraten
- Fehlendes Wissen im Veränderungsmanagement
- Wichtige Betroffene, die ein gegenteiliges Interesse haben (insbesondere beim mittleren Management)
- Teilzeitressourcen, die nicht immer verfügbar sind, wenn Sie gebraucht werden, und die durch ständigen Aufgabenwechsel überlastet sind
- Mangelnde aktive Unterstützung oder Durchsetzungsfähigkeit des Sponsors
- niedrige Veränderungsbereitschaft in der Organisation, beispielsweise durch vorangegangene gescheiterte Verbesserungsinitiativen
- Zulieferungen und Abhängigkeiten von anderen Projekten oder Organisationseinheiten (z.B. wenn das Prozessportal von einem anderen Projekt zugeliefert werden soll)
- Andere Veränderungen, die sich überschneiden
- Verteilte Lokationen

Planen Sie die Aufgaben und Ergebnisse des Projekts und teilen Sie die Arbeit in Phasen ein. Definieren Sie dazu Meilensteine und Teilergebnisse in Form von kleinen Verbesserungsschritten, von denen jeder der Organisation einen erkennbaren Nutzen bringt. Verwenden Sie als Grundlage ein bewährtes Vorgehensmodell für Verbesserungsprojekte.

Definieren Sie die Phasen für die Verbesserungsinitiative

Beispiel: IDEAL Modell

Das IDEAL Modell des Software Engineering Institutes (SEI) beschreibt die Phasen und Schritte eines Verbesserungsvorgehens. Die Phasen dieses Vorgehensmodells sind iterativ. Am Anfang steht der Auslöser für eine Veränderung (Kapitel 3). In der Phase „Initiating" wird die notwendige Unterstützung aufgebaut (Kapitel 4 und Kapitel 6). In der Phase „Diagnosing" werden die Stärken und Schwächen bestimmt (Kapitel 5). Hierauf setzt dann die Phase „Establishing" auf, in der die notwendigen Verbesserungsmaßnahmen geplant werden (dieses Kapitel). In der Phase „Acting" werden diese Maßnahmen konsequent umgesetzt (Kapitel 9). In der Phase „Learning" werden am Ende eines jeden Zyklus die Zielerreichung und der eingeschlagene Weg überprüft (Kapitel 12).

Beispiel: das iterative IDEAL Modell des Software Engineering Institutes (SEI)

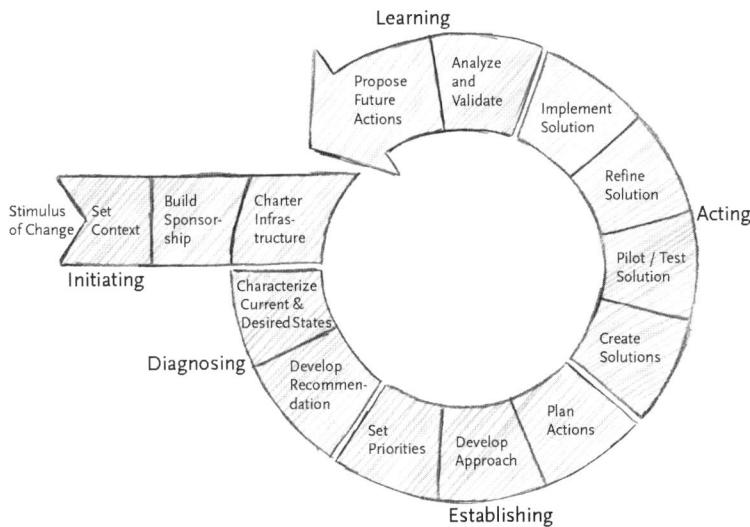

Abb. 38. Das IDEAL Modell [35]

Beispiel: wibas Vorgehensmodell für ein Verbesserungsprojekt

Das wibas Vorgehensmodell für ein Verbesserungsprojekt bettet die Aktivitäten des IDEAL Modells in ein Projektvorgehen ein. Die Abbildung 39 zeigt das wibas Vorgehensmodell auf der obersten Ebene und stellt die wichtigsten Phasen eines typischen Verbesserungsprojekts dar. Außerdem definiert es die drei für die Verbesserung notwendigen Hauptverantwortlichkeiten (siehe Abbildung 26 auf Seite 69).

Beispiel: das iterative wibas Vorgehensmodell für ein Verbesserungsprojekt

In Phase 1 beginnt eine Veränderung mit einer Standortbestimmung, die gleichzeitig die Organisation für die Veränderung motiviert (Kapitel 5). Daran schließt sich in Phase 2 die Planung und Konzeption des Verbesserungsprojekts an (dieses Kapitel). Die Maßnahmen dieser Planung werden in Phase 3 iterativ unter Verwendung des IDEAL-Modells umgesetzt (Kapitel 7 bis Kapitel 12). Parallel dazu erfolgt eine kontinuierliche Analyse der umgesetzten Verbesserungen in den Projekten und in der Organisation (Abschnitt 5.6 und Abschnitt 10.4). Am Ende wird in Phase 4 der Projekterfolg durch ein abschließendes Benchmarking-Appraisal bestätigt (Abschnitt 5.7). Ein gutes Appraisal überprüft dabei eine bezüglich der Geschäftsziele adäquate Umsetzung des Referenzmodells. Nach Erreichen dieses Meilensteins wird in Phase 5 das Projekt abgeschlossen. Die Ergebnisse werden spätestens jetzt in eine kontinuierliche Verbesserung übergeben. Über den gesamten Projektverlauf hinweg unterstützt und führt das Management aktiv und sichtbar die Veränderung (Kapitel 6).

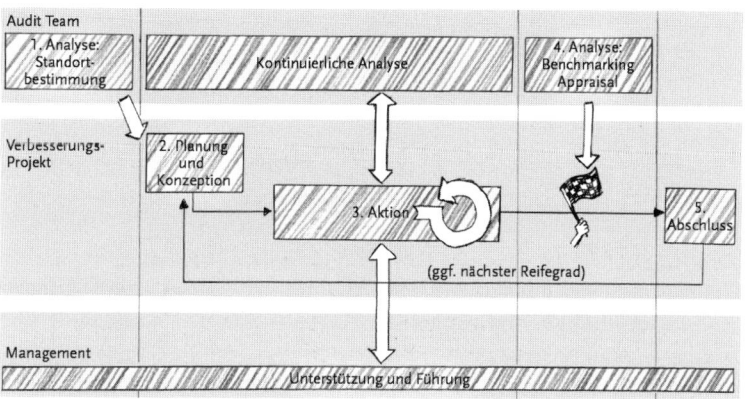

Abb. 39. Das wibas Vorgehensmodell

Bilden Sie aus den Geschäftszielen und der Stärken/ Schwächen-Analyse die Nutzenpäckchen

Zur Planung der Verbesserungsschritte leiten Sie aus den Geschäftszielen und der Stärken/Schwächen-Analyse die Nutzenpäckchen ab (siehe Abschnitt 7.3 auf Seite 89). Orientieren Sie sich bei der Bildung der Nutzenpäckchen an den folgenden Kriterien:

- Identifizieren Sie kleine, abgeschlossene Arbeitsabläufe mit einem definierten Ergebnis;
- Stellen Sie sicher, dass eine Verbesserung an diesem Arbeitsablauf den Beteiligten einen Nutzen bringt;
- Verknüpfen Sie die Nutzenpäckchen mit den Anforderungen des Projekts, die durch das Nutzenpäckchen umgesetzt werden; Stellen Sie sicher, dass jede mit einem Nutzenpäckchen umgesetzte Verbesserung auch wirklich gefordert wird; Prüfen Sie außerdem, dass alle Anforderungen durch die Nutzenpäckchen abgedeckt sind.

Priorisieren Sie die Nutzenpäckchen auf Basis der Geschäftsziele, der Veränderungsbereitschaft und der Risiken (siehe Abbildung 40). Ermitteln Sie die Abhängigkeiten der Nutzenpäckchen untereinander und bringen Sie diese unter Beachtung der Priorität in eine Reihenfolge. Beachten Sie dabei, dass Nutzenpäckchen, die für die Organisation eine größere (kulturelle) Veränderung darstellen, mit einem höheren Risiko verbunden sind. Diese sollten nicht an den Anfang eines Prozessverbesserungsprojekts gestellt werden, auch wenn Sie eine hohe Priorität haben. Warten Sie damit, bis in der Organisation eine Kultur der Veränderung etabliert wurde.

Ermitteln Sie die Prioritäten und Abhängigkeiten der Nutzenpäckchen und bringen Sie sie in eine Reihenfolge

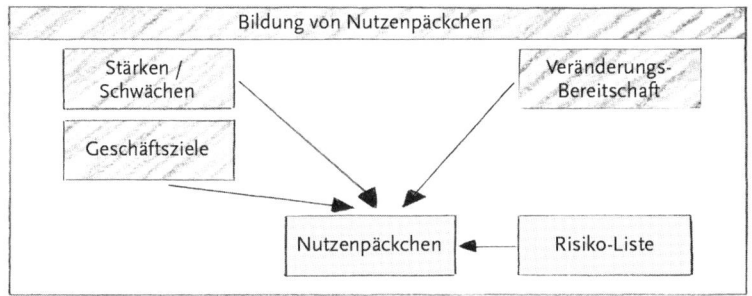

Abb. 40. Bilden Sie kleine abgegrenzte Nutzenpäckchen und priorisieren Sie diese

Definieren Sie für jedes Nutzenpäckchen die Arbeitsergebnisse, die Sie für dieses Nutzenpäckchen erarbeiten wollen. Denken Sie dabei nicht nur an Beschreibungen der Arbeitsabläufe und -ergebnisse, sondern auch an unterstützende Materialien wie z.B. Schulungsmaterial, Kennzahlendefinitionen, Kommunikationsmaterial usw. Planen Sie neben der Erstellung der Lösungen ebenso die Maßnahmen, um die Lösungen zum Leben zu bringen und dauerhaft zu etablieren (siehe Kapitel 9 und Kapitel 10).

Definieren Sie die Arbeitsergebnisse pro Nutzenpäckchen

Ermitteln Sie für die definierten Arbeitsergebnisse der einzelnen Nutzenpäckchen die Aufwände im Detail. Schätzen Sie, welche Aufwände für die geplanten Arbeitsergebnisse entstehen. Ordnen Sie die Aufwände den Beteiligten und Betroffenen zu.

Ermitteln Sie die Aufwände und dokumentieren Sie eine nachvollziehbare Aufwandsschätzung

Wenn Sie Ihre Aufwände und die Beteiligten kennen, können Sie einen Zeitplan und einen Ressourcenplan für Ihr Projekt aufstellen. Stellen Sie die Nutzenpäckchen anhand ihrer Priorität und der identifizierten Risiken zu Verbesserungsschritten zusammen. Diese Verbesserungsschritte sind die Iterationsphasen aus dem zugrunde liegenden Vorgehensmodell. Definieren Sie am Ende einer jeden Iterationsphase einen Meilenstein, an dem bestimmte Nutzenpäckchen in der Organisation etabliert sein müssen. Bedenken Sie dabei die mögliche Veränderungsgeschwindigkeit Ihrer Organisation. Von

Erarbeiten Sie einen Zeitplan mit Meilensteinen und einen Ressourcenplan

Ihrem Iterationsplan und den geschätzten Aufwänden der Arbeitsergebnisse können Sie den Ressourcenbedarf ableiten. Sollte bereits vor der Planung das Budget und die Ressourcenverfügbarkeit feststehen, so leiten Sie davon die Iterationsphasen in Umfang und Zeitdauer ab.

Nutzen Sie die guten Praktiken
des Projektmanagements in
diesem Projekt

Nutzen Sie die guten Praktiken des Projektmanagements auch bei der Planung des Veränderungsprojekts. Hierzu gehören: rollierende Planung, Planung der benötigten Fähigkeiten im Projekt, Definition von Rollen im Projekt, Definition der Ablage und der Verwaltung der Projektergebnisse, Einholen des Einverständnisses der relevanten Beteiligten und Betroffenen für den Gesamtplan.

Beispiel:

*In einem Beispiel eines
Verbesserungsprojekts wird das
Team durch einen externen
Veränderungsmanager und eine
externe Qualitätssicherung
unterstützt*

Für die CMMI-Einführung in der IT-Abteilung einer Bank wurde das Organigramm für das Verbesserungsprojekt und das objektive Auditteam erstellt (siehe Abbildung 41). Da innerhalb des Unternehmens keine ausreichende Erfahrungen im Veränderungsmanagement vorhanden war, um die Position des Projektleiters adäquat zu besetzen, wurde diese Position in zwei Rollen unterteilt: den Projektleiter und den Veränderungsmanager. Der Veränderungsmanager wurde durch einen externen erfahrenen Mitarbeiter besetzt.

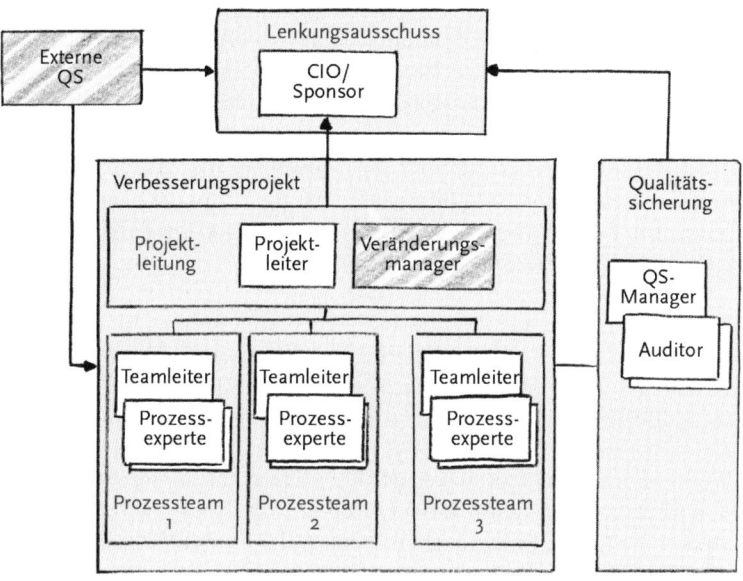

Abb. 41. Beispiel für ein typisches Organigramm eines Verbesserungsprojekts

Der Projektplan sah vor, die Iterationsphasen parallel versetzt umzusetzen, um eine kontinuierliche Taktung der Verbesserungen zu gewährleisten (siehe Abbildung 35 auf Seite 93). Zudem konnte die Projektarbeit

durch parallel arbeitende Teams, die nach fachlichen Themen gebildet wurden, beschleunigt werden. Die Teamleiter waren für die plangemäße Durchführung ihrer jeweiligen Iterationsphase verantwortlich und berichteten dem Projektleitungsteam.

Um einen objektiven Einblick in die Prozesseinhaltung zu gewährleisten und unabhängige Audits auf die Organisation durchführen zu können, wurde eine unabhängige Qualitätssicherung geschaffen.

Beide Teams, sowohl das Verbesserungsprojekt als auch die Qualitätssicherung, berichteten direkt an den Sponsor, in diesem Fall den CIO.

Um die Verbesserungsarbeit und deren Fortschritt einer unabhängigen Qualitätssicherung zu unterziehen, wurde zusätzlich eine externe QS benannt. Diese wurde mit einem erfahrenen Lead Appraiser besetzt, der alle zwei Monate die Verbesserungsarbeit anhand der wichtigsten Erfolgsfaktoren (Kapitel 12 auf Seite 185) und den CMMI-Praktiken überprüfte. Die externe QS berichtete aus objektiver Sicht über die Stärken, Schwächen und Empfehlungen sowohl an das Verbesserungsteam als auch an den Sponsor und gab wertvolle Tipps für den weiteren Projektverlauf.

Negativbeispiel:

In einem Verbesserungsprojekt eines großen Kommunikationsunternehmens haben wir gesehen, dass der Aufwand für das Veränderungsprojekt vom Management stark unterschätzt wurde. Die Planung des Projektleiters ergab unter optimalen Rahmenbedingungen einen geschätzen Aufwand von 1.400 Personentagen und eine Projektlaufzeit von 22 Monaten. Es wurde vom Management entschieden, das Projekt mit der Hälfte des geschätzten Aufwandes in 14 Monaten durchzuführen. Die Zustimmung vom Projektteam wurde nicht eingeholt und Einwände des Projektleiters wurden ignoriert. In Verbindung mit anderen nicht berücksichtigten Risiken (wechselnder Sponsor, fehlende Erfahrung im Veränderungsmanagement, hohe Fluktuation der Ressourcen) hatte das Projekt am Ende insgesamt 4 Jahre gedauert, bis das Projektziel erreicht wurde.

Beispiel für die Folgen einer unrealistischen Planung eines Verbesserungsprojekts

8.4   Stellen Sie ein erfahrenes Team zusammen

Sie kennen nach der ersten Planung den Ressourcenbedarf und wissen, welche Fähigkeiten Sie für Ihr Verbesserungsprojekt benötigen. Stellen Sie jetzt sicher, dass Sie die adäquaten Ressourcen bekommen. Fordern Sie die Mitarbeiter, die unentbehrlich für die Projekte sind; die sind auch für Sie unentbehrlich. Schließlich wollen Sie die guten Erfahrungen und Praktiken Ihrer fähigen Mitarbeiter verbreiten. Nehmen Sie nur Mitarbeiter ins Team, von denen Sie glauben, dass diese die Organisation zu guten und effizienten Lösungen führen können. Die Qualität der Lösungen steht und fällt mit der Erfahrung und dem Wissen, das die Mitarbeiter haben, die an der Erarbeitung der zu ändernden Arbeitsweisen beteiligt sind. Ohne

Wählen Sie die erfahrensten und besten Mitarbeiter aus

diese wichtige interne Erfahrung setzen Sie im schlimmsten Fall schlechte Lösungen mit Gewalt durch und senken damit die Effektivität und Effizienz Ihrer Organisation.

Berücksichtigen Sie die Erfahrung des Teams in der Aufwands- und Zeitplanung des Projekts

Berücksichtigen Sie bei der Aufwandsschätzung und der Zeitplanung des Verbesserungsprojekts die Erfahrung und das Wissen des Teams. Um den Einfluss der Erfahrung auf die Planung einzuschätzen, können Sie verschiedene Modelle und Schätzverfahren einsetzen. Ein bekanntes Modell ist das COCOMO II [50]. Die Tabelle in Abbildung 42 gibt typische Auf- bzw. Abschläge für Aufwände in Abhängigkeit der Erfahrung der Person wieder (angelehnt an CO-COMO II). Diese Werte können Sie als Orientierung für Ihre eigene Aufwandsschätzung verwenden.

Erfahrung in Monaten	Produktivität in Prozent
< = 3	17%
> 3 < = 6	33%
> 6 < = 12	50%
> 12 < = 18	67%
> 18 <= 24	83%
> 24 < = 36	100%
> 36 < = 48	117%
> 48 < = 60	133%
> 60 < = 72	150%
> 72	167%

Abb. 42. Wenn ein Mitarbeiter mit 2 Jahren Erfahrung in einem bestimmten Thema eine Produktivität von 100% hat, so hat ein Mitarbeiter mit 3 Monaten Erfahrung eine Produktivität von nur 18% und mit 6 Jahren seine maximale Produktivität (angelehnt an COCOMO II [50])

Bilden Sie unerfahrene Teammitglieder gezielt aus

Planen Sie für Teammitglieder, die nicht über die erforderlichen Fähigkeiten verfügen, gezielte Ausbildungsmaßnahmen. Es sind unterschiedliche Ausbildungsformen möglich, die einzeln oder kombiniert umgesetzt werden können:

- spezielle Schulungen im Veränderungsmanagement
- gezieltes Coaching durch erfahrene Mitarbeiter
- Schulungen für das gewählte Referenzmodell
- Teilnahme an Konferenzen und Arbeitskreisen
- Literaturstudium

Beachten Sie bei der Zusammenstellung des Projektteams, dass Sie nicht nur die unmittelbaren Projektressoucen benötigen, sondern zwingend auf die Mitarbeit von anderen Personen aus der Organisation angewiesen sind (siehe Abschnitt 4.5 „Holen Sie Ihre Mitspieler ins Boot" auf Seite 45). Binden Sie dazu die Fachleute aus der Organisation ein, die zeitweise im Verbesserungsprojekt mitarbeiten. Sie sind zum einen Wissensträger, die ihre Erfahrung und ihre Kenntnisse in die neuen Arbeitsweisen einfließen lassen. Zum anderen werden die neuen Arbeitsweisen in der Organisation besser akzeptiert, wenn die guten und anerkannten Mitarbeiter bei der Erarbeitung selbst mitgewirkt haben. Suchen Sie dabei vor allem nach den Innovatoren in der Organisation, die eine hohe Veränderungsbereitschaft besitzen (siehe Abbildung 20 auf Seite 44). Außerdem brauchen Sie ein Unterstützungsteam bzw. Multiplikatoren, die den Mitarbeitern in der Organisation helfen, die neuen Arbeitsweisen und Werkzeuge zu erlernen und anzuwenden. Hier benötigen Sie ebenso erfahrene Personen, die gleichzeitig Meinungsbildner sind. Sie sollen die neuen Arbeitsweisen in der Organisation vertreten und andere Mitarbeiter coachen. In Abbildung 43 sehen Sie eine mögliche Verzahnung des Verbesserungsprojekts mit der Organisation.

Involvieren Sie die Fachleute aus der Organisation, die Ihre Erfahrungen einbringen

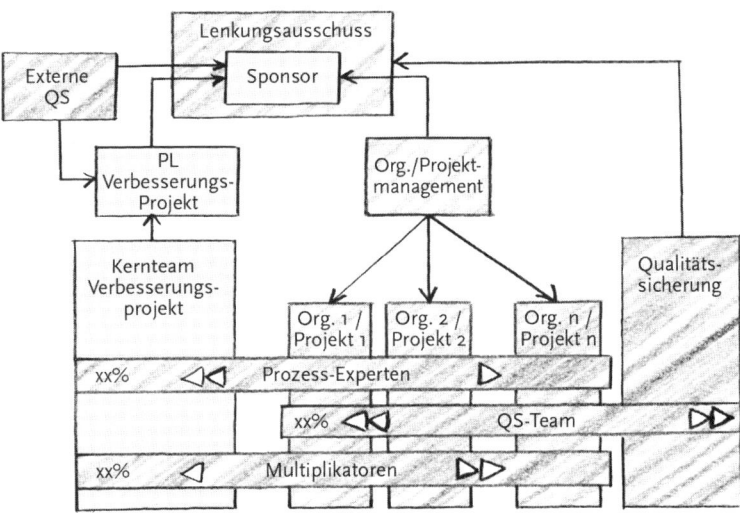

Abb. 43. Verzahnen Sie das Veränderungsprojekt eng mit der Organisation

Alle involvierten Personen müssen entsprechend dem geplanten Aufwand von ihren sonstigen Arbeitsaufgaben entlastet werden. Wenn einem Mitarbeiter eine Rolle zusätzlich übertragen wird, ohne ihn von anderen Aufgaben zu befreien, so wird er keine Zeit haben, diese wahrzunehmen. Die für ihn geplanten Aufgaben im Ver-

Alle zeitweise Beteiligten müssen entsprechend dem geplanten Aufwand von ihren sonstigen Arbeitsaufgaben befreit werden

besserungsprojekt werden dann nur rudimentär oder gar nicht gemacht und die Aufgabe wird möglichst schnell wieder abgegeben.

8.5   Erstellen Sie eine Vision für das Veränderungsprojekt

Entwickeln Sie mit dem Projektteam eine Vision

Ein Verbesserungsprojekt, das eine signifikante Veränderung im Unternehmen herbeiführen soll, wird mit schwierigen Bedingungen und Risiken kämpfen. Es ist daher von besonderer Bedeutung, dass die Teammitglieder ein gemeinsames Verständnis vom Vorhaben und von den Zielen des Projekts entwickeln, damit sie im Verlaufe des Projekts alle an einem Strang ziehen und füreinander einstehen. Entwickeln Sie eine gemeinsame Vision von den Zielen des Projekts. Nur wenn Sie eine gemeinsame Zielvorstellung in Form einer Vision haben, haben Sie echte Weggefährten auf Ihrem Weg der Veränderung. Die Erarbeitung einer Vision kann z.B. in Form eines gemeinsamen Workshops von ca. 2 Stunden Dauer geschehen.

Gehen Sie zur Erarbeitung einer Vision in vier Schritten vor

Gehen Sie zur Erarbeitung einer Vision wie folgt vor:

1. Formulieren Sie eine konkrete Zielvorstellung (Vision) für das Projektteam. Dies sollte nicht umfangreicher als drei bis vier Sätze sein.

2. Überlegen Sie sich Kriterien, an denen Sie erkennen können, ob Ihre Vision in Erfüllung gegangen ist. Modifizieren Sie gegebenenfalls Ihre Vision, wenn die Kriterien nicht eindeutig benannt werden können.

3. Analysieren Sie die Auswirkungen der Vision und identifizieren Sie mögliche negative Auswirkungen. Nehmen Sie diese negativen Auswirkungen gegebenenfalls als Risiko auf oder modifizieren Sie die Vision.

4. Holen Sie sich das Einverständnis von jedem Ihrer Mitstreiter zu dieser Vision. Drücken Sie klar aus, dass dieses Einverständnis gleichzeitig auch eine Verpflichtung auf diese Vision ist.

Erarbeiten Sie Regeln für die Zusammenarbeit im Team

Wenn Sie eine gemeinsame Vision erarbeitet haben, können Sie darauf aufbauend Regeln für die Zusammenarbeit im Team erarbeiten. Hängen Sie die Vision und diese dokumentierten Prinzipien für die Zusammenarbeit im Projektraum auf. Das ruft die Vision und die Teamkultur regelmäßig in Erinnerung und erleichtert deren Einhaltung.

Abb. 44. Nur wenn Sie ein gemeinsamen Verständnis von den Projektzielen haben, können Sie große Veränderungen bewirken

Beispiel für Teamvision und -prinzipien:

„Unsere Vision ist es, den Organisationsbereich dabei zu unterstützen, vom Kunden als professioneller Dienstleister wahrgenommen zu werden. Dazu entwickeln wir gemeinsam mit den Beteiligten professionelle Arbeitsabläufe, die einfach und effizient sind."

Beispiel für eine Vision und die Prinzipien der Teamzusammenarbeit

Prinzipien für die Teamzusammenarbeit:

- *Frage, wenn Du Hilfe benötigst – hilf, wenn Du gefragt wirst.*
- *Wir gehen wertschätzend und tolerant miteinander um.*
- *Aufträge sind klar vom „Auftraggeber" zu formulieren und vom „Auftragnehmer" in eigenen Worten wiederzugeben.*
- *Ergebnisse sind erst dann fertig, wenn Sie einem Review unterzogen wurden.*
- *Bei jedem zu erstellenden Ergebnis ist auf Verständlichkeit und Praktikabilität zu achten.*
- *Die erstellten Ergebnisse sind so einfach wie möglich und so komplex wie nötig.*
- *Wenn eine Aufgabe nicht zum geplanten Termin fertig wird, wird das umgehend dem Projektleiter mitgeteilt.*
- *Wir sprechen mit einer Stimme nach außen und diskutieren innerhalb des Teams offen miteinander.*
- *Jeder kann jeden nach allem fragen.*
- *Es gilt pünktliches Erscheinen zu jeder Besprechung.*
- *Jede Besprechung hat eine Agenda und es wird ein Protokoll erstellt.*

- *Wir halten uns selbst an die entwickelten Verbesserungen.*
- *Wenn eine Vorgehensweise nicht definiert ist, handle im Sinne des gemeinsamen Verständnisses und der Vision. Das Risiko einer falschen Handlung wird eher akzeptiert als das Risiko einer unterlassenen Handlung.*

8.6 Setzen Sie ein professionelles Projektmanagement um

Ohne Projektverfolgung nutzt der beste Plan nichts

Ja, mach nur einen Plan
sei nur ein großes Licht
und mach dann noch 'nen zweiten Plan
gehn tun sie beide nicht.

(Bertolt Brecht, Dreigroschenoper)

Selbst wenn Sie einen realistischen und in sich konsistenten Plan erstellt und das Einverständnis aller Beteiligten dazu eingeholt haben, wird die Wirklichkeit anders aussehen. Auch der beste Plan muss scheitern, wenn er nicht verfolgt und das Projekt gesteuert wird. Dazu ist der regelmäßige Vergleich des Projekts gegen den Plan notwendig. Identifizieren Sie Abweichungen vom Plan und definieren Sie Maßnahmen, um die Abweichungen zu beheben. Eine solche Maßnahme kann zum Beispiel die Umpriorisierung oder Verschiebung von Aktivitäten, die Veränderung der Lösung, die Anforderung zusätzlicher Ressourcen oder die Verschiebung von Meilensteinen und im äußersten Fall die Neuplanung des gesamten Verbesserungsprojekts sein.

Etablieren Sie Messungen, um die Umsetzung der Verbesserung in der Breite verfolgen und steuern zu können

Verfolgen Sie das Projekt gegenüber dem Plan anhand der Projektergebnisse, um den Arbeitsfortschritt zu kennen und gegebenenfalls korrigierende Maßnahmen zu ergreifen. Das Ergebnis Ihres Projekts ist die Umsetzung der Verbesserung in der Breite. Um diese verfolgen und steuern zu können, benötigen Sie Kennzahlen. Etablieren Sie Metriken um die Umsetzung der Verbesserung in der Breite quantitativ und qualitativ sichtbar zu machen. Verfolgen Sie besonders folgende Aktivitäten mit Hilfe von Kennzahlen:

- Unterstützung seitens des Managements
- Durchführung von Schulungen und anderen Ausbildungsmaßnahmen
- Coaching der Betroffenen
- Umsetzung von Kommunikationsmaßnahmen
- Einholung von Feedback und Einarbeitung der Erfahrungen in die Verbesserungen
- Umsetzung der Veränderungen in der Organisation

Wie hat Ihnen die Schulung geholfen?

Abb. 45. Verfolgen und Steuern Sie die Institutionalisierungsaktivitäten, zum Beispiel die durchgeführten Schulungen

Der Sponsor muss sich regelmäßig über das Projekt, dessen Status und erreichte Ergebnisse, offene Punkte und Risiken informieren und sie gemeinsam mit dem Projektleiter besprechen (siehe Abschnitt 6.2 „Verpflichten Sie den Senior Manager als Sponsor der Veränderung" auf Seite 70). Grundlage ist ein Statusreport, den der Projektleiter erstellt, und mit dem er den aktuellen Stand des Projekts sowie alle mit dem Sponsor vereinbarten Kennzahlen berichtet. Dabei werden offene Punkte identifiziert und Maßnahmen zur Behebung vereinbart. Dies können Aufgaben für das Projekt, aber auch für den Sponsor sein.

Besprechen Sie den Projektstatus regelmäßig mit dem Sponsor

Verfolgen Sie die Risiken regelmäßig und managen Sie die Risikominderungsmaßnahmen. Überwachen Sie die während der Projektplanung eingeholten Verpflichtungen der Beteiligten immer wieder, und lassen Sie das Projekt – wie jedes andere auch – durch regelmäßige Audits überwachen (siehe Abschnitt 10.4 auf Seite 155).

Verfolgen Sie die Risiken, überwachen Sie die Einverständnisse und lassen Sie das Projekt durch Audits überprüfen.

8.7   Leben Sie die Veränderungen vor

Das Verbesserungsprojekt muss die Veränderungen bzw. die neuen Arbeitsabläufe auch und zuerst bei sich selbst anwenden. Dies hat mehrere Gründe, die nachfolgend erläutert werden.

Setzen Sie die Veränderungen zuerst bei sich selbst um

Wenn Sie die Akzeptanz der Betroffenen in der Organisation gewinnen wollen, müssen Sie zuerst die Betroffenen mit Ihren Problemen bei der Veränderung verstehen und akzeptieren. Wenn Sie selbst die Schwierigkeiten erlebt haben und wissen, was es bedeutet, die neuen Arbeitsweisen umzusetzen, entwickeln Sie ein besseres

Sie entwickeln ein besseres Verständnis für die Schwierigkeiten, welche die Organisation haben wird

Verständnis für die Schwierigkeiten, welche die Organisation haben wird. Sie wissen dann, wie Sie den Betroffenen am ehesten helfen können.

Sie können die Folgen und Risiken der Veränderung abschätzen

Erst wenn Sie selbst die Veränderung leben, können Sie wissen, welche Auswirkungen die Veränderung haben kann und mit welchen Risiken Sie in der Organisation rechnen müssen. Sie können zum Beispiel mögliche Auswirkungen auf Schnittstellen zu Kunden oder anderen Organisationseinheiten identifizieren und adressieren, bevor die Organisation die gleichen Probleme in größerem Umfang bekommt.

Abb. 46. Seien Sie Vorbild für Ihre Organisation

Sie können den Aufwand für die Veränderung besser abschätzen

Mit der Erfahrung, die Sie selbst bei der Anwendung neuer Arbeitsabläufe gemacht haben, können Sie auch den Aufwand für die Organisation besser abschätzen. Richten Sie die Geschwindigkeit der Umsetzung der Nutzenpäckchen nicht danach aus, wie schnell Sie diese im Projekt erarbeiten können, sondern wie schnell sie von der Organisation umgesetzt und adoptiert werden können.

Sie können die neuen Arbeitsweisen verbessern

Indem Sie die neuen Arbeitsweisen selbst anwenden, können Sie zum einen selbst noch etwaige Verbesserungspotenziale leichter erkennen und umsetzen. Zum anderen können Sie Verbesserungsvorschläge aus der Organisation besser bewerten, priorisieren und einarbeiten.

Nicht zuletzt hat das Projekt eine Vorbildfunktion für die Veränderungen in der Organisation und würde an Glaubwürdigkeit verlieren, wenn es die Verbesserungen nicht selbst anwenden würde.

Leben Sie vor, was Sie von anderen erwarten

8.8   Managen Sie Ihre Anforderungen

Das Ziel des Verbesserungsprojekts ist die Etablierung neuer Arbeitsabläufe. Die Anforderungen an das Veränderungsprojekt sind erst erfüllt, wenn die neuen Arbeitsabläufe in der Organisation gelebt werden. In Abbildung 47 wird dieser Zusammenhang dargestellt. Ausgehend von den Anforderungen erarbeitet das Verbesserungsteam eine Lösung, die von der Organisation im täglichen Leben umgesetzt und angewendet wird. Audits sind die notwendigen Tests, um festzustellen, ob die Anforderungen bzw. Änderungen korrekt in der Organisation gelebt werden und welche Fehler noch zu beheben sind. Erst wenn diese Tests keine signifikanten Abweichungen mehr aufdecken, ist die Verbesserung von der Organisation adoptiert und die Anforderung umgesetzt worden.

Denken Sie daran, dass Ihr Projektergebnis eine veränderte Organisation ist

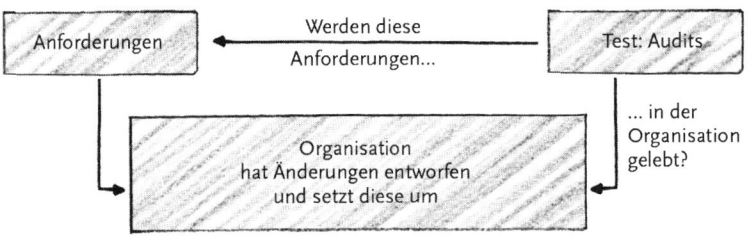

Abb. 47. Ihr Projektergebnis ist eine veränderte Organisation

Gerade in einem Veränderungsprojekt ändern sich die Rahmenbedingungen und Anforderungen häufig. Es ist daher unabdingbar, die Anforderungsänderungen und ihre Konsequenzen zu managen. Sie sollten Änderungen an Anforderungen, Zeitplänen oder Ressourcen nur auf Basis eines Änderungsantrages annehmen. Dies kann eine einfache Liste sein, aber Sie sollten wissen, wer welche Änderung wann und warum vom Veränderungsprojekt will. Analysieren Sie die Auswirkungen der Anforderungsänderung auf das Verbesserungsprojekt hinsichtlich Aufwand, Ressourcen, Meilensteine, Risiken und Rahmenbedingungen. Lassen Sie jede Anforderungsänderung einschließlich ihrer Auswirkungen durch den Sponsor genehmigen. Dies kann auf Basis der oben genannten Liste geschehen. Akzeptieren Sie keine Anforderungsänderungen, ohne die Auswirkungen im Projekt einzuplanen. Diese Art „Gefälligkeit" holt Sie schnell mit ungeplanten Aufwänden und Terminverschiebungen wieder ein.

Managen Sie Anforderungsänderungen

8.9   Kommunizieren Sie mit der Organisation

Die Kommunikation mit der
Organisation ist ein
erfolgskritischer Faktor

Ein wesentlicher Teil des Verbesserungsprojekts sind gezielte Kommunikationsmaßnahmen, um die Betroffenen und Beteiligten zu informieren und in die Veränderung mit einzubeziehen. Der größte Widerstand bei einer Veränderung entsteht durch Unsicherheit, resultierend aus mangelnder Information bei den Betroffenen. Führen Sie deshalb gezielte Kommunikationsmaßnahmen durch. Planen Sie die Kommunikation als eigene Aufgabe und besetzen Sie die Rolle des Kommunikationsexperten mit einer erfahrenen Person. Bedenken Sie, dass die angemessene und richtige Kommunikation ein wesentlicher und erfolgskritischer Faktor für Ihr Verbesserungsprojekt ist. Ca. 20 - 40% des Gesamtaufwandes ist Kommunikationsaufwand.

Richten Sie die Kommunikation an den unterschiedlichen Adoptionsgruppen aus, weil diese Gruppen die Veränderung nacheinander annehmen (siehe Abbildung 20 auf Seite 44). Jede der Gruppen muss daher bewusst adressiert werden. Nutzen Sie Erfolge der früheren Gruppen, um die Widerstände bei späteren Gruppen zu reduzieren. Kommunizieren Sie beispielsweise die positiven Erfahrungen der frühen Umsetzer, um den Nutzen der Veränderung darzustellen und die Mehrheit für die Veränderung zu gewinnen. Besonders effektiv ist es, wenn Mitarbeiter persönlich über die Verbesserungen berichten und andere bei der Umsetzung unterstützen. Sie geben damit der Veränderung ein Gesicht.

Berücksichtigen Sie bei der
Kommunikation die
unterschiedlichen Phasen einer
Veränderung

Die Phasen der Veränderung werden von jeder der Gruppen durchlaufen. Auch das muss bei der Kommunikation berücksichtigt werden. In der Initialisierungsphase geht es vor allem darum, über das bevorstehende Verbesserungsvorhaben bzw. den nächsten Verbesserungsschritt zu informieren und die Erwartungshaltungen der Mitarbeiter zu managen. In der Mobilisierungsphase müssen die Mitarbeiter motiviert werden, die neuen Abläufe zu erlernen und anzuwenden. Hier sind die größten Widerstände in der Organisation zu überwinden. In der Umsetzungsphase ist vor allem Unterstützung bei der Anwendung notwendig. Insbesondere im Stadium von Verwirrung und Chaos der frühen und späten Mehrheit ist eine begleitende Kommunikation notwendig. Geben Sie Erfahrungen und Anwendungsempfehlungen in der Organisation weiter, zum Beispiel in der Form von Antworten auf häufig gestellte Fragen oder von Erfahrungsberichten. Kommunizieren Sie die Unterstützungs- und Wartungsstruktur für die Arbeitsabläufe. Erklären Sie, wie Verbesserungsvorschläge eingereicht werden können und zeigen Sie, dass diese tatsächlich bearbeitet werden.

Planen Sie Ihre Kommunikationsmaßnahmen mit folgenden Bestandteilen:

Planen Sie die Kommunikationsmaßnahmen

- Ziel der Kommunikation: Was soll mit der Kommunikationsmaßnahme erreicht werden?
- Zielgruppe: Wer soll informiert werden bzw. mit wem soll kommuniziert werden?
- Kommunikationsweg: Wie soll die Kommunikation erfolgen (Mail, Intranet, Meeting etc.)?
- Kommunikationsmittel: Welches Material wird verwendet (Präsentation, Poster, Fragebogen, etc.)?
- Maßnahmenplan: Wer soll die Kommunikation wann durchführen? Wieviel Aufwand wird dafür benötigt?
- Abhängigkeiten: Welche Abhängigkeiten bestehen zwischen den Kommunikationsmaßnahmen zu Releases und Releaseinhalten?
- Erfolgskriterien für die Umsetzung: Anhand welcher Faktoren wird entschieden, ob die Kommunikationsmaßnahme zum Erfolg geführt hat?

Die Kommunikationsmaßnahmen werden in einem Verbesserungsprojekt wie jede andere Aktivität geplant und verfolgt. Überprüfen Sie anhand der jeweiligen Erfolgskriterien für die einzelne Maßnahme, ob die Kommunikation erfolgreich war oder ob weitere Aktivitäten notwendig sind. Beachten Sie die Abhängigkeiten und verschieben Sie gegebenenfalls andere Aufgaben, wenn Kommunikationsmaßnahmen nicht stattgefunden haben oder nicht erfolgreich waren.

Managen Sie die Kommunikationsmaßnahmen

8.10 Verfolgen Sie die Veränderung der Organisation

Um die Änderungen in der Organisation zu etablieren, müssen die Mitarbeiter die neuen Arbeitsabläufe erlernen, akzeptieren und anwenden. Also ist die Aufgabe des Projekts erst dann beendet, wenn die Veränderungen in der Organisation umgesetzt werden. Nutzen Sie die Audits, um zu verfolgen, welche Verbesserungen die Organisation schon lebt, welche noch nicht akzeptiert werden und welche Probleme es gibt. Die Audits sind Ihr Testverfahren, um zum einen zu überprüfen, ob die Verbesserungen in der Organisation wirken oder ob es noch Probleme gibt, die Sie adressieren müssen. Zum anderen sind die Audits Ihr Test, ob die Veränderungsgeschwindigkeit adäquat ist oder ob die Betroffenen und Beteiligten in der Organisation vom Veränderungsaufwand überfordert sind.

Die Verbesserung geschieht durch die Organisation, verfolgen Sie dies

Peter, Paul und Marie

Tina, Paul und Marie treffen sich zur Planungswoche

Zwei Wochen nach dem Arbeitstag mit dem Management, in dem die Anforderungen an das Projekt definiert worden sind, treffen sich Tina, Paul und Marie zur gemeinsamen Planungswoche.

Der vierte Mitarbeiter konnte noch nicht benannt werden

Der vierte zusätzliche Mitarbeiter für das Team konnte bislang noch nicht zur Verfügung gestellt werden. Obwohl einige Vorschläge für die Besetzung der Rolle vorliegen, gab es noch Meinungsverschiedenheiten über die Eignung.

Tina beginnt die Planungswoche mit einem Kickoff. Sie stellt die von ihr vorbereitete Agenda für die nächsten fünf Tage vor (siehe Abbildung 48).

	Agenda Planungswoche Verbesserungsprojekt IIL
Mo	Analyse der Projektziele und Anforderungen
	Risikoanalyse
	Entwicklung von Nutzenpäckchen
Di	Entwicklung von Nutzenpäckchen
	Priorisierung der Nutzenpäckchen
Mi	Erstellung Organigramm
	Erstellung eines groben Kommunikationsplanes
	Aufwandschätzung
Do	Aufwandschätzung
	Erstellung Gesamtplan
Fr	Planung der Ressourcen
	Review Gesamtplan und Commitment im Team

Abb. 48. Agenda für die Planungswoche

Das Planungsteam führt ein Review auf die Anforderungen durch

Tina wiederholt anschließend die Projektziele und die Anforderungen aus dem Arbeitstag mit dem Management. Tina, Paul und Marie führen ein Review auf die Anforderungen durch. Teilweise ergänzen sie einzelne Formulierungen, um die Anforderungen eindeutig zu beschreiben. Klärungsbedarf zu den Anforderungen werden in einer Offenen-Punkte-Liste festgehalten.

Sie analysieren die Risiken im Hinblick auf die bisherigen Verbesserungsansätze

Danach führen sie gemeinsam eine Risikoanalyse durch. Marie und Paul erzählen von den bisherigen Verbesserungsansätzen bei IIL und was dabei alles schief gegangen ist. Sie wollen nicht die gleichen Fehler wieder machen. Sie sehen allein in der Tatsache, dass die bisherigen Vorhaben zu keinem wirklichen Erfolg geführt haben, ein Risiko. Die Mitarbeiter bei IIL werden sich dadurch schwerer motivieren lassen. Sie identifizieren folgende Hauptrisiken:

- *Niedrige Veränderungsbereitschaft aufgrund nicht erfolgreicher Verbesserungsvorhaben in der Vergangenheit*
- *Fehlende Erfahrung in der Umsetzung des Referenzmodells CMMI*
- *Fehlende Erfahrung in der Veränderungskommunikation*
- *Mangelnde Freistellung der benötigten Prozessexperten und Multiplikatoren von ihren sonstigen Aufgaben*
- *Nicht fristgerechte Verfügbarkeit und mangelnde Usability der geplanten Intranetplattform für die Bereitstellung der Prozessdokumentationen*

Anschließend bilden sie die Nutzenpäckchen auf Basis der Anforderungen. Sie entwickeln gemeinsam eine Struktur von kleineren, in sich abgeschlossenen Arbeitsabläufen und -prozeduren, um die Verbesserungsanforderungen umzusetzen. Nach Definition aller Nutzenpäckchen vergeben sie für jedes eine Priorität. Dabei diskutieren sie zum einen über den Nutzen und zum anderen über die Dringlichkeit der verschiedenen Nutzenpäckchen. Für Paul hat die Verbesserung der Testabläufe die höchste Priorität. „Da ensteht das meiste Chaos und dabei müssen die Mitarbeiter die meisten Überstunden leisten" meint er. Für Marie ist die Verbesserung der Anforderungsanalyse und die Verfolgung der Projektaktivitäten wichtiger. Ihrer Meinung nach resultieren daraus auch viele Probleme im Testablauf.

Aus den Anforderungen werden Nutzenpäckchen

Einig sind sie sich hingegen darin, dass die Berichte der Projekte dringend angepasst werden müssten. Paul erzählt, wie er vor vier Wochen versucht hat, die Struktur der Berichte auf einer Folie aufzuzeichnen und zu dem Schluss kam, dass die Berichte bei IIL keiner Struktur folgen, sondern eher ein Indianerkrieg sind: Pfeile kreuz und quer in alle Richtungen und in alle Organisationsbereiche, teilweise redundant (siehe Abbildung 49 auf Seite 126).

Die Verbesserung des Projektreportings wird hoch priorisiert

Als Vorgehensweise bei der Erarbeitung der Verbesserungen wählen sie das von Tina Traute vorgeschlagene Vorgehensmodell für Prozessverbesserungen. Dieses Vorgehensmodell basiert auf den Prinzipien einer iterativen und agilen Verbesserung [5] [33] und beinhaltet die Erfahrungen von Tina und Lucas und ihren Kollegen aus anderen Verbesserungsprojekten. Dabei wird jede Iterationsphase im wesentlichen in drei Schritte unterteilt:

Das gewählte Vorgehensmodell für das Projekt basiert auf den Prinzipien der agilen Entwicklung

1. *Entwicklung der Verbesserung mit den Betroffenen und Beteiligten*
2. *Test und Pilotierung der Verbesserung in ausgewählen Anwendergruppen*
3. *Adoption der Verbesserung auf breiter Basis*

Dieses Vorgehen wollen sie auch für die Planung ihres Verbesserunsprojekts bei IIL zugrunde legen.

Für jedes Nutzenpäckchen werden die geforderten Ergebnisse definiert und die Aufwände geschätzt

Nachdem alle Nutzenpäckchen aufgelistet worden sind, teilen sie sich diese untereinander auf und listen die zu erstellenden Ergebnisse pro Nutzenpäckchen auf. Auf Basis einer Vorlage, die Tina zur Verfügung stellt, schätzen sie gleichzeitig die Aufwände. Die Ergebnisse und Aufwände werden im Team einem Review unterzogen.

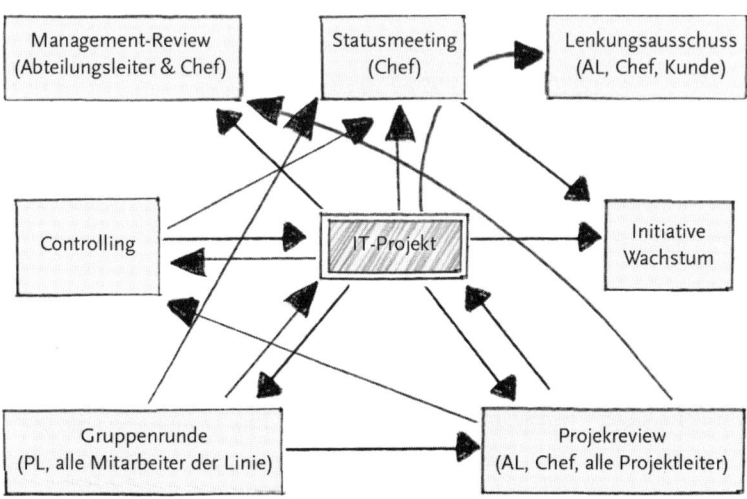

Abb. 49. Indianerkrieg: Berichtswege der IT-Projekte bei IIL

Die Veränderung der Berichte bei IIL ist eine größere Veränderung und wird deshalb nicht am Anfang eingeplant

Gemeinsam gliedern sie anschließend die Nutzenpäckchen in Releases. Hier kommt es wieder zu einigen Diskussionspunkten. Die Verbesserung des Berichtswesens wurde zwar mit höchster Priorität eingestuft, birgt aber gleichzeitig aufgrund der hohen Anzahl der Betroffenen und der großen Veränderung beträchtliche Risiken in sich. So ist mit einigen Widerständen zu rechnen, wenn einzelne Beteiligte von Informationen befreit werden, auch wenn sie diese gar nicht benötigen. Dieses Nutzenpäckchen wird daher auf Anraten von Tina etwas nach hinten geschoben. Als eines der ersten Nutzenpäckchen wird die Verbesserung der Anforderungsabstimmung eingeplant. In den Projekten kam es in der Vergangenheit immer wieder zu Unklarheiten über die Projektanforderungen und es stellte sich heraus, dass der Auftraggeber mit der Anforderung etwas anderes gemeint hat. Diesen Punkt sehen sie als relativ einfach an, schätzen ihn aber mit hoher Priorität ein. So gehen sie Punkt für Punkt durch und entwickeln einen Iterationsplan.

Beteiligte planen und Organigramm erstellen

Nachdem alle Nutzenpäckchen eingeplant sind, erstellt das Planungsteam ein Organigramm für das Projekt. Sie planen dabei verschiedene Rollen ein, um die wichtigen Betroffenen aus der Organisation am Projekt zu beteiligten. Dabei ergänzen sie gleichzeitig ihre Risikoliste, da sie nicht davon überzeugt sind, dass die Betroffenen die nötige Zeit für das Verbesserungsprojekt aufbringen können.

Sie erstellen einen Plan für die Ressourcen, die sie benötigen. Sie definieren dazu, welche Fähigkeiten die Personalressourcen haben müssen. Insbesondere die Planung von Kommunikationsfähigkeiten im Sinne eines Marketings für die Verbesserungen und die Erfahrungen im Coaching anderer Mitarbeiter sind ihnen dabei wichtig.

Ressourcen und Fähigkeiten planen

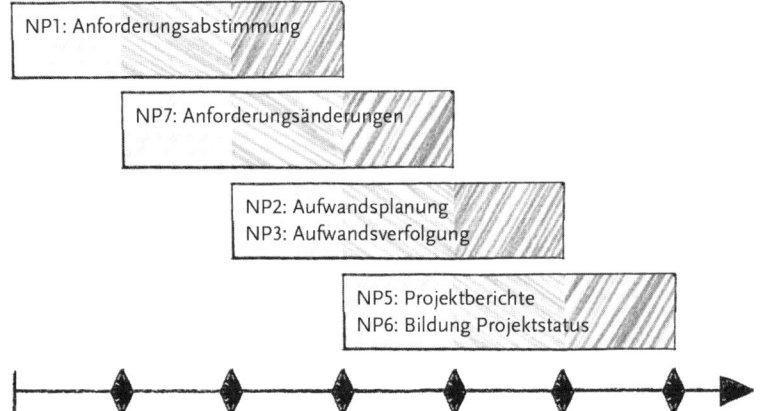

Abb. 50. Die Nutzenpäckchen werden abhängig von der Priorität und ihrer Risiken in einem Iterationsplan strukturiert. Jede Iteration durchläuft die Einzelschritte aus dem verwendeten Vorgehensmodell.

Bei der Erstellung des Gesamtplanes definiert das Team vor der ersten Verbesserungsiteration eine Setup-Phase, um das Projekt in seinen Strukturen und projektspezifischen Prozeduren aufzusetzen. Sie halten es unter anderem für dringend notwendig, ein Verfahren für Anforderungsänderungen mit dem Sponsor abzustimmen. Weiterhin möchte das Planungsteam mit dem gesamten Team später eine gemeinsame Vision entwickeln und die notwendigen Ausbildungsmaßnahmen durchführen. Auch die Schaffung einiger Voraussetzungen für die Projektdurchführung fallen in die Setup-Phase, wie z.B. die Implementierung eines Portals für die neuen Arbeitsabläufe und die Installation eines Konfigurationsmanagementwerkzeugs innerhalb des Verbesserungsprojekts. Erstaunt stellen sie fest, dass sie vier Wochen Arbeit bewältigen müssen, bevor sie mit den ersten Verbesserungen anfangen können.

Bei der Planung des Gesamtprojekts berücksichtigt das Team eine Setup-Phase für das Projekt

Der Gesamtplan umfasst dann 22 Monate bis zur Erreichung des definierten Ziels. Ihnen ist zwar bewusst, dass Peter König hofft, das Projekt in 12 Monaten durchzuführen, aber sie halten ihren Plan für wirklich realistisch. Tina dokumentiert die Zustimmung des Teams zum Plan in einem Besprechungsprotokoll. Damit will sie als nächstes zu Peter König gehen, ihm den Plan vorstellen und sein Einverständnis abholen.

Die Gesamtplanung umfasst 22 Monate, wird aber vom Team als realistisch angesehen

Der Projektplan wird mit dem
Sponsor besprochen und
abgestimmt

Als Tina den Projektplan bei Peter König vorstellt, bespricht sie dabei insbesondere die Risiken. Peter König ist zunächst wegen der Projektlaufzeit von 22 Monaten skeptisch.

„Geht das nicht in kürzerer Zeit?" fragt er.

Tina erklärt, dass zum einen das „Zum-Leben-Bringen" der geplanten Veränderungen in der gesamten Organisation Zeit und Ressourcen benötigt. „Zum anderen" sagt sie, „bedeutet eine kürzere Projektlaufzeit, dass mehr Veränderungen auf einmal umgesetzt werden müssen und die Organisation belasten. Das geht natürlich, aber die Frage ist, ob Sie so viel Arbeitszeit zur Umsetzung der Veränderungen jeden Monat aufbringen können. Bei einer Umsetzung in 12 Monaten müssen wir mit 10% der gesamten Arbeitszeit aller Mitarbeiter rechnen, die für die Adoption der Veränderungen benötigt werden. Darüber hinaus können viele Änderungen auf einmal die Mitarbeiter auch frustrieren, vor allem dann, wenn sie hierfür nicht ausreichend Unterstützung bekommen."

„Hmm." Peter König denkt eine Weile nach. „Nein, das ist zu viel Arbeitsaufwand, das können wir uns nicht leisten. Da haben Sie vermutlich recht. Ich möchte, dass die Veränderungen wirklich einen Nutzen bringen und nachhaltig sind. Das ist unser oberstes Ziel."

Tina betont dann noch, dass die eingeplanten Ressourcen auch zur Verfügung stehen müssen, um den Plan einzuhalten. Peter König sagt dies zu und vereinbart mit ihr, dass im anderen Fall adäquate Ersatzressourcen zur Verfügung gestellt werden oder eine Verschiebung von Meilensteinen in Kauf genommen wird. Weiterhin möchte er sicherstellen, dass innerhalb des Verbesserungsteams ausreichend Erfahrungen in der Prozessverbesserung vorhanden sind und fragt Tina, ob Ihr Kollege Lucas das Projekt zumindest das erste halbe Jahr mit begleiten kann.

Im ersten Verbesserungsrelease soll
die Aufwandsschätzung der Projekte
verbessert werden

Das Projekt wird wie geplant aufgesetzt und nach drei Monaten befinden sie sich im dritten Verbesserungsrelease. Inhalt ist die Verbesserung der Aufwandsschätzung der Projekte. Nachvollziehbare Schätzungen sollen den Aufwand für die Beteiligten verständlich und die Auswirkungen bei Anforderungsänderungen leichter analysierbar machen.

Wie jede Woche führt das Verbesserungsteam ein Statusmeeting durch. Zuerst informiert Tina über die wesentlichen Inhalte aus ihrer vorangegangenen regelmäßigen Besprechung mit Peter König. Sie hat das zusätzliche Budget für die Bestellung von CMMI-Plakaten und Literatur über Veränderungsmanagement genehmigt bekommen und beauftragt Paul, sich um die Beschaffung zu kümmern. Außerdem kündigt sie die Durchführung des ersten externen Projektaudits an. Anschließend fragt Tina den Stand der einzelnen geplanten Ergebnisse für diese Woche ab und trägt diesen im Projektverfolgungsblatt ein. Als nächstes berichtet Marie, dass der geplante Workshop zur Erarbeitung einer Aufwandsschätzvorlage problematisch ist, weil zwei Teilnehmer wegen anderer Prioritäten abgesagt hätten. Tina nimmt auch das in der Offenen-Punkte-Liste auf und setzt sich selbst als Verantwortliche ein. Sie will die beiden Teilnehmer selbst kontaktieren und die Absage gegebenenfalls an Peter König eskalieren.

Ihre Argumente

Was Sie tun sollten:

- Setzen Sie das Verbesserungsprojekt auf
  - Entwickeln Sie ein Organigramm für das Projekt
  - Besetzen Sie die geplanten Rollen mit den erfahrenen und fähigen Personalressourcen und planen Sie gegebenenfalls Ausbildungsmaßnahmen ein
  - Verwenden Sie ein Vorgehensmodell für Prozessverbesserung und etablieren Sie Iterationsphasen, in denen Sie kleine Nutzenpäckchen umsetzen
  - Holen Sie das Einverständnis von allen relevanten Beteiligten ein
  - Entwickeln Sie mit dem Projektteam eine gemeinsame Vision
- Managen Sie Ihre Anforderungen und Anforderungsänderungen
- Involvieren Sie die Betroffenen und Beteiligten
- Besprechen Sie das Projekt regelmäßig mit dem Sponsor
- Ermöglichen Sie einen objektiven Einblick in das Projekt
- Managen und mindern Sie die Projektrisiken
- Leben Sie die Verbesserung selbst vor
- Unterstützen und verfolgen Sie die Verbesserungen in der Organisation
- Planen und verfolgen Sie gezielte Kommunikationsmaßnahmen

Was Sie nicht tun sollten:

- Weisen Sie nicht Mitarbeitern Verbesserungsaktivitäten zusätzlich zu, ohne sie von ihren sonstigen Arbeitsaufgaben entsprechend freizustellen
- Messen Sie den Projektfortschritt nicht an der Erarbeitung der Dokumentation
- Akzeptieren Sie keine Anforderungsänderungen, ohne deren Auswirkungen zu analysieren und in das Projekt einzuplanen
- Machen Sie keine Prozessverbesserung im stillen Kämmerlein, ohne die Betroffenen zu informieren und zu beteiligen

Ergebnisse:

- Projektdokumentation
- Aufwandsschätzung
- Projektplan (Zeitplan, Ressourcen, Budget....) mit dedizierten Maßnahmen zur Organisationsveränderung (Coaching, Training, Kommunikation...)
- Rollen und Verantwortlichkeiten

Ihre Argumente (ff.)

- Risikoliste und Gegenmaßnahmen
- Auditbericht bezüglich des Verbesserungsprojekts
- Statusbericht
- Besetztes Projektteam und Projektinfrastruktur
- Zustimmung der Beteiligten
- Kommunikationsplan zur Einbindung der Stakeholder

Arbeitsaufwand:

- Der Projektleiter ist eine Vollzeitkraft
- Ca. 2-4% der Mitarbeiter für das Kernteam (d.h. bei einer Organisation mit 100 Mitarbeitern und 800 Arbeitsstunden pro Tag benötigen Sie ca. 2-4 Mitarbeiter oder insgesamt 16-32 Arbeitsstunden pro Tag für das Kernteam)

Nutzen:

- Die gezielte und effiziente Durchführung der Verbesserungsmaßnahmen

9 Die Projekte und der Betrieb dürfen bei ihrer Arbeit nicht gestört werden?

Setzen Sie zusammen mit den Betroffenen Schritt für Schritt konkrete Veränderungen in der täglichen Arbeit um.

Ihr Standort: Der Pfad der Institutionalisierung, der durch den Düsterwald hindurch führt

9.1 Veränderung braucht eine konkrete Umsetzung in der täglichen Arbeit

So selbstverständlich wie es ist, so häufig wird es dennoch völlig ignoriert: Veränderungen von Arbeitsabläufen und Arbeitsweisen müssen letztendlich durch die Mitarbeiter in ihrer täglichen Arbeit umgesetzt und gelebt werden. Diese scheinbar selbstverständliche Tatsache führt häufig dazu, dass die Projekte, der Betrieb und auch das Management mit den Änderungen alleine gelassen werden. Man hört dann vom Verbesserungsteam, dass jetzt die Organisation „dran sei" und das Verbesserungsteam keine weitere Verantwortung hätte. Dies ist jedoch völlig falsch.

Veränderungen müssen durch die Mitarbeiter in ihrer täglichen Arbeit umgesetzt und gelebt werden

Zum einen kostet die Adoption neuer Arbeitsweisen die Organisation Aufwand und Zeit. Mitarbeiter müssen beispielsweise neue Techniken lernen, Werkzeuge installieren oder Daten migrieren. Darüber hinaus müssen sich Arbeitsabläufe erst einspielen, um wirklich effizient durchgeführt werden zu können (siehe den Produktivitätsknick in Abbildung 32 auf Seite 89). Dieser Aufwand muss geplant und budgetiert werden.

Die Adoption neuer Arbeitsweisen ist für die Organisation Aufwand, der geplant und budgetiert werden muss

Zum anderen ist die Unterstützung der Projekte, des Betriebs und des Managements eine konkrete Aufgabe. Diese kann und muss zusammen mit den Beteiligten und Betroffenen geplant, budgetiert und umgesetzt werden.

Die Unterstützung der Organisation ist eine konkrete Aufgabe, die geplant, budgetiert und umgesetzt werden muss

Die Umsetzung der Verbesserungen durch die Mitarbeiter in der täglichen Arbeit ist eine der wesentlichen Aufgaben bei einer Veränderung. Darüber hinaus ist dies auch meist die aufwändigste Aufgabe, da sie die Organisation in ihrer Breite abdecken muss. Alle betroffenen Mitarbeiter müssen erreicht werden. Je größer die Organisation ist, um so größer wird der Aufwand, die Veränderungen in der Breite umzusetzen.

Die Umsetzung der Verbesserungen durch die Mitarbeiter ist eine der wesentlichen Aufgaben

Abb. 51. Veränderungen bedürfen konkreter Maßnahmen in den Projekten und Bereichen

Die Unterstützung der Organisation muss durch das Veränderungsprojekt organisiert werden

Die Umsetzung der Verbesserungen ist die Aufgabe der Organisation. Für die Unterstützung und Nachverfolgung der Umsetzung sind Management, Veränderungsprojekt und Auditteam verantwortlich (siehe Abbildung 26 auf Seite 69). Dabei hat insbesondere das Veränderungsprojekt die Aufgabe, die Unterstützung zu organisieren. Seine Aufgabe ist nicht mit der Konzeption neuer Arbeitsabläufe beendet, sondern erst, wenn die Organisation die geänderten Arbeitsweisen auch wirklich lebt (siehe Abschnitt 8.10 auf Seite 123). Im Folgenden beschreiben wir die Aufgaben, die das Management, das Veränderungsprojekt und das Auditteam haben, um die Verbesserungen in der Organisation zu etablieren.

9.2   Stellen Sie den Nutzen für die Betroffenen dar

Änderungen müssen für die Betroffenen einen konkreten und spürbaren Nutzen haben

Die Mitarbeiter müssen bereit sein, den Aufwand für die Adoption der Veränderungen aufzuwenden. Die Änderungen müssen daher auch für den Einzelnen einen konkreten und spürbaren Nutzen haben. Ein Verweis auf grundsätzliche Vorteile für die Gesamtorganisation kann ein zusätzlicher Grund sein, Veränderungen umzusetzen, er ist aber alleine nicht ausreichend. Stellen Sie sicher, dass die Veränderungen auch den Betroffenen einen konkreten Nutzen bringen, und stellen Sie diesen dar – wenn möglich an konkreten Erfolgsbeispielen.

Beispiel:

Für die Entwicklungsprojekte eines Geräteherstellers wurden Statusberichte mit Kennzahlen eingeführt. Diese Kennzahlen sollten einerseits dem Management zur Durchführung der Statusreviews dienen. Andererseits war es der Organisation ebenso wichtig, dass die Kennzahlen auch den Projektleitern die Steuerung ihrer Projekte vereinfachten. Wir haben daher zusammen mit einer Gruppe von zwei Managern und drei Projektleitern gemeinsam die Kennzahlen bestimmt. Eine Kennzahl wurde nur dann aufgenommen, wenn alle im Team zugestimmt und die Messung als nützlich bewertet haben. Bei der Ausbildung der Projektleiter und der Manager zur Nutzung des Statusberichts wurde gezeigt, wie die Kennzahlen die Steuerung des Projekts unterstützen. Zusätzlich wurden drei Monate später alle Projektleiter anonym befragt, ob der Statusbericht oder eine der Messungen gestrichen werden sollte. Kein einziger Projektleiter wollte eine der Kennzahlen abschaffen. Ganz im Gegenteil: Die Befragung hatte eine Reihe von konstruktiven Verbesserungsvorschlägen gebracht, die dann auch umgesetzt wurden.

Beispiel: Entwicklung von Kennzahlen, die sowohl dem Management als auch den Projektleitern nutzen

9.3 Geben Sie Unterstützung

Bieten Sie den betroffenen Mitarbeitern, die veränderte Arbeitsabläufe umsetzen, eine Unterstützung. Hierzu gehört unter anderem:

Bieten Sie den betroffenen Mitarbeitern eine Unterstützung

- Eine Ausbildung in den neuen Arbeitsweisen und ggf. auch in entsprechenden Werkzeugen
- Ein Coaching bei der Umsetzung der Arbeitsweisen und Nutzung der Werkzeuge, ggf. auch eine Unterstützung bei der Installation notwendiger Werkzeuge
- Ein Team von Experten (Multiplikatoren), das für Fragen und Hilfe zur Verfügung steht

Diese Unterstützung muss auch den Betroffenen kommuniziert werden, damit sie genutzt werden kann.

Das Veränderungsprojekt muss die Struktur und die Aktivitäten der Unterstützung definieren und etablieren. Achten Sie darauf, dass die Personen, welche die veränderten Arbeitsweisen unterstützen, selbst diese Arbeit durchführen. Sie erreichen damit eine praktische Unterstützung, Akzeptanz und einen Erfahrungsaustausch. Insbesondere bei einem iterativen Vorgehen mit kleinen Veränderungsschritten, die für die gesamte Organisation gleich sind, können sich die Betroffenen gemeinsam mit einer bestimmten Verbesserung be-

Das Veränderungsprojekt muss die Struktur und die Aktivitäten der Unterstützung definieren und etablieren

schäftigen und sich gegenseitig unterstützen (siehe Abschnitt 7.3 auf Seite 89).

Die Unterstützung muss alle
Betroffenen erreichen und
dauerhaft verfügbar sein

Wichtig ist, dass die Unterstützung alle erreicht, welche die veränderten Arbeitsweisen umsetzen. Der Umfang der Unterstützung hängt daher direkt von der Anzahl der betroffenen Personen ab. Die Unterstützungsorganisation muss so etabliert werden, dass sie dauerhaft Hilfe bieten und ggf. auch die Arbeitsweisen und Hilfsmittel weiterentwickeln kann (siehe Abschnitt 10.5 auf Seite 161). So werden beispielsweise neue Mitarbeiter auch später die Arbeitsweisen der Organisation erlernen müssen und eine anfängliche Unterstützung benötigen. Der Unterstützungsaufwand wird jedoch bei der Einführung einer Änderung höher sein als für eine etablierte Arbeitsweise. Hier kann ggf. das Veränderungsprojekt Coaching- und Ausbildungsmaßnahmen mit übernehmen.

Eine Betreuung einzelner
Pilotprojekte ersetzt nicht die
Unterstützung in der Breite

Pilotprojekte sind sinnvoll, um vor der organisationsweiten Umsetzung einer Änderung diese zuerst in einem kleinen Umfeld zu testen (siehe Abschnitt 7.6 auf Seite 96). Die Betreuung einzelner Pilotprojekte kann jedoch nicht die Unterstützung in der Breite ersetzen.

Beispiel:

*Beispiel:
Aufbau einer Unterstützung durch
Experten, die in die Organisation
und in die Arbeit eingebettet werden*

In einer Organisation wurden zur Unterstützung der Projekte und des Betriebs themenspezifische Teams gebildet (z.B. ein Team für die Projektleiter oder ein Team für die Entwickler). Die Mitarbeiter dieser Teams – sogenannte „Exponenten" – hatten die Aufgabe, die Organisation bei der Umsetzung der Veränderungen und bei der Anwendung der definierten Prozesse zu unterstützen – sie waren der „First Level Support" für die Veränderungen und die definierten Prozesse. Die Exponenten waren alle in normalen Projektfunktionen tätig, und ihre Unterstützungstätigkeit war eine zusätzliche Aufgabe. Jedes Projekt bzw. im Betrieb jeder Bereich mussten einen solchen Exponenten im Team haben. Durch unterschiedliche Teams (Projektleiter, Architekten, Management, Service Support) war für die unterschiedlichen Themengebiete immer ein Ansprechpartner in der Nähe. Die Aufgabe wurde zudem als formale Rolle definiert, honoriert und als notwendiger Schritt für Managementfunktionen vorausgesetzt. Durch diese Struktur wurde eine praxisnahe und partnerschaftliche Unterstützung erreicht und diese in die normale Organisation eingebettet.

*Etablierung von „Projekt-Setup-
Workshops" zur Erstellung der
zentralen Projektplanungs-
ergebnisse*

Darüber hinaus hat die Organisation für die Projekte sogenannte „Projekt-Setup-Workshops" etabliert. Mit einer definierten Vorgehensweise und einem Planungsbaukasten wurden die zentralen, für eine solide Projektplanung notwendigen Arbeitsergebnisse durch den Projektleiter, einen Exponenten und ggf. weitere Teammitgliedern effektiv und effizient erstellt. Dadurch wurde ein formales Planreview durch einen Dritten in die inhaltliche Arbeit integriert.

Mit beiden Maßnahmen sollte bewusst keine Qualitätsorganisation im klassischen Sinn geschaffen werden. Statt dessen wurde die Unterstützung für die Umsetzung der Verbesserungen in die Organisation und in die inhaltliche Arbeit eingebettet. Dadurch wurde eine Unterstützung von Gleichen-zu-Gleichen etabliert.

Ziel war die Etablierung einer Unterstützung von Gleichen-zu-Gleichen

Neben der Unterstützung für die Betroffenen muss das Management die notwendigen Ressourcen und die notwendige Rückendeckung für die Umsetzung der Veränderungen in der Organisation bereitstellen. Hierzu gehört unter anderem:

Das Management muss die notwendigen Ressourcen für die Umsetzung der Veränderungen in der Organisation bereitstellen

- Bereitstellung von Zeit, um die Veränderungen umzusetzen;
- Kommunikation zum Kunden warum die Änderungen gemacht werden und welche Nutzen sie haben;
- Bereitstellung von Werkzeugen, die zur Unterstützung der Arbeitsabläufe benötigt werden.

Die Bereitstellung von Zeit für die Adoption der Änderungen ist die wichtigste Ressource. Neben der täglichen Arbeit muss genügend Freiraum für die Umsetzung der Veränderungen geschaffen werden. Dieser kann zum Beispiel durch eine Berücksichtigung in den Projektplänen oder bei Regeltätigkeiten durch einen bestimmten reservierten Zeitraum bereitgestellt werden.

Bereitstellung von Zeit ist die wichtigste Ressource

Außerdem muss das Management die Verbesserung in den Zielen der Mitabeiter verankern. Zum einen sollen variable Gehaltsanteile konkret die Umsetzung von Verbesserungen honorieren, zum anderen dürfen die Zielvereinbarungen nicht den Zielen der Verbesserung widersprechen (siehe Kapitel 6 auf Seite 67).

Das Management muss die Verbesserung in den persönlichen Zielen der Mitarbeiter verankern

9.4 Planen Sie die Veränderungen zusammen mit den Betroffenen

Führen Sie für die Releases Ausbildungsmaßnahmen (z.B. Schulungen) für die Nutzenpäckchen durch und trainieren Sie die Mitarbeiter auf die veränderten Arbeitsweisen. Überprüfen Sie das Wissen der Mitarbeiter in der Organisation, um entscheiden zu können, ob die Ausbildungsmaßnahmen erfolgreich waren oder ob mehr bzw. andere Schulungen notwendig sind.

Führen Sie Schulungen durch und testen Sie das Wissen in der Organisation

Planen Sie als Coach zusammen mit den Betroffenen, wann welche Veränderung im Projekt, in einer Abteilung oder bei einem Manager mit welchen Maßnahmen umgesetzt werden soll. Analysieren Sie dazu vorher die Stärken und Schwächen: gibt es Änderungen,

Planen Sie mit den einzelnen Betroffenen, was diese zur Umsetzung einer Veränderung konkret tun müssen

die z.B. das Projekt schon längst umgesetzt hat? Gibt es Punkte, die bisher schon umgesetzt worden sein sollten, aber noch fehlen? Erstellen Sie dann einen konkreten Maßnahmenplan auf Basis dieser Stärken und Schwächen, und vereinbaren Sie mit den Betroffenen, was wann getan wird und wo welche Unterstützung notwendig ist. Unterstützen Sie dann als Coach diesen Plan bzw. die Umsetzung der Maßnahmen.

Die Maßnahmenplanung muss für jedes Projekt bzw. im Betrieb für jeden Bereich individuell ausgearbeitet werden

Die Maßnahmenplanung muss für jedes Projekt und für alle betroffenen Bereiche (wie z.B. das Service Desk oder der Einkauf) individuell ausgearbeitet werden. Bei Organisationen mit mehreren Projekten oder mehreren gleichen Bereichen (z.B. mehreren Service Desks) ist es hilfreich, wenn die Organisation gemeinsam eine bestimmte Änderung umsetzt. Damit können Synergien bei der individuellen Betreuung genutzt werden.

Führen Sie für Veränderungen, die das Management betreffen, auch mit diesem eine Maßnahmenplanung durch

Bedenken Sie, dass die Maßnahmenplanung nicht nur die Mitarbeiter der Arbeitsebene betrifft, sondern auch das Management. Fast immer gibt es bei einem Verbesserungsvorhaben auch Änderungen, die vorrangig das Management umsetzen muss (z.B. die Durchführung von Projektstatusreviews durch das Management). In diesem Fall findet die Maßnahmenplanung mit dem entsprechenden Managementkreis statt. Geben Sie dem Senior Manager die Aufgabe, die Umsetzung der Management-Maßnahmen zu verfolgen.

Die Maßnahmenplanung ist die Voraussetzung für eine Aufwandsabschätzung, Verantwortungszuteilung und Ressourcenbereitstellung

Die Veränderungen müssen neben der eigentlichen Arbeit durchgeführt werden, die nicht einfach für eine bestimmte Zeit auf Eis gelegt werden kann. Deshalb muss es in der täglichen Arbeit den Platz geben, die Maßnahmen zur Verbesserung umzusetzen. Die Maßnahmenplanung ist aus mehreren Gründen eine notwendige Voraussetzung, um diesen Freiraum zu schaffen:

- Nur auf Basis einer konkreten Maßnahmenplanung können die Aufgaben und Aufwände abgeschätzt werden;
- Die Verantwortung für einzelne Aufgaben kann klar zugeteilt werden; insbesondere kann festgelegt werden, was welcher Mitarbeiter macht, bei welcher Aufgabe jemand vom Unterstützungsteam dabei sein soll, und wann welche Unterstützung durch das Management notwendig ist;
- Auf der Basis des Plans können die benötigten Ressourcen (z.B. Zeit oder Werkzeuge) identifiziert und bereitgestellt werden.

Erst mit der Maßnahmenplanung für die einzelnen Projekte, Bereiche und Manager wird die Auswirkung der Veränderung in der täglichen Arbeit sichtbar

Die Maßnahmenplanung ist insbesondere für das Management, das die Projekte oder Bereiche führt, wichtig. Erst mit der konkreten Planung für die einzelnen Projekte, Bereiche und Manager wird die tatsächliche Auswirkung der Veränderung in der täglichen Arbeit sichtbar. Häufig beruht eine mangelnde Unterstützung der Veränderung durch das Management darauf, dass die Konsequenz der

Veränderungen für das Management im eigenen Bereich nicht greifbar ist. Eine Maßnahmenplanung mit klaren Aufgaben, Verantwortlichkeiten und Aufwänden macht die Umsetzungsaufgabe konkret und damit verständlich.

Was heißt hier „Arbeitsweise verbessern!?"
Wir haben Termine zu halten!

Abb. 52. Es muss in der täglichen Arbeit den Platz geben, die Verbesserungen umzusetzen

Beispiel:

Der Verbesserungsplan einer Entwicklungsorganisation sah 10 Themenblöcke vor, die schrittweise in sechs-Wochen-Zyklen umgesetzt wurden. Jeweils am Ende eines Zyklus wurden für jedes betroffene Projekt die notwendigen Maßnahmen bestimmt. Hierzu analysierten der jeweilige Unterstützungsverantwortliche und der jeweilige Projektleiter, welche der Änderungen das Projekt betrafen und was zur Umsetzung der Änderung getan werden musste. Danach erstellten sie einen individuellen Maßnahmenplan für das Projekt, und sie vereinbarten, wer für welche Maßnahme verantwortlich sein sollte. Der Projektleiter arbeitete die Aufgaben in den Projektplan ein, und der Manager stellte die zusätzliche Zeit, die für die Maßnahmenumsetzung erforderlich war, zur Verfügung. Allen Beteiligten war dabei klar, dass die Maßnahmen innerhalb der nächsten sechs Wochen umgesetzt werden mussten, da danach der nächste Verbesserungszyklus begann. Dies bewirkte nicht nur eine zügige Umsetzung der Maßnahmen, sondern verhinderte auch, dass „goldene Henkel" umgesetzt wurden.

Beispiel einer Organisation, die 10 Themenblöcke in 6-Wochen-Zyklen umsetzte; jeweils am Ende eines Zyklus wurde für jedes Projekt analysiert, was zur Umsetzung getan werden musste

9.5 Setzen Sie die Maßnahmen konsequent um

Die Maßnahmenplanung ist nur sinnvoll, wenn sie danach konsequent umgesetzt wird. Machen Sie für die Umsetzung und Verfolgung der Maßnahmen die Leiter der jeweiligen betroffenen Instanz (d.h. die Projektleiter oder Bereichsleiter) verantwortlich. Stellen Sie zusammen mit dem Senior Manager sicher, dass das Management die Umsetzung der Maßnahmen konsequent verfolgt.

Machen Sie für die Umsetzung und Verfolgung der Maßnahmen den jeweiligen Leiter verantwortlich

Ein iteratives Vorgehen mit vielen
kleinen Schritten unterstützt eine
konsequente Umsetzung der
Veränderungen in mehrfacher
Hinsicht

Ein iteratives Vorgehen mit vielen kleinen Schritten unterstützt eine konsequente Umsetzung in mehrfacher Hinsicht. Zum einen sind kleine Änderungen in der täglichen Arbeit machbar. Diese Machbarkeit erlaubt es, die Änderungen in allen Projekten umzusetzen und sie nicht auf später zu verschieben. Dadurch wird sofort ein Nutzen erzielt. Zum anderen schafft die erfolgreiche Umsetzung erster Verbesserungen ein Vertrauen in die Machbarkeit weiterer Änderungen. Nicht zuletzt wird durch das iterative Vorgehen eine Systematik der Verbesserung etabliert. Durch die in ersten Iterationen gemachte Erfahrung fällt die Planung und Umsetzung weiterer Verbesserungsschritte leichter.

9.6   Klammern Sie kritische Projekte nicht aus

Klammern Sie die kritischen
Projekte oder Bereiche nicht von
der Verbesserung aus

Klammern Sie die kritischen Projekte oder Bereiche nicht von der Veränderung aus – gerade für diese ist eine Verbesserung notwendig. Häufig ist das Fehlen von Arbeitsweisen, die durch die Veränderung verbessert werden sollen, mit eine Ursache für die kritische Situation. Typischerweise ist der Widerstand gegenüber Änderungen in diesen Projekten oder Bereichen besonders hoch – allerdings auch der Nutzen der Verbesserungen.

9.7   Verfolgen Sie die Umsetzung

Eine Planung erfordert eine
Verfolgung

Gerade bei Verbesserungen, die neben der normalen Arbeit umgesetzt werden sollen, ist eine Verfolgung des Fortschritts unabdingbar – auch, um der Verbesserung eine entsprechende Priorität einzuräumen. Das Verfolgen der Umsetzung demonstriert auch das Interesse an den konkreten Ergebnissen. Bei der Verfolgung der Maßnahmenplanung spielen drei Teams zusammen: das Management, das Auditteam und das Veränderungs-/Unterstützungsteam (siehe Abbildung 26 auf Seite 69).

Die Leiter der betroffenen
Instanzen verfolgen und steuern
die einzelnen Aufgaben der
Maßnahmenplanung

Wie oben dargestellt sind für die Umsetzung und Verfolgung der einzelnen Aufgaben der Maßnahmenplanung die Leiter der jeweiligen betroffenen Instanzen (d.h. die Projektleiter, Bereichsleiter oder der Senior Manager) verantwortlich. So ist es z.B. die Aufgabe des Projektleiters, in seinem Projekt die Umsetzung der Verbesserungsmaßnahmen zum Konfigurationsmanagement zu verfolgen und zu steuern. Für Verbesserungen, die das Management betreffen, hat diese Rolle der Senior Manager inne.

Der Manager, der eine Reihe von Projekten oder Bereichen führt, muss im Rahmen der von ihm durchgeführten Statusbesprechungen mit den Projekten oder Bereichen den Status der Maßnahmenumsetzung verfolgen. Dabei stützt er sich zum einen auf den Fortschrittsbericht des Projekt- oder Bereichsleiters. Zum anderen erhält der Manager durch das Auditteam eine objektive Beurteilung der Projekte, Bereiche und des Managements.

Manager, die eine Reihe von Projekten oder Bereichen führen, verfolgen im Rahmen der Statusbesprechungen den Status der Maßnahmenumsetzung

Das Auditteam führt geplant und systematisch Prüfungen der Arbeitsweisen der Projekte, der Bereiche und des Managements durch. In diesen Prüfungen wird evaluiert, inwieweit die Prozessbeschreibungen und Grundsätze gelebt werden (siehe Abschnitt 10.4 auf Seite 155). Das Auditteam berichtet über das Ergebnis der Prüfungen an alle Beteiligten:

Das Auditteam führt geplant und systematisch Prüfungen der Arbeitsweisen der Projekte, der Bereiche und des Managements durch

- Der Projekt- oder Bereichsleiter erhält ein Bild über die Stärken und Schwächen seines Projekts bzw. Bereichs, und das Auditteam vereinbart mit ihm Maßnahmen, um die Schwächen zu beseitigen.
- Der Manager, der die Projekte oder Bereiche leitet, erhält einen objektiven Einblick in die Umsetzung der Prozessbeschreibungen und Grundsätze, und er erfährt, welche Verbesserungsmaßnahmen er unterstützen muss.
- Das Veränderungsprojekt erhält durch das Auditteam die notwendige Rückmeldung, inwieweit die Veränderungen tatsächlich in der Organisation gelebt werden.
- Der Sponsor der Veränderung erfährt durch das Auditteam, inwieweit die von ihm verantworteten Grundsätze gelebt werden und was der Status der von ihm verantworteten Veränderung ist.

Das Auditteam soll unabhängig vom Veränderungsprojekt sein. Damit ist es in der Lage, auch Schwächen in den Lösungen oder Prozessbeschreibungen, die das Veränderungsprojekt geschaffen hat, zu erkennen und an das Veränderungsprojekt zu adressieren. Dennoch arbeitet es eng mit dem Veränderungsprojekt zusammen. Das Auditteam muss auf die Prüfung neuer Arbeitsweisen besonders Wert legen und sich mit dem Plan des Veränderungsprojekts koordinieren.

Das Auditteam ist unabhängig vom Veränderungsprojekt, arbeitet aber eng mit diesem zusammen

Das Veränderungsprojekt verfolgt auf Basis der Informationen des Auditteams zusammen mit dem Sponsor den Fortschritt der Veränderung (siehe Abschnitt 8.10 auf Seite 123). In den Anfangsphasen einer Veränderung muss das Veränderungsprojekt außerdem kontrollieren, dass das Management und das Auditteam die obigen Aufgaben wahrnehmen. Darüber hinaus prüft das Veränderungsprojekt, dass die Unterstützung effektiv ist. Zu diesem Zweck kann es beispielsweise verfolgen, wie viel Coaching angefordert, wie schnell

Das Veränderungsprojekt verfolgt auf Basis der Informationen des Auditteams den Fortschritt der Veränderung in der Organisation

den Betroffenen geholfen und ob die Unterstützung als hilfreich empfunden wurde.

9.8 Holen und arbeiten Sie Verbesserungsvorschläge ein

Holen Sie
Verbesserungsvorschläge und
Erfahrungen von der Organisation
ein

Holen Sie bei der Anwendung neuer Arbeitsabläufe Verbesserungsvorschläge und Erfahrungen von den Betroffenen ein. Wichtige Fragestellungen sind:

- Wie gut sind die neuen Arbeitsweisen in der Organisation bekannt?
- Als wie hilfreich werden die neuen Arbeitsweisen empfunden?
- Wie verständlich ist die Dokumentation der neuen Abläufe?
- Wie gut werden die Mitarbeiter von ihrem Management bei der Anwendung der neuen Abläufe unterstützt?
- Bis wann, glauben die Mitarbeiter, ist die Verbesserung der Organisation insgesamt umgesetzt?

Allein durch das Nachfragen unterstreichen Sie, wie wichtig es ist, die Veränderungen umzusetzen. Nur wenn die Mitarbeiter sehen, dass die Umsetzung der Veränderung auch beachtet wird, werden sie sich engagieren.

Setzen Sie
Verbesserungsvorschläge aus der
Organisation um

Motivieren Sie die Mitarbeiter, Verbesserungsvorschläge zu den neuen Arbeitsweisen zu machen. Etablieren Sie einen möglichst einfach Weg, um Vorschläge einzureichen. Eine Mailadresse, die kaum bekannt ist oder ein Werkzeug, dessen Verwendung weitgehend unbekannt ist, sind beispielsweise wenig geeignet, um Verbesserungsvorschläge einzuholen. Prämieren Sie ggf. besonders hilfreiche Vorschläge. Verfolgen Sie als Projektleiter des Verbesserungsprojekts die Umsetzung der Vorschläge. Es ist eine zusätzliche Motivation für die Veränderungsbereitschaft der Organisation, wenn die Betroffenen sehen, dass ihre Vorschläge ernstgenommen und umgesetzt werden und sie damit die Möglichkeit haben, an der Veränderung mitzuwirken.

Peter, Paul und Marie

*Das dritte Verbesserungsrelease soll
in der Organisation umgesetzt
werden*

Das Team hat auch an die Unterstützungsaufgaben gedacht und hierfür Aufwand und Ressourcen eingeplant. Das Unterstützungsteam mit den Multiplikatoren wurde zusammen mit dem Verbesserungsprojekt etabliert und hat in den ersten beiden Releases bereits Erfahrung mit der Umsetzung der Veränderungen und mit dem Coaching der Projekte gesammelt. Im jetzt anstehenden Release steht das Konfigurationsmanagement von Dokumenten an. Die Erfahrungen aus den Pilotprojekten zur Lösung und zum Trainingsmaterial sind sehr positiv.

In den ersten vier Wochen trainiert das Team, das für die Lösungsentwicklung beim Dokumentenmanagementsystem verantwortlich war, aus jedem Projekt eine für das Konfigurationsmanagement verantwortliche Person. IIL hat insgesamt 100 Projekte, so dass fünf Schulungen an zwei Standorten durchgeführt werden.

Barbara und Martin halten Schulungen, in denen sie das Konfigurationsmanagement für alle Dokumente den Mitarbeitern der Projekte erklären

Barbara war mit an der Lösungsentwicklung beteiligt und erklärt jetzt in einer der Schulungen zusammen mit Martin, einem Konfigurationsmanagement-Verantwortlichen aus einem der Pilotprojekte, die Lösung.

„Wir wollen ab sofort in allen Projekten ein Konfigurationsmanagement für die Dokumente umsetzen. Wie Ihr wisst hatten wir ja gerade dort eine besondere Schwäche. Während wir für den Code in fast allen Projekten ein Konfigurationsmanagement nutzen, war das bei den Projektdokumenten selten der Fall. Wir haben einige Projekte, in denen unklar ist, was der aktuelle Plan ist. Und sicherlich haben einige von euch auch schon darüber geflucht, dass das eine oder andere Dokument verloren gegangen ist."

Die Teilnehmer nicken. Das ist ihnen allerdings bekannt.

„Wir haben jetzt im Team mit den Pilotprojekten zwei Lösungsalternativen ausgearbeitet." fährt Barbara fort. „Ihr könnt entweder das neue Dokumentationsmanagement-System nutzen, das so eine Art gemeinsame Arbeitsumgebung für die Projekte ist. Oder ihr könnt das Konfigurationsmanagementsystem, das ihr für den Code nutzt, auch für die Dokumente verwenden."

Im folgenden erklären Barbara und Martin das Konfigurationsmanagement und führen die beiden Möglichkeiten vor. Fast alle Teilnehmer finden die Lösungen gut, allerdings haben einige Bedenken wegen der Umsetzung in ihren Projekten. „Wie habt ihr euch die Einführung gedacht? Ich nehme an, das gilt nur für die neuen Projekte, oder?" fragt einer der Teilnehmer.

„Nun" erklärt Martin, „die Lösung soll im den kommenden vier Wochen von allen Projekten umgesetzt werden. Dazu wird es konkrete Hilfe geben. Wir haben hier eine Liste mit den Projekten und den Coaches. Der Coach von eurem Projekt wird in den nächsten fünf Tagen auf euch zukommen und zusammen mit euch planen, was in eurem Projekt getan werden muss. Er wird dann auch bei der Umsetzung helfen – ihr kennt das ja schon von den letzten beiden Releases."

Mit der Umsetzung in allen Projekten in den nächsten vier Wochen sind nicht alle ganz zufrieden, aber trotzdem nimmt sich jeder die Liste mit den Multiplikatoren aus dem Unterstützungsteam mit.

Das Dokumentenmanagementsystem ist auch für die Kunden und den Vertrieb interessant. Peter König schreibt deshalb im Kundennewsletter von IIL einen kurzen Artikel. Außerdem nutzt er die Gelegenheit bei Kundengesprächen, um die neue Möglichkeit vorzustellen, die Dokumente des Projekts einzusehen.

Peter König informiert die Kunden

„Sehr gut." sagt einer der Kunden, „da können wir jetzt den Fortschritt Ihrer Projekte beobachten, ohne dabei Dokumente aufwändig über e-mail hin- und herzuschicken."

Auch der Vertrieb wird informiert

Auch der Vertrieb wird informiert. Er soll die Transparenz der Projekte den Kunden als Vorteil darstellen, und nicht zuletzt soll auch der Vertrieb das Dokumentenmanagementsystem für die Angebote, Verträge etc. nutzen. Um das Dokumentenmanagementsystem bei den Kunden besser verkaufen zu können, hat das Verbesserungsteam außerdem eine Doppelseite mit einer Beschreibung und mit Nutzenargumenten gemacht. Das Vertriebsteam nimmt das sofort auf: „Das ist ja fast wie eine Produktbroschüre von uns. Die Argumente sind wirklich hilfreich."

Martin und Marie stimmen die Auditarbeit ab

Derweil stimmen Martin und Marie für die nächsten Veränderungen die Auditarbeit ab. Vorher hat Maries Team die Fragen zu den neuen Prozessbeschreibungen ausgearbeitet. Zusammen mit der Umsetzung der Verbesserungen wurden auch die Audit-Fragen bei den Pilotprojekten angewendet.

Die Coaches gehen auf die Projekte und das Vertriebsteam zu, um die Maßnahmen zu planen

Vier Wochen später sind alle Ausbildungsmaßnahmen durchgeführt. Jetzt gehen die Coaches auf ihre Projekte zu, um für die nächsten vier Wochen die konkreten Maßnahmen zu vereinbaren. Außerdem betreut ein Coach das Vertriebsteam.

Für ein Entwicklungsprojekt werden die konkreten Schritte zur Umsetzung des Konfigurationsmanagements geplant

Es erfolgt die Planung der konkreten Schritte zur Umsetzung des Konfigurationsmanagements in einem Entwicklungsprojekt. Daran beteiligt sind Heinrich, der Projektleiter, sowie die beiden Entwickler Klara und Norbert. Klara ist im Projektteam von Heinrich, und sie ist eine der Multiplikatoren und Mitglied des Unterstützungsteams. Norbert ist ebenfalls im Projektteam von Heinrich und war zusammen mit Klara auf der Konfigurationsmanagement-Schulung.

Vor dem Treffen hat Klara zusammen mit Norbert den Umsetzungsstatus des Konfigurationsmanagements an Hand einer Checkliste, die sie vom Verbesserungsteam bekommen hat, bewertet.

Ihren Maßnahmenplan machen Klara, Heinrich und Norbert in Form eines Brainstormings. Als Karten schreiben sie:

- *Norbert wird Konfigurationsmanager (1h)*
- *Klara und Norbert installieren das Dokumentenmanagementsystem (2 x 16h)*
- *Klara und Norbert halten eine kurze Schulung für das Projektteam (2 x 2h + 10 x 2h)*
- *Norbert ergänzt den Konfigurationsmanagement-Plan (8h), Heinrich prüft ihn (1h)*
- *Norbert und Laura, eine studentische Hilfskraft, übertragen die Dokumente vom Projektlaufwerk in das Dokumentenmanagementsystem (2 x 24h)*

- *Klara und Norbert leisten Hilfe bei Fragen zum Konfigurationsmanagementsystem (36 h Zeitbudget)*
- *Norbert macht in den 6 Monaten Projektlaufzeit 3 Konfigurationsmanagement-Audits (3 x 8h)*

„Hm, ich hoffe, dass sich dieser Aufwand lohnt" brummelt Heinrich.

„Klar" meint Klara, „das erspart uns viel Zeit beim Suchen von Dokumenten, und ich muss nicht mehr rumrennen und fragen, ob das jetzt ein aktuelles Dokument ist oder nicht."

Heinrich ergänzt die Aufgaben in seiner Projektplanung. Eine Woche später fragt er den Status der Maßnahmen zusammen mit den anderen Aktivitäten ab: „Ist das Dokumentenmanagementsystem installiert? Können alle damit arbeiten?"

Heinrich ergänzt die Aufgaben in seiner Projektplanung und verfolgt den Status

Norbert nickt. „Ja. Aber die Dokumente müssen wir noch weiter in das neue System einpflegen. Aber wir werden mit den Aufwänden so hinkommen."

Nach der Sitzung schreibt Heinrich in den monatlichen Statusbericht den Status der Verbesserungsmaßnahmen. Dazu muss er an Hand der Checkliste, die Klara ihm gegeben hat, die umgesetzten Punkte markieren. Er ist gerade dabei, als das Telefon klingelt.

„Hallo Heinrich. Hier ist Marie. Ich wollte den Termin für das Projektaudit in zwei Wochen bestätigen."

„Ich weiß. Lass mich raten: ihr guckt ganz besonders nach Konfigurationsmanagement?" Er grinst und denkt sich: „So langsam habe ich begriffen, wie der Hase läuft."

„Klar. Aber so wie ich dich kenne hast du alles aufgeräumt. Dann dauert es ja nicht lange."

„Das hoffe ich. Aber ehrlich gesagt ist es auch ganz gut, wenn ihr mal guckt, ob die Umsetzung bei uns klappt. Das letzte Mal habt ihr ja auch einen Punkt gefunden, der mir wirklich geholfen hat. Also, bis dann."

„Ja, Tschüss."

Ein paar Tage später fragt Peter König die zusammengefassten Statusinformationen aus den Audits von Marie ab. Außerdem bekommt er die Bereichsberichte, die auch einen Status zum Fortschritt der Verbesserungen umfassen. So informiert geht er in die Managementsitzung.

Peter König verfolgt in der Managementsitzung die Umsetzung der Maßnahmen

Beim Tagesordnungspunkt „Verbesserung" sind – wie immer – auch Tina und Marie eingeladen. Der Reihe nach stellen die Bereichsleiter kurz den Status bei den Verbesserungen vor.

Einer der Bereichsleiter benötigt Hilfe bei der Umsetzung in einem Projekt. „In meinem Bereich sind 2 Multiplikatoren krank geworden. Jetzt fehlt vier Projekten die Unterstützung. Kann mir einer aushelfen?"

„Ja" sagt ein anderer Bereichsleiter, „bei mir hatten wir in den meisten Projekten das Konfigurationsmanagement schon gut umgesetzt. Ich den-

ke, dass einer unserer Multiplikatoren bei euch für eine Woche unterstützen kann."

„Das wäre sehr gut."

Weitere Punkte gibt es nicht, und so ist der Tagesordnungspunkt diesmal erstaunlich schnell fertig.

Peter König weist die Eskalation eines Projekts zurück

Als Peter König im Büro zurück ist, ruft Hans, ein Projektleiter, bei ihm an. „Wir haben in diesem Projekt wirklich einen engen Zeitplan. Wenn wir die Auslieferung in 6 Monaten schaffen wollen, dann können wir das Konfigurationsmanagement beim besten Willen nicht umsetzen. Das wirft uns einen Monat zurück."

Peter König runzelt ein wenig die Stirn, weil er sich das nicht vorstellen kann. „Haben Sie die Maßnahmen geplant, um den Aufwand zu kennen?"

„Nein. Aber ..."

„Dann machen Sie das. Und dann gucken wir zusammen mit dem Bereichsleiter, welche Hilfe Ihr Projekt braucht."

Tina und Marie besprechen die Ergebnisse der Audits

Am Ende des Monats treffen sich Tina und Marie, um die Ergebnisse der Audits zu besprechen. Außerdem gibt Marie Feedback zur Umsetzung des Releases: „Von den 100 Projekten haben 60 alle Punkte umgesetzt. Weitere 20 haben noch einige Punkte zu verbessern, aber sie sind auf dem richtigen Weg. Allerdings haben wir 20 Projekte, die noch immer nicht umgestellt haben. Hier haben die Bereichsleiter aber versprochen, dass sie sich darum kümmern."

„Gut. Dann fragen wir bei der nächsten Managementsitzung, ob diese Problemkinder betreut werden konnten. Wie ist denn das Feedback? Wir haben zwar eine Menge an Verbesserungsvorschlägen bekommen, aber gibt es Punkte, wo sich unsere Lösung so nicht umsetzen lässt?"

„Ja, da haben wir ein paar Punkte."

Zusammen gehen Tina und Marie durch die Punkte durch, die das Auditteam festgestellt hat, und die das Verbesserungsteam noch nacharbeiten sollte. Alles keine großen Punkte, aber trotzdem etwas Aufwand.

„Aber alles in allem hört sich das ja sehr gut an." meint Tina. „Alle scheinen wirklich mitzuarbeiten."

„Ja, und mit der Unterstützung durch das Management sind alle auch wirklich motiviert." sagt Marie zum Abschluss.

Ihre Argumente

Was Sie tun sollten:

- Stellen Sie den Nutzen der Veränderungen für die Betroffenen dar
- Bieten Sie den betroffenen Mitarbeitern eine Unterstützung, und etablieren Sie hierfür eine Unterstützungsorganisation
- Verankern Sie die Verbesserung in den Zielen der Mitarbeiter
- Erstellen Sie jeweils einen konkreten Maßnahmenplan für jede der betroffenen Instanzen, um die Veränderungen umzusetzen
- Machen Sie für die Umsetzung und Verfolgung der Maßnahmen die Leiter der jeweiligen betroffenen Instanz verantwortlich
- Machen Sie für die Umsetzung und Verfolgung der Maßnahmen, die das Management betreffen, den Senior Manager verantwortlich
- Stellen Sie sicher, dass das Auditteam die Projekte, Bereiche und das Management prüft
- Stellen Sie sicher, dass die Manager die Umsetzung der Veränderungen in den Statusbesprechungen verfolgen
- Nutzen Sie die Rückmeldungen des Auditteams, um das Veränderungsvorhaben zu verfolgen und zu steuern
- Holen und arbeiten Sie Feedback ein

Was Sie nicht tun sollten:

- Überlassen Sie die Organisation bei der Umsetzung der Veränderungen nicht sich selbst
- Beschränken Sie die Verbesserung und Unterstützung nicht nur auf ein paar Pilotprojekte
- Lassen Sie das Management bei einer Verbesserung und Veränderung nicht außen vor – auch dieses muss Arbeitsweisen ändern und unterstützt werden
- Klammern Sie kritischen Projekte oder Bereiche nicht von der Verbesserung aus
- Ignorieren Sie nicht Feedback und Verbesserungsvorschläge der Organisation

Ergebnisse:

- Etablierte Unterstützungsorganisation
- Ziele und Bonusvereinbarungen, welche die Veränderung unterstützen
- Maßnahmenplanungen der Instanzen
- Auditberichte für die Instanzen
- Statusberichte der Instanzen

Ihre Argumente (ff.)

Arbeitsaufwand:

- Ca. 1-2% des Gesamtaufwands einer Organisation sind für die konkrete Umsetzung der Verbesserungen in den Instanzen und für die Unterstützungsarbeit notwendig (d.h. bei einer Organisation mit 100 Mitarbeitern und 800 Arbeitsstunden pro Tag benötigen Sie ca. 8-16 Arbeitsstunden pro Tag für die konkrete Umsetzung der Verbesserungen und die Unterstützungsarbeit)

Nutzen:

- Die Umsetzung und Anwendung der Verbesserungen in der Organisation – ohne diese ist alle vorangegangene Verbesserungsarbeit wertlos

---

10 Alle möchten wieder zur alten Tagesordnung zurück?

Machen Sie das Neue dauerhaft selbstverständlich.

Ihr Standort: Der Pfad der Institutionalisierung, die Infrastruktur der Stadt Bewährtes, alle Orte im Osten der Stadt Bewährtes

10.1 Veränderung braucht Institutionalisierung

Durch das Verbesserungsprojekt haben Sie erreicht, dass die Veränderungen in der Organisation erstmalig umgesetzt werden. Jetzt müssen Sie die Veränderungen nachhaltig machen und die neuen Arbeitsweisen dauerhaft etablieren. „Dauerhaft etablieren" wird – wie schon beschrieben – in der Fachliteratur als „Institutionalisierung" bezeichnet. Institutionalisierte Arbeitsweisen sind so im täglichen Leben verankert, dass sie als Teil der Unternehmenskultur selbstverständlich umgesetzt werden. Sie bleiben erhalten, wenn diejenigen, die sie etabliert haben, sich neuen Aufgaben zuwenden.

Arbeitsweisen müssen nachhaltig gemacht und institutionalisiert werden

Ein Indiz für die Institutionalisierung von Arbeitsweisen ist es, wenn diese auch in Ausnahme- und Krisensituationen angewendet werden. Wird in solchen Situationen ein Ad-hoc-Vorgehen angewandt oder auf eine alte Vorgehensweise zurückgegriffen, so ist die Arbeitsweise nicht institutionalisiert.

Eine institutionalisierte Arbeitsweise hält auch in Krisensituationen

Beispiel:

Das beste Beispiel für einen institutionalisierten Prozess ist das Zähneputzen. Dies ist ein klassischer Overhead-Prozess: das Einsparen des Zähneputzens hat kurzfristig kaum Auswirkungen, langfristig ist es jedoch unverzichtbar. Das wissen wir alle, und deshalb putzen wir regelmäßig unsere Zähne, ohne dass uns dazu unsere Eltern noch auffordern müssten. Im Arbeitsleben werden häufig komplexe Arbeitsweisen leichtfertig nach einer kurzen Zeit als selbstverständlich erachtet. Im Gegensatz dazu ist uns allen bewusst, dass das Einüben und Institutionalisieren des Zähneputzens bei unseren Kindern – trotz ihrer hohen Lernfähigkeit – eine langwierige und aufwändige Aufgabe ist. Wir setzen daher als Eltern bewusst die Maßnahmen, die für eine erfolgreiche Institutionalisierung des Zähneputzens notwendig sind, bei unseren Kindern über mehrere Jahre hinweg um.

Zähneputzen als Beispiel für einen institutionalisierten Prozess

Notfallmaßnahmen von Piloten als Beispiel für einen institutionalisierten Prozess

Beispiel:

Ein weiteres gutes Beispiel für institutionalisierte Arbeitsabläufe ist die Ausbildung von Piloten. Insbesondere in Notfällen müssen die Arbeitsabläufe vom Piloten sicher und schnell durchgeführt werden – keiner von uns hätte ein Verständnis dafür, wenn der Pilot im Notfall erst im Prozesshandbuch nachschlagen müsste. Die notwendigen Arbeitsabläufe werden daher gezielt und immer wieder im Flugsimulator geübt.

Die Adoptionskurve zeigt, wie eine Veränderung durch Gruppen von Betroffenen angenommen wird, bis sie alle erreicht hat

Um Arbeitsweisen zu institutionalisieren, müssen sie von den Betroffenen schrittweise angenommen werden. In der Abbildung 20 auf Seite 44 haben wir die Phasen der Adoption einer Veränderung beschrieben. Die Grafik zeigt, wie eine Veränderung langsam durch bestimmte Gruppen von Betroffenen (Innovatoren, frühe Umsetzer, frühe Mehrheit, späte Mehrheit, Nachzügler) angenommen wird, bis sie schließlich alle erreicht hat. Wichtig ist, dass jede Veränderung nacheinander von diesen Gruppen angenommen wird. Wird eine übersprungen, so folgen die anderen nicht nach. Identifizieren Sie deshalb diese Gruppen in Ihrem Unternehmen, damit Sie sie gezielt ansprechen können.

Die Institutionalisierungskurve zeigt, wie eine Veränderung durch einen Einzelnen angenommen wird

Die obigen Phasen (Innovatoren, frühe Umsetzer, frühe Mehrheit, späte Mehrheit, Nachzügler) beschreiben den Verlauf der Annahme einer Veränderung „im Großen", d.h. durch alle Betroffenen. Jede einzelne Person adoptiert eine Veränderung aber auch schrittweise. Diese Schritte der Adoption „im Kleinen" sind in der Abbildung 53 dargestellt.

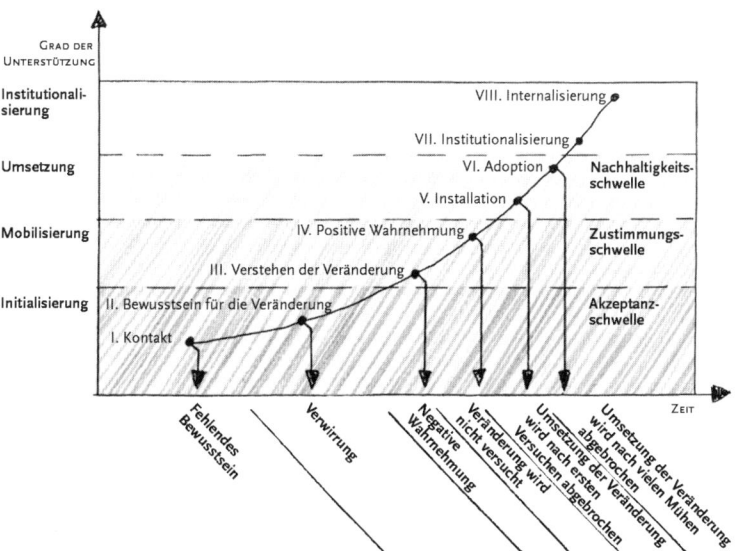

Abb. 53. Die Adoptionsschritte einer Veränderung bei einem Betroffenen (aus [12])

Die Schritte sind:

- Nach dem Kontakt mit der Veränderung (I) muss ein Bewusstsein für diese geschaffen werden (II). Damit wird die Akzeptanz-
  schwelle überwunden und eine grundsätzliche Veränderungsbereitschaft erreicht (siehe auch Abbildung 17 auf Seite 38).

- Als nächstes muss die Veränderung verstanden (III) und positiv
  wahrgenommen werden (IV). Damit wird die Zustimmungs-
  schwelle überwunden und der Wandlungsbedarf erkannt.

- Erst dann wird von den Betroffenen ein erster Versuch gemacht,
  die Veränderung umzusetzen, indem die neuen Arbeitsweisen
  angewendet und ggf. Werkzeuge installiert werden (V). Nach einiger Zeit der Nutzung wird die Veränderung innerlich angenommen, d.h. adoptiert (VI). Damit wird die Nachhaltigkeits-
  schwelle überwunden. Erst jetzt kann eine Arbeitsweise
  dauerhaft etabliert werden.

- Nachdem die Betroffenen die Arbeitsweisen eine Zeitlang umgesetzt haben und die Organisation die Arbeitsweisen dauerhaft unterstützt, wird ein selbstverständliches Leben der Arbeitsweisen
  als Teil der täglichen Arbeitskultur erreicht. Die Veränderung ist
  institutionalisiert (VII), und nach einer langen Zeit der Nutzung
  wird sie langsam internalisiert (VIII). Internalisiert bedeutet, dass
  die Arbeitsweise automatisch erfolgt und nicht mehr groß darüber nachgedacht wird.

Wenn die Schwelle der Nachhaltigkeit nicht überwunden wird, so ist *Bei Veränderungen muss die*
eine Veränderung nicht dauerhaft, und aller Aufwand in sie ist ver- *Schwelle der Nachhaltigkeit*
schwendet. Erst mit der Institutionalisierung wird diese Hürde *überwunden werden*
überwunden. Abbildung 53 zeigt für jeden der Schritte I (Kontakt)
bis VI (Adoption), was ein Abbruch der Veränderung bedeutet. Dies
zeigt vor allem deutlich, dass selbst bei einer positiven Wahrnehmung und einer ersten erfolgreichen Umsetzung eine Arbeitsweise
noch immer nicht nachhaltig etabliert ist und die Veränderung
scheitern kann.

Beide Kurven – die Adoption einer Veränderung im Großen durch *Für eine Institutionalisierung ist*
die unterschiedlichen Gruppen (Abbildung 20), und die Adoptions- *die Adoption sowohl durch die*
schritte einer Veränderung im Kleinen durch jeden einzelnen Be- *Gruppen als auch durch jeden*
troffenen (Abbildung 53) – sind wichtig. Sowohl die Adoptionsgrup- *Einzelnen wichtig*
pen als auch die Adoptionsschritte jedes Einzelnen müssen beachtet
werden, um eine nachhaltige Veränderung in der Organisation zu
erreichen. Zum einen müssen die Adoptionsgruppen und -phasen
bewusst adressiert werden. Die Gruppen sollten Sie unter anderem
bei der Analyse der Beteiligten und Betroffenen (siehe Kapitel 4 auf
Seite 37) und bei der Teamzusammensetzung des Veränderungsprojekts beachten. Zum anderen müssen die Adoptionsschritte jedes

einzelnen Betroffenen bewusst unterstützt werden – darauf gehen wir im folgenden Absatz ein.

Im folgenden beschreiben wir, was für die Institutionalisierung gezielt getan werden muss

Für die Adoptionsschritte I-VI ist in erster Linie das Veränderungsprojekt verantwortlich. Die Maßnahmen hierzu haben wir in Kapitel 6 bis Kapitel 9 beschrieben. Die Institutionalisierung (Schritt VII) und Internalisierung (Schritt VIII) sind hingegen eine dauerhafte Aufgabe – ähnlich wie ein guter Sportler ein regelmäßiges Training zur Aufrechterhaltung seiner Leistungsfähigkeit braucht. Die Aufgaben zur Institutionalisierung der Arbeitsweisen sind daher eine Regeltätigkeit der Organisation, insbesondere des Managements. In den nächsten Abschnitten beschreiben wir Schritt für Schritt, was für die Institutionalisierung von Arbeitsweisen getan werden muss. Die schlechte Nachricht ist, dass die Institutionalisierung von Arbeitsweisen langwierig ist und durchaus Jahre dauern kann – wie beim Zähneputzen. Die gute Nachricht ist, dass die Institutionalisierung nicht kompliziert ist. Sie basiert schlicht und ergreifend auf der konsequenten Umsetzung einiger bekannter Grundsätze einer guten Führung. Wenn wir also im Folgenden die Aufgaben der Institutionalisierung beschreiben, so gehen wir damit auf einige wichtige Grundsätze einer guten Führung ein, wie sie in vielen Management-Handbüchern zu finden sind.

10.2 Etablieren Sie eine Führung durch den Senior Manager

Die Aufgabe der Institutionalisierung ist beim Senior Manager verankert

Für die Arbeitsweisen einer Organisation ist in letzter Konsequenz der Senior Manager verantwortlich. Wenn er klare Grundsätze kommuniziert und diese auch nachprüft, so folgt die Organisation diesen Regeln auch. Das Management – und insbesondere der Senior Manager – haben daher nicht nur bei der Veränderung selbst, sondern auch bei der Aufrechterhaltung und Institutionalisierung der Arbeitsweisen eine Schlüsselrolle inne (siehe Abbildung 25 auf Seite 68).

Betrachten und verbessern Sie die Arbeitsweisen der Führung genauso wie alle anderen Aufgaben

Die Führung der Organisation durch das Management ist eine professionelle Tätigkeit wie andere auch. Betrachten und verbessern Sie daher die Arbeitsweisen der Führung genauso wie alle anderen Aufgaben in der Organisation. Richten Sie dabei ein besonderes Augenmerk auf die konkreten Aufgaben, die das Management wahrnimmt, um die Institutionalisierung von Arbeitsweisen zu unterstützen. Definieren Sie zum einen, was das Management konkret tun muss, um die Arbeitsabläufe dauerhaft zu institutionalisieren. Prüfen Sie zum anderen durch Audits, ob das Management diese Aufgaben zur Institutionalisierung auch wahrnimmt. Wenn es Lücken gibt, müssen Sie beim Management die entsprechenden

Verbesserungen genauso adressieren und angehen wie alle anderen Verbesserungen in der Organisation auch.

Die Einbeziehung der Managementtätigkeiten in die Verbesserung ist insbesondere deshalb von grundlegender Bedeutung, weil das Management für die Rahmenbedingungen und Grundlagen der Arbeitsweisen verantwortlich ist und diese führt. Das Management muss somit nicht nur die Veränderung führen und die Arbeitsweisen vorleben, sondern die Qualität der Führungsarbeit ist die Grundlage für die Qualität der Arbeit der Organisation. Eine Organisation ist letztendlich nur so gut wie ihre Führung.

Die Qualität der Arbeit der Führung bestimmt die Qualität der Arbeit der Organisation

Zunächst einmal muss der Senior Manager seine Erwartungshaltung bezüglich der Arbeit und der Arbeitsweisen deutlich machen und deren Einhaltung verfolgen. Hierfür sind präzise formulierte und konkret umsetzbare Richtlinien und Grundsätze ein gutes Instrument, auf die dann die Prozessbeschreibungen aufbauen. Durch die Gestaltung der Richtlinien und Grundsätze kann der Senior Manager die Arbeitsweisen der Organisation steuern, indem einer Änderung der Richtlinien und Grundsätze (die dem Abstraktionsniveau des Senior Managers entsprechen) die Prozessbeschreibungen nachfolgen. Geben Sie daher dem Senior Manager die Aufgabe und die Möglichkeit, die Richtlinien und Grundsätze zu formulieren und zu kommunizieren, und denken Sie sich diese nicht selbst in einem stillen Kämmerlein aus. Häufig sind die Richtlinien und Grundsätze sogar ausreichend und detaillierte Prozessbeschreibungen gar nicht notwendig.

Lassen Sie den Senior Manager Richtlinien und Grundsätze für die Arbeitsweisen der Organisation formulieren

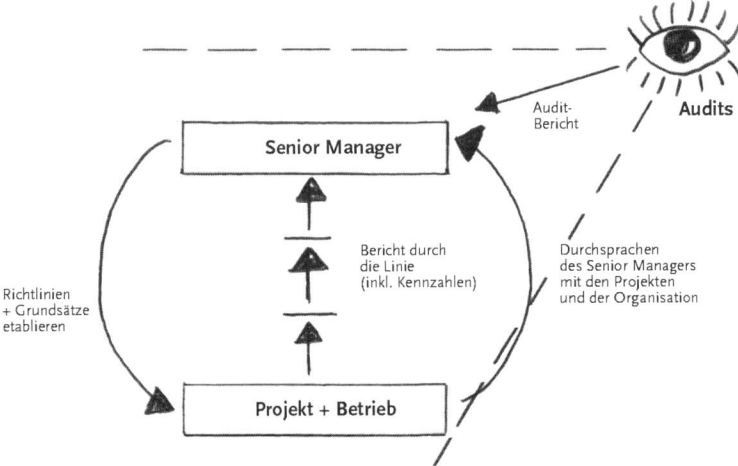

Abb. 54. Führung der Arbeitsweisen durch den Senior Manager

Geben Sie dem Senior Manager
die Aufgabe, sich einen direkten
Einblick zu verschaffen

Darüber hinaus ist es notwendig, dass der Senior Manager sich einen direkten Einblick in die Organisation und ihre Arbeitsweisen verschafft. Hierfür kann er beispielweise Durchsprachen mit einer repräsentativen Menge von Projekten oder Bereichen durchführen. In diesen sollte der Senior Manager Aktivitäten, Status und Ergebnisse der Arbeit bewerten und Sachverhalte klären. Ziel dieser Durchsprachen ist es, dass der Senior Manger ein direktes Bild von der Umsetzung der von ihm aufgestellten Grundsätze erhält und mögliche Schwierigkeiten adressieren kann.

Stellen Sie sicher, dass der Senior
Manager regelmäßig einen
Auditbericht und Berichte vom
Management erhält

Stellen Sie weiterhin sicher, dass der Senior Manager regelmäßig einen Auditbericht und Berichte vom Management erhält. Diese Berichte sollten unter anderem aussagekräftige Daten und Fakten, d.h. Kennzahlen, enthalten. Diese dürfen auf dem Berichtsweg weder verändert noch uminterpretiert werden.

Beispiel:

*Beispiel: Der Senior Manager führt
Durchsprachen mit einer
repräsentativen Auswahl seiner
Organisation durch*

In einer Organisation mit ca. 200 Mitarbeitern lädt der Technische Vorstand quartalsweise eine repräsentative Menge von Projekten oder Bereichen ein. Anwesend sind Funktionsbereiche, kleine und große Projekte – unabhängig davon, ob der Funktionsbereich oder das Projekt Probleme hat oder nicht. Neben dem Projekt- oder Bereichsleiter sind die entsprechende Managementlinie, das Verbesserungsteam und das Auditteam eingeladen. Jeder Funktionsbereich bzw. jedes Projekt hat eine halbe Stunde Zeit, und der Senior Manager führt das Review an Hand einer groben Agenda und Fragenliste. In dieser Runde können Sachverhalte effektiv und effizient besprochen und adressiert werden.

10.3 Etablieren Sie eine Führung durch das gesamte Management

Stellen Sie sicher, dass das
Management seine
Führungsaufgabe zur
Unterstützung wahrnimmt

Damit die Arbeitsweisen umgesetzt und institutionalisiert werden, muss das Management sie unterstützen und führen. Sorgen Sie zusammen mit dem Senior Manager dafür, dass die folgenden Regeltätigkeiten durch das gesamte Management umgesetzt werden.

Das Management muss adäquate
und ausgebildete Ressourcen
bereitstellen, Ziele setzen und
diese verfolgen und steuern,
Rechte und Pflichten zuweisen
sowie Auditergebnisse abfragen

Das Management muss:
- die für die Umsetzung der Arbeitsabläufe und Arbeitsweisen notwendigen Ressourcen zur Verfügung stellen;
- für eine adäquate Ausbildung sorgen, so dass die Mitarbeiter eine ausreichende Qualifikation für ihre Arbeit besitzen;
- Ziele setzen (z.B. bei der Vereinbarung einer Projektdefinition), und in Statusreviews die Arbeit verfolgen und steuern (z.B. in einer regelmäßigen Statussitzung mit dem Projektleiter); das Statusreview sollte durch nützliche Kennzahlen unterstützt werden;

- Verantwortlichkeiten mit entsprechenden Rechten und Pflichten zuweisen;
- die Organisation bei der Einhaltung oder Verbesserung der Arbeitsweisen unterstützen; hierzu sollten die Auditberichte genutzt und insbesondere die identifizierten Verbesserungspunkte adressiert und unterstützt werden.

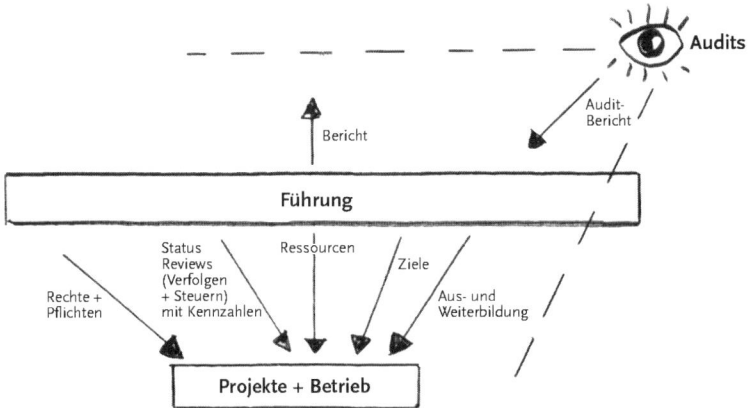

Abb. 55. Die Aufgaben des Managements zur Unterstützung und Führung der Arbeit

10.4 Etablieren Sie eine Evaluierung der Arbeitsweisen und Arbeitsergebnisse

Um die Arbeitsweisen dauerhaft aufrecht zu erhalten, benötigen Sie einen Einblick in die Stärken und Schwächen der Organisation. Sie müssen insbesondere wissen, inwieweit Prozessbeschreibungen und die tatsächlich gelebten Arbeitsweise auseinanderklaffen. Etablieren Sie daher eine regelmäßige objektive Evaluierung der Arbeitsweisen und Arbeitsergebnisse gegenüber den Richtlinien, Prozessbeschreibungen und Normen. Solche Audits sind eine notwendige Regeltätigkeit, da sonst selbstverständliche Dinge aus einer Vielzahl von Gründen nicht umgesetzt werden. Eine Qualität der Arbeit kann man nicht einfach erwarten, sondern man muss sie definieren, erarbeiten und erhalten. Es ist die Aufgabe einer Qualitätssicherung bzw. eines Auditteams, die Abweichungen zwischen Erwartung und Wirklichkeit objektiv darzustellen und dafür zu sorgen, dass diese Abweichungen von den Beteiligten gelöst werden.

> Etablieren Sie Audits als Regeltätigkeit, um Abweichungen zwischen Erwartung und Wirklichkeit aufzuzeigen und zu lösen

Audits sind außerdem ein Zeichen der Wertschätzung. Sie drücken aus, dass es der Organisation nicht egal ist, wie sie die Arbeit durchführt. Das Nachverfolgen von Abweichungen und deren Behebung zeigt, dass die Grundsätze und Prozessbeschreibungen ernst ge-

> Audits sind ein Zeichen der Wertschätzung für die Qualität der Arbeit

meint sind und die professionelle Arbeit einen Wert für die Organisation darstellt. Sie evaluieren das Zähneputzen Ihrer Kinder auch nicht aus Schikane, sondern weil Ihnen Ihre Kinder und deren Gesundheit wichtig sind.

Audits dienen dazu, Verbesserungen anzustoßen – bei Auditierten oder in der Organisation. Um Arbeitsweisen und Prozessbeschreibungen in Einklang zu bringen, hat das Auditteam zwei grundsätzliche Möglichkeiten:

- Die Auditierten beheben die Abweichung
- Die Vorgaben selbst werden verändert

Letzteres wird oft nicht realisiert – dabei entstehen Innovationen und Quantensprünge fasst immer durch ein In-Frage-Stellen bestehender Richtlinien und Arbeitsweisen. Ein Auditteam muss daher in der Lage und berechtigt sein, auch die Richtlinien und Prozessbeschreibungen kritisch zu hinterfragen und Änderungen an diesen durchzusetzen. Dies setzt voraus, dass das Auditteam vom Verbesserungsteam unabhängig ist. Dies ist auch für die Objektivität und Akzeptanz des Auditteams wichtig. Die vom Auditteam geforderten Änderungen werden zusammen mit den anderen Verbesserungsvorschlägen im Rahmen der kontinuierlichen Prozessverbesserung (siehe nächster Abschnitt) umgesetzt.

Betrachten Sie bei den Audits auf keinen Fall nur die Projekte oder die direkt betroffenen Bereiche, sondern beziehen Sie alle Ebenen des Managements mit ein. Bei einem Projekt- oder Bereichsaudit sollte das direkte Management immer mit im Fokus der Untersuchung sein. Die Arbeitsweisen anderer Managementebenen können entweder in separaten Audits oder zusammen mit ausgewählten Projekt- und Bereichsaudits evaluiert werden. Auf keinen Fall darf das Management bei den Audits außen vor bleiben. Zum einen muss die Führungsarbeit genauso evaluiert werden wie jede andere Arbeit der Organisation auch. Darüber hinaus ist das Management insbesondere für die Institutionalisierung und das Leben der Arbeitsweisen verantwortlich. Eine effektive Umsetzung der Führungsarbeit ist damit für das Funktionieren der anderen Arbeitsabläufe eine notwendige Voraussetzung. Den Managementaudits kommt deshalb eine ganz besondere Bedeutung zu.

Achten Sie darauf, dass die Maßnahmen, die sich aus den Audits ergeben, den Personen zugewiesen werden, die diese auch umsetzen können. Nichts ist frustrierender als eine Liste von Abweichungen, die einem Projekt aufgebürdet werden, ohne dass es diese lösen kann. Ein gutes Auditteam geht den Ursachen von Schwächen auf den Grund und findet für die Behebung einen geeigneten Verantwortlichen – der durchaus in der Managementebene sein kann. Die

Zuordnung von Maßnahmen zu einem geeigneten Verantwortlichen bedeutet jedoch nicht, dass alle Maßnahmen immer die volle Zustimmung (oder gar Zufriedenheit) aller Beteiligten erhalten.

Wichtig ist, dass die identifizierten Maßnahmen tatsächlich umgesetzt werden. Verfolgen Sie daher die in den Audits identifizierten Maßnahmen, bis diese gelöst sind. Machen Sie zum einen das Management für die Verfolgung und Steuerung der in den Audits festgelegten Maßnahmen verantwortlich, und überwachen Sie zum anderen als Auditteam die Umsetzung der Maßnahmen. Achten Sie bei der Einführung von neuen Arbeitsweisen darauf, dass die Organisation ausreichend Zeit hat, die Maßnahmen umzusetzen, und nutzen Sie die Ergebnisse aus den Audits, um die Geschwindigkeit der Veränderung zu steuern. Wenn der Berg der Abweichungen immer weiter ansteigt, müssen Sie entweder die Geschwindigkeit der Veränderung reduzieren oder mehr Ressourcen für die Umsetzung in der Organisation bereitstellen (z.B. mehr Zeit oder Unterstützung).

Achten Sie darauf, dass die identifizierten Maßnahmen konsequent umgesetzt werden

Die Qualität von Audits steht und fällt mit der Sachkenntnis der Auditoren. Niemand kann von einer Person ernsthaft erwarten, dass sie gleichermaßen in Projektmanagement, Engineering, Qualitätssicherung etc. erfahren ist. Nutzen Sie deshalb Experten aus Ihrer Organisation als Auditoren. Neben der Sachkenntnis, die dadurch in den Audits vorhanden ist, erreichen Sie so auch einen Erfahrungsaustausch. Nicht zuletzt können die Auditoren – von Experte zu Experte – auch direkt eine qualifizierte Unterstützung leisten. Gerade wegen der Sachkenntnis ist es aber auch notwendig, dass die Auditoren die Techniken zur objektiven Durchführung eines Audits beherrschen – bilden Sie daher die Auditoren entsprechend aus.

Nutzen Sie Praktiker, um Audits durchzuführen, und bilden Sie diese in Audittechniken aus

Ebenso wichtig für die Qualität der Ergebnisse ist neben der Sachkenntnis der Auditoren deren Objektivität. Objektivität bedeutet, dass Subjektivität und Befangenheit der Audits auf ein Minimum reduziert werden.

Stellen Sie sicher, dass die Audits objektiv sind

Reduzieren Sie zum einen die Subjektivität durch definierte Bewertungskriterien, indem Sie die Audits beispielsweise auf Standards oder auf geforderten Punkten aus Ihrem Vorgehensmodell basieren. Ungeeignet sind Bewertungen auf Basis persönlicher Meinungen oder Vorlieben.

Reduzieren Sie die Subjektivität durch definierte Bewertungskriterien

Reduzieren Sie ebenso gezielt die Befangenheit, indem Sie die Auditoren unabhängig von den auditierten Personen und von der auditierten Arbeit machen. Setzen Sie insbesondere die folgenden Punkte um:

Reduzieren Sie die Befangenheit der Auditoren, indem Sie diese unabhängig machen

- Stellen Sie sicher, dass die Auditoren nicht der Weisung des Auditierten unterstellt sind – und umgekehrt. Der Auditor darf nicht
  dem auditierten Bereichsleiter, bzw. bei einem Projektaudit nicht
  dem Projektleiter unterstellt sein. Ebenso darf der Auditierte
  nicht dem Auditor unterstellt sein. Die Unabhängigkeit der Auditoren ist insbesondere bei Management-Audits sehr wichtig.

- Suchen Sie Auditoren, die nicht selbst an der Arbeit beteiligt waren, die sie überprüfen. Ein Auditor, der z.B. seine eigene Projekt-
  managementarbeit bewertet, wird kaum Schwächen bei sich
  selbst feststellen.

- Eine logische Schlussfolgerung aus dem vorangegangenen Punkt
  ist, dass Sie das Auditteam unabhängig vom Verbesserungsteam
  machen sollten. Es ist die Aufgabe der Auditoren, über die Qualität der Arbeitsweisen zu berichten. Gestaltet das Auditteam die
  Arbeitsweisen selbst, wird es selbst von der Qualität der Lösungen überzeugt sein und daher Schwierigkeiten haben, Schwächen z.B. bei dem mitverantworteten Vorgehensmodell festzustellen.

Beispiel:

Beispiel für Maßnahmen, um die Objektivität von Audits zu unterstützen

Eine Organisation hat in jedem Projekt einen Qualitätsverantwortlichen, der die Arbeitsweisen innerhalb eines Projekts evaluiert. Der Qualitätsver-antwortliche gehört zwar zum Projektteam, ist aber nicht dem Projektlei-ter unterstellt. Projektleiter und Qualitätsverantwortlicher berichten beide unabhängig voneinander an den übergeordneten Manager und geben einen voneinander unabhängigen Statusbericht ab. Außerdem werden zur Evaluierung der Projekte definierte Bewertungskriterien genutzt. Darüber hinaus werden regelmäßig ausgewählte Audits durch einen anderen Qualitätsverantwortlichen oder einen externen Auditor begleitet. Dadurch wird einerseits die Objektivität der Audits unterstützt, und andererseits kann so auch die Auditarbeit selbst überprüft werden.

Stellen Sie eine breite Abdeckung und effiziente Durchführung der Audits sicher

Sporadische Audits nutzen wenig – es ist wichtig, dass diese alle Projekte und Bereiche regelmäßig erreichen. Mit anderen Worten: die Audits müssen eine breite Abdeckung haben. Nur so sind sie wirksam und ermöglichen eine repräsentative Aussage. Dies bedeu-tet jedoch keinesfalls, dass alle Projekte mit allen Prüfpunkten stän-dig evaluiert werden. Nutzen Sie statt dessen verschiedene Audit-techniken, Beteiligte und Betrachtungstiefen, um eine breite und gleichzeitig effiziente Abdeckung zu erreichen. Ihre Möglichkeiten sind:

Verwenden Sie unterschiedliche Audittechniken

- Verwendung unterschiedlicher Audittechniken

  Nutzen Sie unterschiedliche Audittechniken, die sich im Auf-wand, Genauigkeit und Objektivität unterscheiden. Kombinieren Sie diese Techniken, um eine Abdeckung in der Breite und eine

Evaluierung in der Tiefe zu kombinieren. Beispiele für einfache Auditverfahren sind: Selbst-Evaluierungen, Regelmäßige Berichte eines Audit-Verantwortlichen im Projekt/Bereich oder Einsenden von Dokumenten. Diese Verfahren bedeuten wenig Aufwand und können daher leicht in der Breite angewendet werden, sie haben jedoch eine eingeschränkte Tiefe und Objektivität. Letzteres erreichen Sie durch intensive Audits, die dafür nur bei ausgewählten Projekten durchgeführt werden. Außerdem können bei den intensiven Audits die Einschätzungen z.B. des Audit-Verantwortlichen im Projekt/Bereich evaluiert und ggf. „kalibriert" werden.

- Verteilung der Verantwortung

  Kombinieren Sie eine Auditverantwortung im Projekt mit einem Auditteam, das für die gesamte Organisation verantwortlich ist. Mit der Auditverantwortung im Projekt erreichen Sie eine breite Abdeckung. Mit einem Auditteam in der Organisation können Sie die Auditarbeit in den einzelnen Projekten/Bereichen koordinieren, prüfen und durch tiefgehende Audits ergänzen.

Verteilen Sie die Verantwortung für die Audits

- Nutzung unterschiedlicher Betrachtungstiefen

  Setzen Sie Schwerpunkte bei den Audits und bestimmen Sie, welche Themen einer besonderen Prüfung bedürfen. So können Sie den Aufwand bedarfsgerecht konzentrieren. Planen Sie die Themenschwerpunkte gezielt (siehe nächster Absatz) – insbesondere für neue Arbeitsweisen. Nutzen Sie Zufallstechniken an Stellen, wo Sie weniger intensiv oder nur stichprobenartig prüfen, um eine repräsentative Auswahl von Projekten und Prüfpunkten sicherzustellen.

Nutzen Sie unterschiedliche Betrachtungstiefen

Der Aufwand und Umfang der Audits hängt vom Grad der Institutionalisierung der Arbeitsweisen ab. Je weiter eine Arbeitsweise auf der Skala der Institutionalisierung fortgeschritten ist (siehe Abbildung 53 auf Seite 150), desto weniger ist eine Überprüfung notwendig. Auch wenn sich die Schwerpunkte verschieben – notwendig bleiben Audits jedoch immer. Passen Sie daher die Schwerpunkte und den Umfang (Abdeckung, Häufigkeit, Intensität) der Audits regelmäßig an. Betrachten Sie insbesondere neue und veränderte Arbeitsweisen intensiver. Ebenso sollte bei Arbeitsabläufen, bei denen sich die Rahmenbedingungen geändert haben, die bestehenden Richtlinien und Prozessbeschreibungen kritisch überprüft werden. Planen Sie dazu regelmäßig, wie viele Audits durchgeführt werden, was überprüft wird, wer die Überprüfungen durchführt und was betrachtet wird (welche Projekte, Bereiche und Manager).

Planen Sie die Audits, und bestimmen Sie deren Aufwand und Umfang

Die Information der Betroffenen über die gefundenen Abweichungen und die Zuweisung von Maßnahmen ist eine der zentralen Aufgaben des Auditteams. Unterstützen Sie diese Informationen durch Kennzahlen. Berichten Sie dabei insbesondere, wie gut die Organisation mit der Behebung von Abweichungen vorwärtskommt. Berichten Sie auch, wie groß die Abweichungen der Organisation von den gestellten Erwartungen sind.

Beispiel:

Beispiel für Kennzahlen, die den
Fortschritt bei den Verbesserungs-
maßnahmen und den Umfang der
Abweichungen darstellen

Die Kennzahlen in der folgenden Abbildung 56 sind ein Auszug aus dem Auditbericht einer Organisation. Sie zeigen den Fortschritt bei den Verbesserungsmaßnahmen und den Umfang der Abweichungen:

- *Die linke Grafik stellt dar, wie viele der Projekte in einem Themengebiet des Vorgehensmodells keine (grün), nur kleinere (gelb), oder schwerwiegende Abweichungen hatten (rot). Die Anzahl der nicht betrachteten Projekte ist weiß dargestellt. Diese Grafik illustriert den Umfang der Abweichungen.*

- *Die rechte Grafik zeigt die Anzahl der gewichteten Abweichungen. Die Grafik stellt für einen Monat die Anzahl der Abweichungen dar, die mit Schwere der Abweichungen (rot, gelb) und mit der „Liegedauer" gewichtet wurden. Je länger eine Abweichung nicht behoben wird, um so größer wird der Faktor. Mit dieser Grafik wird gezeigt, ob die Organisation in der Lage ist, die Maßnahmen umzusetzen. Die gewichteten Abweichungen werden nie gleich Null sein, aber es muss ersichtlich sein, dass die Probleme gelöst werden und sich nicht auftürmen.*

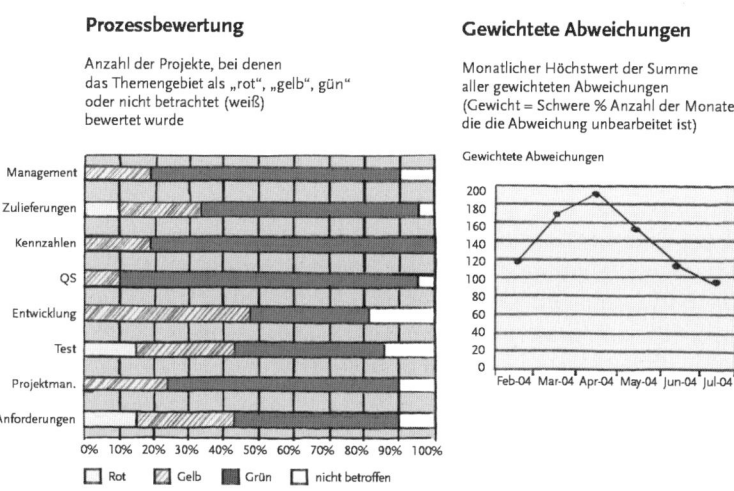

Abb. 56. Beispiele für Kennzahlen eines Auditteams als Teil eines Auditberichts

Nutzen Sie offizielle Assessments, die durch Externe begleitet werden, um die Verbesserung abzusichern. Solche Audits sind zum einen wertvoll, da sie Ideen von außen einbringen und scheinbar

Selbstverständliches kritisch hinterfragen. Darüber hinaus erfordern offizielle Audits eine Verpflichtung der Organisation auf ein gemeinsames Ziel, und diese Verpflichtung ist eine wertvolle Unterstützung bei der Verbesserung. Insbesondere bei einer revolutionären Verbesserung sollten Sie keinesfalls auf einen offiziellen Abschluss und die damit erforderliche Verpflichtung verzichten. Nicht zuletzt verhindert das kritische Hinterfragen in einem offiziellen Audit, dass leichtfertig wichtige Tätigkeiten ausgelassen werden, nur weil sie bei der Verbesserung schwierig erscheinen.

Regelmäßige und selbstverständlich durchgeführte Audits sind ein wesentlicher Bestandteil der Institutionalisierung und Verbesserung. Zum einen unterstützen sie die Umsetzung der Richtlinien, Grundsätze und Prozessbeschreibungen. Zum anderen verhindern sie ein schleichendes Absinken des Niveaus. Nicht zuletzt wird durch die Überprüfung der Arbeitsweisen auch die Wertschätzung zum Ausdruck gebracht, dass die Arbeitsweise für den Erfolg des Unternehmens von Bedeutung ist. Audits sind der Motor einer Verbesserung.

Audits sind ein wesentlicher Bestandteil der Institutionalisierung und Verbesserung

10.5 Etablieren Sie eine kontinuierliche Unterstützung und Verbesserung der Arbeitsweisen

Um ein erreichtes Leistungsniveau zu erhalten, ist eine kontinuierliche Verbesserung notwendig (siehe Abbildung 37 auf Seite 106). Ohne diese wird sich jeder Prozess natürlicherweise langsam aber stetig verschlechtern – insbesondere dann, wenn die Arbeitsweise relativ neu ist und die Schwelle der Nachhaltigkeit noch nicht überwunden wurde. Die kontinuierliche Verbesserung ist daher eine notwendige Aufgabe zur Institutionalisierung von Veränderungen und eine Regeltätigkeit der Organisation.

Die kontinuierliche Verbesserung der Arbeitsweisen ist eine notwendige Aufgabe der Institutionalisierung

Etablieren Sie ein Team, das die Arbeitsweisen der Organisation pflegt und weiterentwickelt. Diese Aufgabe umfasst:

Etablieren Sie ein Team, das die Arbeitsweisen der Organisation pflegt und weiterentwickelt

- Erhebung der Anforderungen bzw. Bedürfnisse an die Arbeitsweisen, um sich ändernde Rahmenbedingungen und damit Handlungsbedarf zu erkennen;
- Identifizieren von Stärken, Schwächen und Verbesserungsmaßnahmen;
- Pflege und Weiterentwicklung von Richtlinien, Prozessbeschreibungen und unterstützenden Materialien;
- Ausbringen der Verbesserungen in die Organisation und Unterstützung bei der Umsetzung (siehe Kapitel 9 auf Seite 133).

Definieren Sie eine Aufbau- und Ablauforganisation für die kontinuierliche Verbesserung

Definieren Sie für die kontinuierliche Verbesserung eine Organisation mit entsprechenden Rechten und Pflichten. Hierfür gibt es zahlreiche Möglichkeiten – eine ist im folgendem Beispiel dargestellt. Wesentlich ist, dass die kontinuierliche Verbesserung eine dauerhafte Aufgabe ist, dass das Vorgehen bei der kontinuierlichen Verbesserung definiert ist, und dass die Verantwortung für die Aufgaben und für die zu pflegenden Prozessbeschreibungen klar an definierte Prozess-Eigentümer zugeteilt ist.

Beispiel:

Beispiel für die Organisation einer kontinuierlichen Verbesserung

In einer Organisation sind die folgenden Teams an der kontinuierlichen Verbesserung beteiligt:

- *Ein kleines zentrales Team für das Management der kontinuierlichen Verbesserung;*
- *Ein Auditteam, das Stärken, Schwächen und Verbesserungsmaßnahmen identifiziert hat;*
- *Mehrere Fachteams (z.B. eines für Entwicklung und eines für Projektmanagement), welche in ihrem Kompetenzbereich für die Pflege und Weiterentwicklung von Richtlinien, Prozessbeschreibungen und unterstützenden Materialien verantwortlich sind;*
- *Kleinere Verbesserungsprojekte; diese wurden bei Bedarf initiiert, um Verbesserungen umzusetzen, die zwar nicht sehr umfangreich sind, aber dennoch nicht im Rahmen der täglichen Arbeit umgesetzt werden können.*

Das zentrale Team ist für das Management der kontinuierlichen Verbesserung verantwortlich. Es nimmt die Verbesserungsvorschläge aus der Organisation und vom Auditteam entgegen, priorisiert diese und weist die Umsetzung den zuständigen Fachteams zu. Diese sind für die Erhebung der detaillieren Anforderungen an die Verbesserung, das Schaffen einer entsprechenden Lösung, die Pflege der Materialien und die Unterstützung der Veränderungen in den Projekten/Bereichen verantwortlich. Außerdem sind die Fachteams Eigentümer der Prozesse, die in ihrem Kompetenzbereich liegen. Können Verbesserungen nicht im Rahmen der normalen Tätigkeit eines Fachteams umgesetzt werden, wird hierfür ein kleines Verbesserungsprojekt aufgesetzt.

Diese Organisation zur kontinuierlichen Verbesserung ist unabhängig vom Verbesserungsprojekt, das für die Erreichung des nächsten Reifegrads verantwortlich ist.

Die Aufbauorganisation für die Verbesserung sowie die entsprechenden Arbeitsabläufe zur Verbesserung (einschl. der Vorgehensweise für die kleinen Verbesserungsprojekte) sind wie alle anderen Prozessbeschreibungen in einem Portal im Intranet verfügbar.

Insbesondere bei der Anwendung und Adoption neuer Arbeitsweisen (siehe Abbildung 53) ist eine intensive Unterstützung als eine Art „Starthilfe" notwendig. Diese Unterstützung haben wir ausführlich in Kapitel 9 auf Seite 133 beschrieben. Eine Unterstützung ist aber auch nach der initialen Einführung einer Veränderung nötig. Bis zur Institutionalisierung und Internalisierung der Arbeitsweisen wird es immer noch Rückfragen geben. Selbst bei einer etablierten Arbeitsweise, die Teil der Unternehmenskultur geworden ist, ist eine Ausbildung neuer Mitarbeiter notwendig. Etablieren Sie daher eine Unterstützungsfunktion, an die sich Betroffene im Bedarfsfall wenden können. Stellen Sie dabei sicher, dass der Zugang zu dieser Unterstützung einfach und für alle bekannt ist.

Geben Sie den Projekten eine Stelle, an die sie sich mit Unterstützungsbedarf wenden können

Beispiel:
In der oben beschriebenen Organisation haben die Fachteams auch die Unterstützungsaufgabe inne. Neben den Prozessbeschreibungen und Unterstützungsmaterialien entwickeln sie auch die Schulungsunterlagen. Außerdem bekommen neue Mitarbeiter einen Mentor aus dem Fachteam zugewiesen.

Im obigen Beispiel hatten die Fachteams auch die Unterstützungsaufgabe inne

Für die kontinuierliche Verbesserung sind Beispiele, Verbesserungsvorschläge und Rückmeldungen unverzichtbar. Die besten Vorschläge zur Weiterentwicklung von Arbeitsweisen kommen aus der Projektpraxis, ebenso wie gute Beispiele. Erfassen Sie daher Erfahrungen, Beispiele und Verbesserungsvorschläge systematisch. Bieten Sie den Mitarbeitern die Möglichkeit, einfach Vorschläge zu machen, und kommunizieren Sie die Einreichungsmöglichkeit an alle. Stellen Sie sicher, dass die Einreichungen verfolgt werden, und machen Sie den Einreichern den Status ihrer Vorschläge transparent. Zusammen mit dem Feedback aus den Audits können Sie so die bestehenden Prozessbeschreibungen und Unterstützungsmaterialien sich verändernden Anforderungen anpassen.

Erfassen Sie systematisch Erfahrungen, Beispiele und Verbesserungsvorschläge und arbeiten Sie diese in die Prozessbeschreibungen ein

Beispiel: Nutzung von Lessons Learned Sitzungen und Einreichung von Vorschlägen im Intranetportal
In einer internen IT-Organisation wird am Ende jedes Projekts gezielt eine „Lessons Learned"-Sitzung durchgeführt. Hier werden Erfahrungen, Beispiele und Verbesserungsvorschläge zusammengetragen und an das Verbesserungsteam weitergeleitet. Durch die Einplanung dieser Projektabschlussrunde nehmen sich die Teams für die Identifizierung von Verbesserungen und Beispielen bewusst Zeit. Darüber hinaus können die Mitarbeiter im Intranet jederzeit Vorschläge und Beispiele einreichen. Für alle eingereichten Vorschläge können die Mitarbeiter den aktuellen Bearbeitungsstatus einsehen.

Beispiel: Systematische Durchführung von Lessons Learned Sitzungen und Vorschlagsmöglichkeit im Intranet

Beispiel: Nutzung von Informationen aus der Anpassung der Standard-prozesse

Beispiel: Nutzung der Ergebnisse
aus der Anpassung der
Standardprozesse, um diese zu
verbessern

In einer anderen Organisation werden die Ergebnisse aus der Anpassung der Standardprozesse der Organisation gespeichert und ausgewertet. So können Prozesselemente, die nie verwendet wurden, ebenso identifiziert werden wie Elemente, die zwar nicht im Standardprozess enthalten waren, aber in vielen Projekten hinzugefügt wurden. Auf Basis dieser Informationen werden die Prozessbeschreibungen regelmäßig angepasst.

Die kontinuierliche Verbesserung
und die Führung der
Verbesserung durch den Senior
Manager bilden zwei Regelkreise

Die kontinuierliche Verbesserung der Arbeitsweisen geht Hand in Hand mit der Führung der Verbesserung durch den Senior Manager (siehe Abschnitt 10.2). Die Richtlinien und Grundsätze bilden zusammen mit den Durchsprachen den äußeren Regelkreis, der in der Hand des Senior Managers liegt. Die kontinuierliche Verbesserung der Arbeitsweisen, die auf den Vorgaben aus den Richtlinien und Grundsätzen beruht, bildet den inneren Regelkreis, der in der Verantwortung des Verbesserungsteams liegt. Beide Regelkreise erhalten durch die Audits objektive Informationen zur Umsetzung der Arbeitsweisen und zu den Stärken und Schwächen (siehe die folgende Abbildung 57).

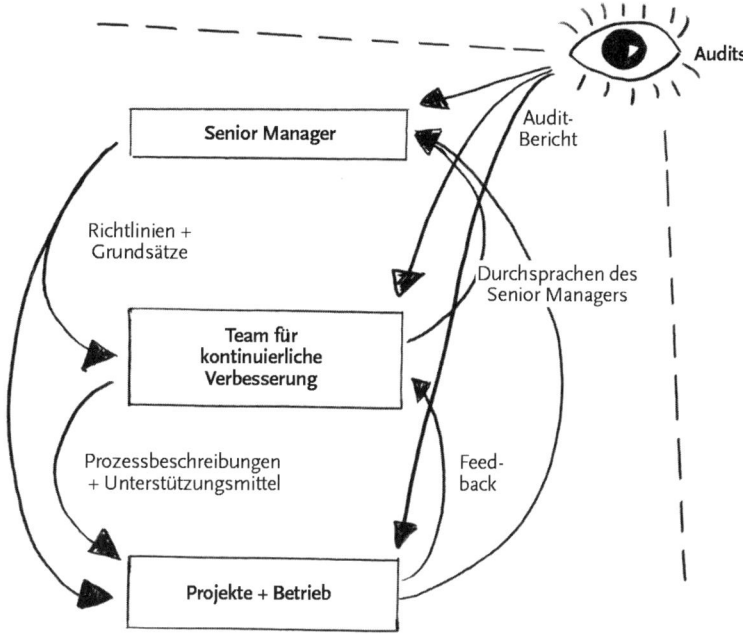

Abb. 57. Die Regelkreise bei der kontinuierlichen Verbesserung

10.6 Beispiel für Institutionalisierung: Zähneputzen

Die obigen Aufgaben zur Institutionalisierung und Erhaltung von Arbeitsweisen setzen wir konsequent um, wenn wir bei unseren Kindern das Zähneputzen etablieren.

Wir setzen die Aufgaben zur Institutionalisierung beim Zähneputzen konsequent um

Zunächst einmal formulieren wir eine klare Richtlinie, die wir unseren Kindern unmissverständlich deutlich machen. Wir sagen etwa: „Ich will, dass du dir regelmäßig die Zähne putzt – und zwar alleine, und ohne dass ich gucken komme."

Wir formulieren eine klare Richtlinie

Dann geben wir einen einfachen Plan vor, indem wir sagen, wer was wann wie lange tun soll. In der Regel sagt dieser Plan, dass das Kind morgens, mittags und abends die Zähne drei Minuten lang putzen soll. Ggf. machen wir weitere kleine Pläne wie z.B. die Einkaufsliste, welche die Zahnpasta aufführt.

Wir machen einen Plan

Wir machen auch die Verantwortung für die Aufgaben klar: das Zähneputzen obliegt dem Kind, und wir bestimmen meist, wer gucken geht, ob das Kind auch wirklich die Zähne geputzt hat.

Wir vergeben Rechte und Pflichten

Weiterhin stellen wir unseren Kindern die notwendigen Ressourcen zur Verfügung: Zahnpasta, Zahnbürste, Wasser etc. Und sollte die Zahnbürste fehlen – weil wir sie auf unserer Urlaubsreise vielleicht vergessen haben – so ist der Einwand des Kinds gerechtfertigt, nicht die Zähne putzen zu können.

Wir stellen die Ressourcen zur Verfügung

Damit das Zähneputzen funktioniert, bilden wir unsere Kinder gezielt aus. Meist nutzen wir dazu sogar unterschiedliche Techniken. Neben Prozessbeschreibungen in Form von Comics und dem Einsatz von Modellen beim Zahnarzt machen wir das Zähneputzen vor (Coaching) und helfen dem Kind bei der Umsetzung (Training on the Job).

Wir bilden die Kinder aus

Wir managen sogar die Werkzeuge zum Zähneputzen: wir ordnen die Zahnbürsten farblich den einzelnen Personen in der Familie zu, und wir überwachen den Status der Zahnbürste (neu, ok, verbraucht). Bei elektrischen Zahnbürsten gibt es sogar eine farbliche Anzeige, um darzustellen, wann die Zahnbürste den Status „verbraucht" erreicht hat.

Wir managen die Werkzeuge

Ebenso beziehen wir gezielt andere Beteiligte und Betroffene ein: von der Oma („Bitte gucke beim Kind nach, dass es die Zähne geputzt hat!") über den Zahnarzt bis hin zum Laden um die Ecke, wo wir unsere Zahnpasta kaufen. Manche Betroffene tauchen auch ganz unverhofft auf, wenn z.B. der erste Freund zu unserer Tochter sagt, dass sie Mundgeruch hat – und plötzlich ist der Nutzen des Zähneputzens auch von außen deutlich gemacht worden.

Wir involvieren Beteiligte und Betroffene

Wir verfolgen und steuern das Zähneputzen	*Wir verfolgen und steuern das Zähneputzen, indem wir das Kind fragen, ob es die Zähne geputzt hat und wie lange. Wenn die Antwort „nein" kommt, steuern wir das Kind nochmal ins Bad zurück.*
Wir auditieren Arbeitsweise und Arbeitsergebnisse des Zähneputzens	*Darüber hinaus führen wir Audits auf die Arbeitsweise und die Arbeitsergebnisse durch. Zur Überprüfung der Arbeitsweise stellen wir uns z.B. ganz zufällig mit ins Bad, putzen uns selbst die Zähne und schauen dabei, wie unser Kind das macht. Ggf. sagen wir dann „du musst auch hinten putzen, das hast du vergessen" und verbessern damit die Arbeitsweise. Ebenso kontrollieren wir das Ergebnis, z.B. indem wir Farbtabletten nutzen. Wie bei Audits in der Firma versuchen uns die Kinder natürlich auch zu täuschen: statt sich die Zähne zu putzen wird nur das Wasser angemacht oder etwas Zahnpasta aus der Tube gedrückt – falsche Ergebnisse, nur um einmal um das Zähneputzen herum zu kommen.*
Wir lassen externe Audits durchführen	*Ebenso lassen wir externe Audits durch den Zahnarzt durchführen, der dann ggf. auch Verbesserungen einführt, indem er vorschlägt, noch zusätzlich Zahnseide zu nutzen. (Das müssen wir dann bei unseren Kindern noch zusätzlich institutionalisieren.)*
Wir sprechen das Zähneputzen durch	*Ganz selten lässt sich der Senior Manager Ihrer Familie vom Kind beschreiben, wie es seine Zähne putzt. Unser Ziel ist es zu prüfen, ob unser Kind auch alles richtig verstanden hat, und ob es offene Punkte bei der Umsetzung unseres Zähneputzen-Grundsatzes gibt. Manchmal adressiert der Senior Manager auch konkrete Probleme. (Dabei ist die Rollenverteilung des Senior Managers in den Familien nicht immer ganz geklärt.)*
Wir beherrschen die Aufgaben der Institutionalisierung	*Mit anderen Worten: wir sind gute Führungskräfte für unsere Kinder, und wir wissen eigentlich sehr genau, was wir alles für eine erfolgreiche Institutionalisierung eines Prozesses tun müssen. Diese Erfahrung können wir auch bei der Institutionalisierung weitaus komplexerer Arbeitsweisen im Unternehmen nutzen.*

Peter, Paul und Marie

Das Projekt adressiert die Institutionalisierung und Pflege der Arbeitsweisen mit jedem Release und nicht erst am Ende des Projekts	*Tina hat als Projektleiterin des Verbesserungsprojekts besonderen Wert darauf gelegt, dass die Institutionalisierung der Veränderungen bereits während des Projekts durchgeführt wird. So können zum einen die Tätigkeiten zur Institutionalisierung und Weiterentwicklung der Arbeitsweisen bereits während des Verbesserungsprojekts etabliert werden. Außerdem unterstützen die Institutionalisierungs-Tätigkeiten auch die Etablierung und Festigung der durch das Projekt initiierten Änderungen. Die Ergebnisse werden daher nicht erst am Projektende, sondern am Ende eines jeden Releases an die Organisation zur Pflege und kontinuierlichen Verbesserung übergeben.*

Peter König hat bereits bei Beginn des Projekts dank der Erklärung von Tina die Bedeutung seiner Führung der Veränderung und der Institutionalisierung verstanden und lebt diese aktiv. Zum einen führt er regelmäßig Statussitzungen mit dem Management durch, bei denen jetzt auch Tina für das Verbesserungsprojekt und Marie für die Qualitätssicherung mit dabei sind. Darüber hinaus hat Peter König – mit der Unterstützung von Lucas – Richtlinien und Grundsätze für die Organisation entworfen, die jetzt mit jedem Release schrittweise umgesetzt werden. Mit dem ersten Release wurden auch Durchsprachen mit den Projekten und Bereichen etabliert. Diese Durchsprachen haben bereits drei Mal stattgefunden.

Peter König nimmt seine Führung der Veränderung und der Institutionalisierung wahr

Marie hat auf die letzte Durchsprache ein Audit durchgeführt und geht die Ergebnisse jetzt mit Peter König durch.

Marie hat auf die letzte Durchsprache ein Audit durchgeführt und geht die Ergebnisse mit Peter König durch

„Zur Durchführung der Durchsprachen habe ich keine Anmerkungen." sagt Marie. „Ganz im Gegenteil, alle Punkte der Agenda wurden eingehalten, die Beschlüsse und Aufgaben festgehalten, und die Aufgaben dieser Durchsprachen werden auch nachverfolgt. Sehen Sie das auch so?"

„Ja" meint Peter König, „ich fand die Durchsprachen sehr effektiv und effizient. Der Leitfaden für die Durchsprache mit Ablauf und Themen ist sehr hilfreich für eine professionelle Durchführung. Ich habe den Eindruck, dass ich sehr schnell einen ehrlichen Einblick in die Projekte oder Bereiche bekomme. Ich habe auch festgestellt, dass mir die Informationen aus den Durchsprachen beim Verständnis der Verbesserung sehr helfen. Ich weiß jetzt besser, wo wir noch etwas bei den Projekten tun müssen, und wo ich etwas beim Management tun muss."

Das freut Marie, allerdings hat sie noch einen Punkt: „Wir haben bei der Auswahl der Projekte ein Problem: die Projektliste ist unvollständig und manchmal auch fragwürdig. Manche Projekte sind tatsächlich nur Budgets, und viele Projekte sind oft größer als in unserer Projektliste angegeben. Für eine verlässliche Steuerung der Projekte ist eine verlässliche Liste aller Projekte erforderlich."

„Wirklich?" meint Peter König, „das ist mir bis jetzt noch gar nicht so deutlich aufgefallen. Was ist denn der Verbesserungsvorschlag?"

„Da es mehrere Möglichkeiten gibt, diese Projektliste umzusetzen, sollten sich ein Manager und ein Mitglied der Qualitätssicherung zusammensetzen und eine Lösung ausarbeiten. Ich würde die Maßnahme daher Kim, der das Management-Verbesserungsteam leitet, geben."

„Ja, machen Sie das so."

Nach ein paar weiteren Worten ist das Gespräch beendet. Marie ist wirklich froh, dass die Firma einen so aktiven Senior Manager hat, der sich aktiv um die Verbesserung kümmert. Allein die Tatsache, dass alle wissen, dass Peter König jetzt Durchsprachen mit zufällig ausgewählten Projekten und Bereichen durchführt, hat zu einer ganz anderen Priorisierung der Verbesserungsarbeit geführt.

Ein Verbesserungs- und Unterstützungs-Team für die Führungsaufgaben wurde etabliert

Bereits im zweiten Release wurden durch das Verbesserungsprojekt gezielt die Managementaufgaben adressiert. Zur Umsetzung der Veränderungen, die das Management betreffen, wurde ein Team aus 3 Managern und einem Mitglied des Verbesserungsprojekts gebildet. Kim ist der Leiter dieses Teams. Die Aufgabe dieses Teams ist zum einen, Verbesserungen bei der Führungsarbeit umzusetzen. Darüber hinaus ist das Team aber auch für die Unterstützung der anderen Management-Mitglieder verantwortlich.

Die Verbesserung der wichtigsten Führungsaufgaben wurde bereits als eines der ersten Releases gezielt adressiert

In der Zwischenzeit hat das Team bzw. das Verbesserungsprojekt alle wichtigen Führungsaufgaben adressiert – insbesondere im zweiten Release. Die Manager führen jetzt regelmäßig Statusreviews mit ihren Projekten durch. Für diese Projekte werden zudem erste Kennzahlen genutzt, wenn auch nur sehr rudimentär.

Kim geht jetzt im Kreis des Management-Verbesserungsteams die Punkte durch und bespricht den notwendigen Handlungsbedarf. Das Team ist in der Zwischenzeit für die kontinuierliche Verbesserung und Unterstützung bei den Managementaufgaben verantwortlich und Eigentümer der Managementprozesse.

„Also, wir haben fünf Rückmeldungen bzw. Verbesserungsvorschläge für die Führungsaufgaben bekommen. Außerdem gibt es eine Maßnahme, welche die Qualitätssicherung zugewiesen hat. Wir sollten diese Punkte durchgehen und schauen, ob wir den Punkt im Rahmen unserer normalen Verbesserungstätigkeit tun können, oder ob wir dafür ein kleines Mini-Verbesserungsprojekt aufsetzen müssen."

Alle nicken und so fährt Kim fort.

„Erster Punkt: Die Verbesserung der Projektliste, so dass dort wirklich nur Projekte und keine Budgetleichen stehen. Der Vorschlag ist, dass wir das zusammen mit einer Person aus dem Auditteam machen."

Wieder nicken alle. Die alte Praxis der kreativen Projekteinteilung, um in Notfällen noch etwas Budget zu haben, ist hinreichend bekannt.

So geht das Team weiter die Punkte durch. Danach wird die Aufwandsgrößenordnung geschätzt. Dabei stellt sich heraus, dass die Projektliste tatsächlich als ein kleines Projekt gemacht werden muss, weil dies Konsequenzen beim Projektbuchhaltungssystem hat. Alle anderen Aufgaben können so verteilt und im Rahmen der nächsten beiden Arbeitstage, die das Team gemeinsam für die Verbesserungsaufgaben reserviert hat, gelöst werden.

Eine Auditorganisation ist etabliert und die Audits werden positiv aufgenommen – Marie stellt die Organisation auf einer Konferenz vor

Marie ist gerade auf einem Kongress, wo sie den Aufbau ihrer Auditorganisation als Beispiel vorstellt.

„Wir haben als einen der ersten Schritte bei unserer Verbesserung die Qualitätssicherung unserer Arbeitsweisen systematisiert. Wir nutzen eine Reihe von unterschiedlichen Audittechniken, um unsere Arbeitsweisen zu evaluieren. Dabei nehmen wir keinen aus. Wir sehen uns die Projekte *und den Betrieb, das Management und die Unterstützungsfunktionen an. Durch unsere unterschiedlichen Audittechniken schaffen wir eine breite Abdeckung. Darüber hinaus betrachten wir ausgewählte Projekte im Detail."*

Marie beschreibt noch eine Weile den genauen Aufbau des Auditteams. Am Ende stellt jemand eine Frage.

„Sie haben das jetzt alles so toll dargestellt. Was waren denn Ihrer Meinung nach die drei wichtigsten Erfolgsfaktoren, dass die Qualitätssicherung sich so etablieren konnte?"

„Nun", meint Marie, „das kann ich schnell beantworten. Ich denke, es waren die drei folgenden Punkte: (1) Die Audits bringen den Projekten einen konkreten Nutzen, da wir so Probleme erkennen, bevor sie wirklich große Auswirkungen haben. Wir können so auch dem Projektleiter den Rücken stärken, wenn z.B. das Management eine Aufgabe bekommt. (2) Wir nutzen Experten in den Audits. Durch deren Fachkompetenz steigt die Akzeptanz der Audits. (3) Die Maßnahmen werden immer mit einer Lösungsunterstützung durch einen Kollegen kombiniert."

„Außerdem" fährt Marie fort, „haben wir Projekt-Setup-Workshops etabliert, welche die Projektleiter sehr gut finden. Wir haben Experten in unseren Vorgehensweisen ausgebildet, und wir haben so eine Art Projekt-Schnellstart-Werkzeugkasten gebaut. Mit diesen Werkzeugen und dem Experten zusammen plant das Projektteam. So kommt das Projektteam schnell und gut aus der Box."

Marie zeigt dann noch den Statusbericht des Auditteams. Dieser Bericht stellt dar, in welchen Bereichen die Organisation noch Defizite hat und wie sie mit den Lösungen vorwärtskommt. Nach ihrer Präsentation beantwortet Marie noch eine ganze Weile Fragen, bevor sie etwas geschafft aber glücklich nach Hause fährt.

Ihre Argumente

Was Sie tun sollten:

- Adressieren Sie die einzelnen Adoptionsschritte (vom Kontakt bis zur Internalisierung) bei einem Betroffenen bewusst
- Stellen Sie sicher, dass die Aufgaben zur Institutionalisierung durch die Organisation und das Management umgesetzt und gelebt werden
- Etablieren Sie eine Führung der Arbeitsweisen durch den Senior Manager, und nutzen Sie Richtlinien und Durchsprachen
- Etablieren Sie eine Führung der Arbeit und Arbeitsweisen durch das gesamte Management
- Etablieren Sie eine objektive und regelmäßige Evaluierung der Projekte, der Bereiche und des Managements
- Achten Sie darauf, dass das Auditteam Fachexperten umfasst, objektiv ist, und effizient sowohl in der Breite als auch in der Tiefe prüft
- Stellen Sie sicher, dass das Auditteam auch Änderungen an den Richtlinien und Prozessbeschreibungen durchsetzen kann
- Etablieren Sie eine kontinuierliche Verbesserung und eine entsprechende Organisation
- Stellen Sie eine konkrete Unterstützung und Aus- und Weiterbildung für die Arbeit sicher

Was Sie nicht tun sollten:

- Vergessen Sie niemals, dass das Auftrechterhalten der Arbeitsweisen eine dauerhafte Aufgabe ist, und dass ohne das Auftrechterhalten der Arbeitsweisen die Leistungsfähigkeit einer Organisation wieder sinkt
- Verzichten Sie nicht auf eine Führung der Arbeitsweisen durch den Senior Manager
- Unterschätzen Sie nicht die Bedeutung des Managements bei der Verbesserung und bei der Institutionalisierung
- Weisen Sie nicht einfach alle Abweichungen dem auditierten Bereichs- oder Projektleiter zu (sondern demjenigen, der sie beheben kann)
- Lassen Sie das Management bei den Audits auf keinen Fall außen vor

Ergebnisse:

- Richtlinien und Grundsätze
- Einsatz- und Ausbildungsplanung
- Projektstatusberichte
- Auditberichte
- Auditplanung
- Liste von Maßnahmen (aus den Audits und aus den Durchsprachen durch den Senior Manager)
- Liste von Verbesserungsvorschlägen und Feedback aus der Organisation

Ihre Argumente (ff.)

Arbeitsaufwand:

- Ca. 1-2% der Mitarbeiter für eine etablierte Auditorganisation (d.h. bei einer Organisation mit 100 Mitarbeitern und 800 Arbeitsstunden pro Tag benötigen Sie ca. 1-2 Mitarbeiter oder insgesamt 8-16 Arbeitsstunden pro Tag für die Audits)
- Ca. 1-2% der Mitarbeiter für eine kontinuierliche Verbesserung
- Ca. 20-30% der Managementarbeit für die Führung der Arbeit

Nutzen:

- Das dauerhafte Aufrechterhalten von einmal etablierten Arbeitsweisen
- Eine kontinuierliche Verbesserung der Arbeitsweisen
- Einblick in die Arbeit und in den Arbeitsstatus der Bereiche und die Projekte
- Qualifizierte und orientierte Mitarbeiter

---

11 Niemand sieht einen Nutzen?

Messen Sie das Erreichte und zeigen Sie den Nutzen in Zahlen.

Ihr Standort: Das Messungen-Gelände in der Stadt Bewährtes und die Hütte Messbare Ziele beim Basislager der Veränderung

11.1 Veränderung braucht einen sichtbaren Nutzen

Jede Veränderung kostet Aufwand, Ressourcen und Zeit. Das Erlernen neuer Vorgehensweisen ist zudem anstrengender als die tägliche Routinearbeit. Nicht zuletzt hält der Lernaufwand von der normalen Arbeitsaufgabe ab, was oft nicht in adäquatem Maße eingeplant wird. Dieser mit einer Veränderung verbundene Aufwand erzeugt Widerstand gegen die Veränderung.

Veränderung ist Aufwand

Um diesen Widerstand zu überwinden, ist es notwendig, dass die Veränderung einen Nutzen für den Betroffenen hat. Wenn die Betroffenen keinen Nutzen sehen, werden sie den Aufwand für die Veränderung nicht oder zumindest nicht dauerhaft in Kauf nehmen. Dadurch werden sie die Veränderung bzw. die neuen Arbeitsweisen nicht adoptieren, d.h. nicht für sich annehmen.

Damit sich der Aufwand lohnt, muss es einen Nutzen haben

Diejenigen, die ein Verbesserungsvorhaben initiieren, haben gute Beweggründe für sich und für die Organisation. Das heißt noch lange nicht, dass diese Beweggründe jeder sieht und jeder akzeptiert. Sie müssen den Zweck und den Nutzen der Verbesserung kommunizieren und so in der Organisation sichtbar machen.

Kommunizieren Sie den Nutzen der Veränderung

Damit der Nutzen der Veränderung bei den Beteiligten und Betroffenen verinnerlicht wird, ist es notwendig, dass sie ihn subjektiv erleben. Die eigene Erfahrung der positiven Auswirkung der Veränderung überzeugt die Beteiligten und Betroffenen am nachhaltigsten und überwindet vorhandene Barrieren der Veränderung.

Lassen Sie die Betroffenen den Nutzen subjektiv erleben

Eine signifikante Veränderung braucht Zeit und ist ein langfristiges Vorhaben. Beispielsweise dauert die Erreichung eines CMMI Reifegrades im Durchschnitt 2 Jahre. Das Gefühl, dass sich etwas verbessert hat, ist am Ende ein gutes Gefühl. Dies reicht aber nicht aus, um eine solche Veränderung in der Organisation zu verankern. Indem Sie die Verbesserung objektiv sichtbar machen, verhindern Sie, dass sie angezweifelt wird. So können Sie den Nutzen dauerhaft aufzeigen.

Machen Sie den Nutzen objektiv sichtbar

11.2 Etablieren Sie Metriken, um den Nutzen sichtbar zu machen

Entwickeln Sie Metriken, um die Erreichung der Veränderungsziele nachweisen zu können

Entwickeln Sie Metriken, die den Nutzen der Veränderung ausweisen. Sie sind bei der Formulierung der Notwendigkeit und Dringlichkeit für die Veränderung von den Geschäftszielen ausgegangen (siehe Kapitel 3 auf Seite 23). Aus der Notwendigkeit und Dringlichkeit heraus haben Sie auch ein Ziel für die Veränderung formuliert (siehe Abschnitt 3.4 auf Seite 29). Erarbeiten Sie für diese Ziele Metriken, um die Zielerreichung verfolgen, steuern und nachweisen zu können [8] [31] [32] [36].

Sichern Sie sich die Unterstützung des Sponsors durch Nachweis eines Nutzens bzgl. der Geschäftsziele

Indem Sie den Nutzen im Hinblick auf die Geschäftsziele messen, sichern Sie sich gleichzeitig die Unterstützung des Sponsors und des Managements. Deshalb ist es wichtig, zusammen mit dem Sponsor und ggf. weiteren Mitgliedern des Managements die relevanten Metriken zu definieren. Erfragen Sie den Informationsbedarf des Managements im Hinblick auf die Verbesserungsziele und die Anforderungen an die Prozesse und definieren Sie entsprechende Messungen.

Beispiel:

Beispiel: Um den Verbesserungsnutzen durch Erhörung der Kundenzufriedenheit zu messen wurde zu Projektbeginn ein Kundenfragebogen entwickelt

In einem Systemhaus für Telekommunikationsanlagen trat zunehmend Kundenunzufriedenheit aufgrund mangelnder Qualität auf. Die entwickelten Kommunikationsanlagen konnten aufgrund von Softwarefehlern nicht vereinbarungsgemäß installiert werden. Zudem traten immer wieder Ausfälle auf, die zu erheblichen Problemen beim Kunden führten. Es wurde eine Verbesserungsinitiative gestartet mit dem Ziel, die Qualität der Projektergebnisse zu steigern.

Oberstes Kriterium für den Erfolg der Verbesserung war eine nachweisliche Steigerung der Qualität der Softwareanwendungen, verbunden mit einer Erhöhung der Kundenzufriedenheit. Zum Teil gab es bereits Messungen über die Anzahl der Fehler bei der Auslieferung und im Produktivbetrieb. Gleich zu Beginn des Verbesserungsprojektes wurde eine eindeutige Messungsdefinition erarbeitet. Es sollten die Anzahl der aufgetretenen Fehler bei der Installation im Kundenumfeld sowie innerhalb der nächsten 6 Monate im Produktivbetrieb gemessen werden. Die Kennzahlen sollten für jede Auslieferung an einen Kunden erhoben und verfolgt werden. Diese Messung war Grundlage für die Verfolgung des Verbesserungsziels und somit des Projekterfolgs.

Unterstreichen Sie neben dem Gesamtnutzen den Vorteil eines jeden Verbesserungsschrittes

Neben dem Gesamtziel und -nutzen des Verbesserungsvorhabens ist es hilfreich, den unmittelbaren Nutzen eines jeden Nutzenpäckchens deutlich sichtbar zu machen. Manchmal sieht man den Wald vor lauter Bäumen nicht und das übergeordnete Projektziel ist zu weit entfernt, um den direkt Betroffenen die nötige Motivation für die Veränderung zu geben. Unterstreichen Sie deshalb den unmittelbaren Vorteil eines jeden Verbesserungsschrittes für die betroffenen Mitarbeiter. Achten Sie darauf, dass der Nutzen den individuellen Interessen der Betroffenen und Beteiligten entspricht und dies in der Messung sichtbar wird.

Negativbeispiel:

Im Verbesserungsprojekt einer IT-Abteilung einer Online-Bank wurde in einem Verbesserungsschritt die Erfassung der tatsächlichen Arbeitsaufwände pro Projektaufgabe eingeführt. In der Ankündigung des Verbesserungsschrittes wurde die bessere Projektkontrolle als Nutzen angegeben. Leider hat das für die Projektmitarbeiter den Anschein gehabt, dass das einzige Ziel dieser Verbesserung darin besteht, die Mitarbeiter noch besser zu kontrollieren. Teilweise wurden Zettel mit „Big Brother is watching you" von einigen Mitarbeitern aufgehängt.

Natürlich ging es nicht darum die Projektmitarbeiter zu kontrollieren. Zweck der Verbesserung war es, die tatsächlichen Aufwände zu erfassen und diese mit dem Plan abzugleichen um ggf. frühzeitig Korrekturmaßnahmen zu ergreifen. Eine Folge sollte sein, durch bessere Planung und vorausschauende Korrekturmaßnahmen Überstunden und „heiße" Projektphasen am Ende zu vermeiden. Dies hätte in den Vordergrund der Kommunikation gestellt werden müssen.

Beispiel für die nicht zielgerichtete Ankündigung einer neuen Aufwandserfassung

Vermeiden Sie Missverständnisse wie im obigen Beispiel. Sie haben Verbesserungen entwickelt, welche die Probleme der Betroffenen und Beteiligten adressieren. Weisen Sie nun den für die Betroffenen unmittelbaren Nutzen der Verbesserungen aus.

Weisen Sie den unmittelbaren Nutzen für die Betroffenen durch Metriken aus

Dazu ist es notwendig, auch zusammen mit den Betroffenen und Beteiligten Messungen zu entwickeln, anhand derer sie erkennen können, dass sich für sie etwas verbessert hat. Verbinden Sie die Definition dieser Metriken mit der Erarbeitung der Verbesserung. Im gleichen Zug, wie Sie die Verbesserung erarbeiten, erstellen Sie gemeinsam Messungen, um die Verbesserung und den Nutzen ausweisen zu können.

Verbinden Sie die Erarbeitung der Verbesserung mit der Definition der Nutzenmessung

Beispiel:

In einem von uns betreuten Unternehmen wird als eines der größten Probleme empfunden, dass in den laufenden Projekten die Projektmitarbeiter mehr oder weniger unkontrolliert für andere Aufgaben abgezogen werden und nicht mehr für ihre geplanten Projektaktivitäten zur Verfügung stehen.

Innerhalb eines Verbesserungsworkshops wurde das Verfahren für Anforderungsänderungen erweitert, indem der Abzug von Projektressourcen als Änderungsanforderung gehandhabt wird. Damit sollten die Auswirkungen des Ressourcenabzugs analysiert werden und in die Projektplanung

Eine Erweiterung des Change-Request-Verfahrens und die Messung der Mitarbeiterverfügbarkeit soll das Problem des Ressourcenabzugs adressieren und einen Nutzen für die Projekte nachweisen

einfließen. Gleichzeitig wurde eine Metrik entwickelt, welche die geplanten und tatsächlich verfügbaren Ressourcen im Verhältnis ausweist. Ziel der Projektleiter war es, die Ressourcenverfügbarkeit innerhalb der Projektlaufzeit stabil zu halten.

Erstellen Sie eine genaue Definition der Nutzenmessung

Wichtig bei der Kommunikation der Nutzenmessung ist, dass alle Betroffenen und Beteiligten den Nutzen und die Herleitung der Messung verstehen. Beschreiben Sie daher die Messung und erklären Sie, wie sie erhoben und interpretiert wird. Bestandteile einer solchen Beschreibung sind:

- Eindeutige Bezeichnung der Messung
- Beschreibung, wann die Messung von wem erhoben wird und wer das Ergebnis nutzt
- Beschreibung, wie die Messung erhoben wird und wo die Daten dafür herkommen
- Berechnung der Messung, ggf. arithmetische Formeln für die Messungsberechnung
- Auswertung der Messung, d.h. wie die Messung zu analysieren und zu interpretieren ist

Verwenden Sie Ihre Kennzahlen zur Steuerung der Arbeitsabläufe auch für die Nutzenmessung

Auch die Nutzenmessung ist Aufwand. Die Messung sollte daher nicht nur dem Empfänger der Daten dienen, sondern auch der Erheber der Daten muss ein Interesse daran haben. Wenn zum Beispiel die Einhaltung der Projektbudgets verbessert und deswegen gemessen werden soll, so kann der Projektleiter die Abweichung des tatsächlichen vom geschätzten Aufwand auch selbst zur Steuerung des Projektes nutzen. Verbinden Sie daher die Nutzenmessungen so weit wie möglich mit den Messungen, die Sie sowieso zum Verfolgen und Steuern der Arbeitsabläufe verwenden. Wenn Sie den Nutzen anhand von bestehenden Messungen zeigen können, so ist dies besser und einfacher, als neue Messungen zu etablieren.

Stellen Sie sicher, dass der Nutzen von den Betroffenen subjektiv erlebt wird

Der Nutzen der Verbesserung muss zum einen in der Organisation sichtbar sein. Er muss aber auch zum anderen von den Betroffenen subjektiv erlebt werden. Achten Sie darauf, dass die Betroffenen und Beteiligten den Nutzen selbst erfahren und ihn mit der Veränderung in Verbindung bringen.

Beispiel:

Aufgrund der Verbesserungsinitiative können Terminverschiebungen früher erkannt und besser gemanagt werden

In einem Assessment bei einer internen IT-Tochter berichtete ein Projektleiter stolz, dass er seinem Auftraggeber drei Monate vor Projektende darüber informiert hat, dass das Projekt zwei Wochen Verzug haben wird. Der Auftraggeber wollte das erst nicht ernst nehmen und antwortete: „Ihr habt doch noch drei Monate Zeit, das kriegt ihr doch noch hin."

Das Projekt wurde wie angekündigt mit zwei Wochen Verzug beendet. Erstaunt fragte der Auftraggeber, der aufgrund der frühzeitigen Ankündi-

gung darauf vorbereitet war, ob das an der Verbesserungsinitiative liegen würde. Der Projektleiter berichtete stolz, dass er mit der neuen Projektverfolgungsmethode eine viel genauere Prognose angeben könne. Terminverschiebungen würden viel seltener vorkommen. Wenn sie aber doch notwendig seien, könne das eher erkannt sowie besser kommuniziert und gemanagt werden.

11.3 Nutzen Sie die Metriken, um den Fortschritt der Veränderungen zu analysieren

Die Nutzenmessungen bilden gleichzeitig den Gradmesser für die Erreichung der Verbesserungsziele. Vermeiden Sie auf jeden Fall die Einführung eines Referenzmodells um des Modells willen und messen Sie nicht nur dessen Umsetzung. Die Erreichung des angestrebten Nutzens ist Ihr Ziel, das Sie am Ende der Verbesserungsinitiative nachweisen müssen.

Nutzen Sie die Messungen als Nachweis für die Zielerfüllung der Verbesserung

Indem der Nutzen der Gradmesser für Ihre Zielerreichung ist, ist die Nutzenmessung gleichzeitig die Metrik, um den Fortschritt der Veränderungen zu analysieren. Steuern Sie die Verbesserungsaktivitäten aufgrund Ihrer Messergebnisse.

Steuern Sie die Verbesserungsaktivitäten aufgrund der Nutzenmessung

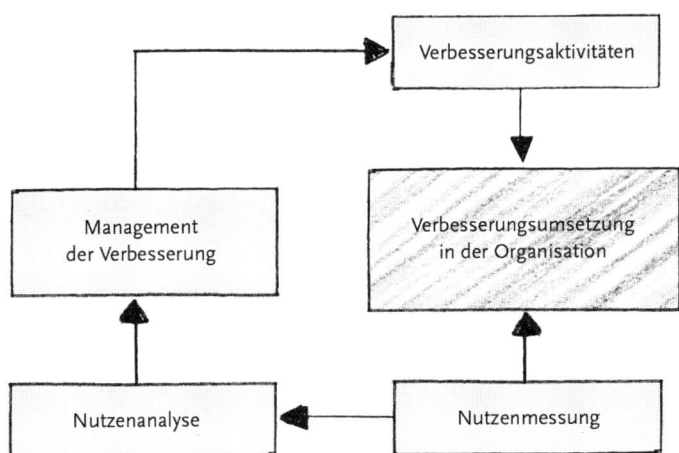

Abb. 58. Verwenden Sie die Nutzenmessung zur Steuerung der Verbesserungsaktivitäten

Um die Nutzenkennzahlen für die Steuerung der Verbesserungsaktivitäten zu verwenden, werden die erhobenen Messungen analysiert und ausgewertet. Betrachten Sie den gemessenen Nutzen im Zusammenhang mit der Umsetzung der Verbesserungsmaßnahmen. Lassen Sie sich dazu die notwendigen Informationen vom Auditteam zuliefern (siehe Abschnitt 9.7 „Verfolgen Sie die Umset-

Betrachten Sie den gemessenen Nutzen im Zusammenhang mit der Umsetzung der Verbesserungsmaßnahmen

zung" auf Seite 140). Setzen Sie diese Umsetzungskennzahlen in Zusammenhang mit den Nutzenmessungen.

11.4 Berichten Sie die Ergebnisse an die Organisation

Machen Sie die Messergebnisse den Betroffenen zugänglich

Kommunizieren Sie den Fortschritt der Veränderung, um die Organisation weiter zu engagieren. Zeigen Sie auf, dass sich die bisherige Anstrengung gelohnt hat und machen Sie Ihre Nutzenmessungen der Organisation verfügbar. Integrieren Sie die gemessenen Fortschrittszahlen gezielt in Ihre Kommunikationsaktivitäten. Publizieren Sie die erreichten Erfolge. Dies engagiert eine immer größer werdende Anzahl von Mitarbeitern in der Organisation.

Abb. 59. Kommunizieren Sie den Fortschritt auf Basis von gemessenen Zahlen

Kommunizieren Sie die positiven Erfahrungen

Kommunizieren Sie neben den nackten Messergebnissen auch die persönlichen positiven Erfahrungen einzelner Mitarbeiter, um den Nutzen auch anderen Betroffenen und Beteiligten sichtbar zu machen. Hier gilt es, insbesondere die Nutzenerfahrungen der vorherigen Gruppe aus der Adoptionskurve zu verwenden, um die nachfolgenden Gruppen zu engagieren (siehe Adoptionskurve in Abbildung 20). Kommunizieren Sie die Nutzenerfahrungen als Erfolgsberichte an alle Betroffenen und Beteiligten.

Zeigen Sie weitere Verbesserungspotenziale auf

Geben Sie gleichzeitig mit den Fortschrittsberichten auch die kurzfristigen weiteren Ziele bekannt. Zeigen Sie auf, welche Verbesserungspotenziale die Auswertung der Zahlen ergeben. Stellen Sie die nächsten geplanten Maßnahmen vor und verdeutlichen Sie Ihre Erwartungshaltungen an die Betroffenen. Somit nutzen Sie die Erfolge gleich als Motivation für die nächsten Verbesserungsschritte.

11.5 Überdenken Sie die Metriken regelmäßig

In jedem Unternehmen treten Änderungen an den Geschäftszielen und an den Anforderungen an die Arbeitsabläufe auf. Es ist deshalb notwendig, nicht nur die Arbeitsabläufe regelmäßig gegenüber den Geschäftszielen zu prüfen, sondern auch die Nutzenmessungen. Wenn sich Geschäftsziele ändern, müssen die Nutzenkennzahlen entsprechend angepasst werden.

Überprüfen Sie regelmäßig die Nutzenkennzahlen

Hinzu kommt, dass die Erhebung von Kennzahlen einer Lernkurve unterliegt. Der Umgang mit Messungen, deren Auswertung und Analyse bringt gerade am Anfang neue Erkenntnisse über die Verwendbarkeit der Kennzahlen hinsichtlich des Informationsbedarfs der Beteiligten und Betroffenen. Sie sind dadurch in der Lage, Ihre Nutzenmessungen kontinuierlich zu verbessern und zu verfeinern.

Nutzen Sie die Erkenntnisse aus der Messungsverwendung zur stetigen Messungsverbesserung

Nicht zuletzt hat auch jede Messung Auswirkungen auf das Verhalten. Die Betroffenen wissen, welche Informationen erhoben werden und richten ihr Verhalten danach aus. Gegebenenfalls entstehen dabei unerwünschte Seiteneffekte. Mit der Zeit kann der Effekt entstehen, dass die Messergebnisse nur noch eingeschränkten Wert besitzen und als Indikator für eine bestimmte Aussage nicht mehr in Betracht kommt.

Jede Messung hat Verhaltensauswirkungen

Beispiel

Im Rahmen eines Verbesserungsvorhabens im Service Management wurde ein strukturiertes Vorgehen für das Incident Management unter Verwendung einer eigenen Testumgebung eingeführt. Ziel war es, den reibungslosen Betrieb einer unternehmenskritischen Anwendung zu gewährleisten. Deshalb sollten Fehler möglichst schnell auf der Testumgebung analysiert und behoben werden. Es wurde gemessen, wie schnell ein gemeldeter Fehler geschlossen wird.

Im Servicemanagement wurde die Messung der Fehlerbehebungszeiten eingeführt und durch die Messung der Ausfallzeiten im Produktivbetrieb ersetzt

Nach Einführung der Testumgebung und Messung der Fehlerschließung konnte nach einem halben Jahr festgestellt werden, dass alle Fehler innerhalb des als Richtlinie definierten Zeitraumes geschlossen wurden. Der Auftraggeber wünschte nun aber, dass keine Ausfallzeiten in den Spitzenzeiten des Anwendungsbetriebes durch Fehlerbereinigung auftreten dürfen. Es wurde ein definiertes Wartungsfenster außerhalb der Spitzenlast vereinbart.

Die Messung wurde daraufhin überarbeitet. Es wurde zusätzlich zur Fehlerbehebungszeit nun gemessen, wieviel Ausfallzeiten im Produktivbetrieb außerhalb des vereinbarten Wartungsfensters entstanden.

Überprüfen Sie regelmäßig, ob die Messung noch Ihren Informationsbedarf deckt

Es ist also notwendig, dass Sie regelmäßig überprüfen, ob die Messung noch Ihren Informationsbedarf bezüglich der Geschäftsziele deckt. Gibt es weitere Informationen, die Sie benötigen? Gegebenenfalls kann eine zusätzliche Messung ausreichen, um die vorherige Messung ins richtige Licht zu rücken. Teilweise reicht es auch aus, die Datenbasis zu verändern, um wieder die relevanten Informationen zu erhalten. Überprüfen Sie Ihre Metriken in regelmäßigen Abständen. Verändern Sie nach Bedarf die Messung oder etablieren Sie neue Metriken, um die notwendigen Informationen zu erhalten.

Peter, Paul und Marie

Zu Projektbeginn wurden Kennzahlen für die Verbesserung erarbeitet

Zu Beginn des Projektes hat das Team, ausgehend von der Veränderungsnotwendigkeit und den Geschäftszielen, in einem Workshop ein Set von Messungen für die Verbesserungen erarbeitet. An diesem Workshop und der nachfolgenden Ausarbeitung der Kennzahlen waren Peter König und repräsentative Mitarbeiter der Organisation (ein Projektleiter, ein Mitarbeiter der QS, ein Testleiter, ein Entwicklungsleiter und ein Architekt) beteiligt.

Kennzahlen zur Budget- und Termineinhaltung sollen den Nutzen der Verbesserungen für IIL aufzeigen

Zwei der Kennzahlen sollen den konkreten Nutzen des Verbesserungsprojektes nachweisen: die Termineinhaltung der Projekte gegenüber den zugesicherten Terminen und die Budgeteinhaltung gegenüber dem Plan. Beide Kennzahlen werden mit dem neu eingeführten Bericht der Projekte monatlich erhoben und kommuniziert. Innerhalb der Projektdurchsprachen mit dem Management werden die Kennzahlen betrachtet und analysiert. Nach nunmehr einem halben Jahr zeigen sich erste signifikante Veränderungen in den Kennzahlen. Die Budgeteinhaltung konnte in den größeren Projekten um durchschnittlich 30% verbessert werden. Für die Termineinhaltung gibt es dagegen noch keine Vergleichswerte, da in der vergangenen Praxis die Termine und Meilensteine nicht einheitlich dokumentiert wurden.

Die Nutzenmessung wurden im Zusammenhang mit der Umsetzung der Verbesserungen betrachtet

Außerdem hatte Tina weitere Kennzahlen mit Peter König abgestimmt, um die Umsetzung der Verbesserungen messbar auszuweisen. Wichtigste Information waren die Kennzahlen aus den Projektaudits, die den Grad der tatsächlichen Umsetzung der Verbesserungen auswiesen. Wenn die Nutzenmessung keinen sichtbaren Fortschritt ergeben würde, könnte das daran liegen, dass die Verbesserungen noch nicht adäquat angewandt wurden. Die Kennzahlen wurden deshalb immer im Gesamtzusammenhang betrachtet.

Im Statusmeeting der Prozessverbesserung bespricht Marie die Kennzahlen mit Peter König

Im nächsten Projektstatusmeeting besprechen sie neben dem aktuellen Arbeitsfortschritt wieder die erhobenen Kennzahlen. Marie hat diesmal für die Nutzenmessung eine Trendanalyse gemacht. Unter der Annahme, dass ca. 10% Abweichung toleriert wird, würde das angestrebte Verbesse-

rungsziel für Budgeteinhaltung der Projekte in ca. 10 Monaten erreicht werden.

Peter König: „Das hätte ich zwar etwas früher erwartet, aber ich sehe auch, dass es keinen Sinn macht, unrealistische Erwartungen aufzubauen. Anhand der Kennzahlen sind wir in der Lage, die Verbesserungen objektiv zu verfolgen. Ich schlage vor, dass wir die Projektleiter mit zusätzlichen Einzelcoachings unterstützen. Das eingeführte Werkzeug zur Projektverfolgung ist für manche noch ungewohnt."

Marie: „Ich habe diese Trendanalyse bereits mit Tina Traute besprochen und wir haben uns überlegt, dass wir mit Paul ein Interview durchführen und mit seinen Erfahrungen einen Erfolgsbericht schreiben. Diesen werden wir in der nächsten Ausgabe der Mitarbeiterzeitung veröffentlichen."

Peter König: „Ja, das halte ich für eine gute Idee. Aber hier sehe ich in den Zahlen noch etwas anderes. Die Umsetzung der Verbesserungen im Bereich von Heinz Hermann liegt hinter den Erfolgen der anderen Bereiche zurückliegt. Hier sollten wir aktiv werden."

Marie erwidert, dass es am sinnvollsten ist, wenn Peter König im nächsten Managementreview Heinz Hermann darauf anspricht und ihm Unterstützung anbietet. Sie wird auch Paul bitten, auf Heinz Hermann zuzugehen und ihm ein paar Tipps aus eigener Erfahrung zu geben.

Anschließend kommt Marie zu ihrem letzten Anliegen. Marie: „Ich möchte nun noch kurz auf unseren geplanten Info-Markt zu sprechen kommen. Wir wollen ihn wie eine firmeninterne Messe gestalten, auf der wir unsere Ergebnisse und Lösungen allen Mitarbeitern von IIL vorstellen möchten. Auch wollen wir bei der Gelegenheit einen eigenen kleinen Stand für den gemessenen Fortschritt und die Nutzenkennzahlen aufbauen. Ich wollte vorschlagen, dass wir dazu auch unsere Kunden einladen. Das wäre zum einen ein gutes Mittel, um Fähigkeiten darzustellen, und zum anderen ist es sicher für unsere Kunden interessant, welche Änderungen in den Abläufen auch auf sie zukommen und warum. Vor allem haben sich die Kennzahlen für die Budgeteinhaltung inzwischen so signifikant verbessert, dass wir sie auch unseren Kunden zeigen können."

Marie plant eine interne Messe um u.a. die Kennzahlen zu präsentieren und möchte dazu die Kunden einladen

Peter König: „Das ist ein guter Punkt. Bitte plane die Messe aber erst in 4 Wochen, wenn die Urlaubszeit vorbei ist und möglichst viele unserer Kunden zu uns kommen können. Bitte bereite ein Einladungsschreiben vor, das ich selbst versenden werde."

Sie besprechen dann noch einige Einzelheiten der Messe und beenden die Besprechung.

Zwei Tage später erhält Marie eine kurze Mail mit dem Feedback aus dem Gespräch zwischen Peter König und dem Bereichsleiter Heinz Hermann. Das Gespräch hat ergeben, dass Heinz Hermann in der Vergangenheit Änderungswünsche und zusätzliche Anforderungen vom Kunden entgegengenommen hat. Aus der Befürchtung heraus, den Kunden zu verärgern, hat er das neue Change-Request-Verfahren nicht angewandt

Heinz soll in den nächsten Wochen im Anforderungsmanagement unterstützt werden und die zusätzlichen Anforderungen ohne Budget- und Plananspassungen umgesetzt. Dies führte mehrmals zu Plan- und Budgetüberschreitungen. Es wurde vereinbart, dass Paul ihn temporär in den nächsten Wochen im Anforderungsmanagement unterstützen wird.

Ihre Argumente

Was Sie tun sollten:

- Etablieren Sie Metriken, um den Nutzen der Verbesserung objektiv aufzuzeigen
- Zeigen Sie den Nutzen jedes Verbesserungsschrittes für die Betroffenen
- Stellen Sie sicher, dass die Betroffenen und Beteiligten den Nutzen der Verbesserungen subjektiv erleben
- Steuern Sie die Verbesserungsaktivitäten aufgrund der Nutzenmessungen
- Kommunizieren Sie die Messergebnisse
- Zeigen Sie auf, welche Verbesserungsmaßnahmen noch umgesetzt werden müssen, um die Verbesserungsziele zu erreichen
- Überprüfen und pflegen Sie die Metriken regelmäßig

Was Sie nicht tun sollten:

- Messungen etablieren, ohne den Informationsbedarf der Beteiligten zu beachten
- Den Nutzen nicht in Bezug zu den Geschäftszielen setzen
- Lassen Sie niemanden Messungen erheben, der nicht selbst einen Informationsnutzen aus den Messungen hat

Ergebnisse:

- Definition der Messungen
- Messdaten und Auswertungen
- Forschrittsinformationen über die Verbesserung

Arbeitsaufwand:

- Ca. 2 Tage für jede Definition einer Messung
- Der Aufwand für die Erhebung und Analyse der Messdaten ist abhängig von der Definition der Datenerhebung und -analyse

Nutzen:

- Sie sind in der Lage, den Fortschritt der Verbesserungsaktivitäten zu verfolgen
- Sie sind in der Lage, Verbesserungsaktivitäten mit Hilfe von Nutzenmessungen zu steuern und zielgerichtet Maßnahmen zu ergreifen
- Sie können der Organisation auf Basis der Nutzenmessungen nachweisbare Erfolge darstellen
- Sie können Vertrauen in das Verbesserungsvorhaben erzeugen
- Sie sichern die Managementunterstützung durch die nachweisliche Unterstützung der Geschäftsziele mit den Verbesserungen

12 Sie denken, jetzt wäre alles o.k.?

Überprüfen Sie regelmäßig Ihre kritischen Erfolgsfaktoren und Risiken und lernen Sie aus Ihren Erfahrungen.

Ihr Standort: die gesamte Karte der Veränderung

12.1 Veränderung braucht kritische Erfolgsfaktoren

Sie wissen nun, wie Sie eine erfolgreiche Veränderung umsetzen und eine dauerhafte Verbesserung etablieren. Im Verlaufe des Buches haben Sie Stück für Stück die Erfolgsfaktoren dafür kennengelernt. Diese kritischen Erfolgsfaktoren sagen Ihnen, was innerhalb einer Veränderung beachtet werden muss, damit die Veränderung erfolgreich ist. Nachfolgend werden die kritischen Erfolgsfaktoren als Zusammenfassung der wichtigsten Punkte des Buches dargelegt (eine Übersicht finden Sie in Abbildung 60).

Ein Veränderungsprojekt hat kritische Erfolgsfaktoren

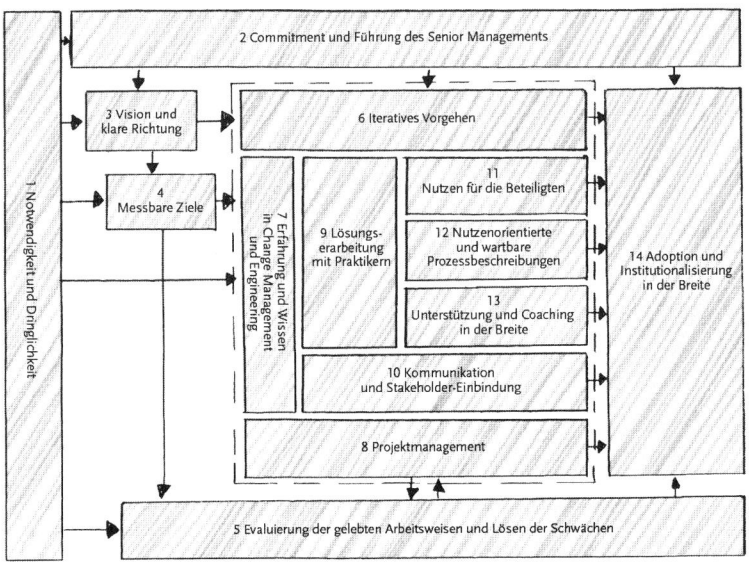

Abb. 60. Jedes Veränderungsprojekt hat typische kritische Erfolgsfaktoren

Ausgangspunkt einer jeden Veränderung ist die Frage nach der Notwendigkeit und Dringlichkeit. Warum diese Mühe? Weshalb ist der Aufwand notwendig, eine ganze Organisation zu bewegen? Die Notwendigkeit und Dringlichkeit ist die Antwort auf das „Warum" der Veränderung, und es sagt Ihnen, warum gerade jetzt der Zeitpunkt

Ausgangspunkt der Veränderung ist die Notwendigkeit und Dringlichkeit (1)

dafür da ist. In Abschnitt 3.1 „Veränderung braucht Notwendigkeit und Dringlichkeit" auf Seite 23 haben wir beschrieben, wie Notwendigkeit und Dringlichkeit formuliert werden.

Die Veränderung braucht die Unterstützung und das Commitment des Managements (2)

Veränderungsvorhaben brauchen die Führung durch das Management. Das Management ist für die Gestaltung der Organisation verantwortlich und damit auch für die Veränderung. Das Management muss sich selbst aktiv an der Verbesserung beteiligten und diese in der Organisation führen und steuern (siehe Abschnitt 6.1 „Veränderung braucht Führung durch das Management" auf Seite 67). Ohne Unterstützung und Führung durch das Management haben Sie weder die notwendigen Ressourcen noch die notwendige Autorität, eine Veränderung herbeizuführen.

Die Beteiligten und Betroffenen benötigen eine Vision und klare Richtung (3)

Aus der Notwendigkeit und Dringlichkeit kennen Sie die Probleme. Sie wissen, was Sie nicht mehr wollen. Ohne klare Ziele entwickeln die Betroffenen eigene Vorstellungen und Erwartungen an die Ergebnisse der Veränderung. Zwangsläufig kommt es damit zu Missverständnissen und Unsicherheiten. Um zu wissen, wo Sie hin wollen, benötigen Sie ein Ziel und eine klare Richtung. Es muss sichergestellt sein, dass alle Beteiligten und Betroffen eine gemeinsame Vision haben.

Die Ziele und der Nutzen der Veränderung muss gemessen und in der Organisation sichtbar sein (4)

Um den Fortschritt der Veränderung gemäß den Zielen zu verfolgen, sind Messungen notwendig. Zum einen muss der Nutzen der Verbesserungen gemessen und in der Organisation sichtbar sein. Zum anderen müssen Sie die Zielerreichung, d.h. die Umsetzung der Verbesserungen, messen und kommunizieren.

Die Evaluierung der gelebten Arbeitsweisen und die Behebung der Schwächen ist der Motor der Verbesserung (5)

Die Evaluierung der gelebten Arbeitsweisen und die Überprüfung der Umsetzung durch ein unabhängiges Auditteam ist der Motor, der die Veränderung antreibt. Die Betroffenen erkennen dadurch, dass es wertgeschätzt wird, wenn sie die Mühe der Veränderung auf sich nehmen. Das Verbesserungsteam erkennt, wo es die Organisation in der Umsetzung der Verbesserung noch unterstützen muss. Die Organisation erkennt, wann das Verbesserungsziel erreicht ist.

Iteratives Vorgehen: große Veränderungen geschehen in vielen kleinen Schritten (6)

Eine erfolgreiche große Veränderung geschieht in vielen kleine Verbesserungsschritten. Ist die Veränderung zu groß, so dass sie der Organisation auf einmal zugemutet werden kann, so wird sie scheitern, da der Veränderungsaufwand zu hoch ist. Stattdessen sind viele kleine Verbesserungsschritte notwendig. Jeder dieser Verbesserungsschritte hat einen konkreten Nutzen für die Betroffenen und ist klein genug, um von den Mitarbeitern im täglichen Arbeitsalltag umgesetzt zu werden.

Um die Verbesserungen zu entwickeln und dauerhaft zu etablieren, braucht das Veränderungsteam das Wissen im Referenzmodell, die Erfahrung in der Umsetzung der Praktiken und vor allem Erfahrungen im Veränderungsmanagement. Gegebenfalls können Wissen und die Erfahrungen durch Einkauf externer Ressourcen beschafft werden. Das vermeidet typische Fehler und mindert erheblich die Risiken eines Verbesserungsvorhabens.

Veränderungen brauchen Erfahrung und Wissen, insbesondere im Veränderungsmanagement (7)

Um ein Veränderungsvorhaben erfolgreich zum Ziel zu führen, ist professionelles Projektmanagement notwendig. Die einzelnen Verbesserungsmaßnahmen müssen geplant und verfolgt werden. Es sind Korrekturmaßnahmen notwendig, wenn die Umsetzung nicht dem Plan entspricht. Die Anforderungen an die Verbesserung müssen verfolgt und Anforderungsänderungen mit allen Auswirkungen gemanagt werden. Um sicherzustellen, dass die Anforderungen erfüllt sind, müssen die Ergebnisse der Verbesserungen getestet werden.

Zur erfolgreichen Durchführung von Verbesserungsinitiativen ist ein professionelles Projektmanagement notwendig (8)

Die Erarbeitung der Lösungen für die Verbesserung kann nur gemeinsam mit den Betroffenen erfolgen. Es ist ein sehr häufiger Fehler, sich im stillen Kämmerlein tolle Lösungen auszudenken, die nachher nicht die Bedürfnisse der Betroffenen adressieren. Um die Erfahrungen und Praktiken der guten Mitarbeiter in der Organisation zu verbreiten, müssen genau diese Mitarbeiter die Lösungen erarbeiten. Die besten Mitarbeiter aus der Organisation müssen durch den Sponsor für die Verbesserung zur Verfügung gestellt werden.

Die Lösungen werden von den Praktikern erarbeitet (9)

Veränderung braucht eine engagierte Organisation. Dazu müssen die Beteiligten und Betroffenen informiert und involviert werden. Damit die Beteiligten und Betroffenen klare Erwartungen an die Veränderungen haben, müssen die Ziele und die Maßnahmen der Verbesserung kommuniziert werden. Um die Beteiligten und Betroffenen zu motivieren, muss vor allem der direkte Nutzen der Verbesserungen kommuniziert und sichtbar sein.

Veränderung braucht Kommunikation und Einbeziehung der Beteiligten und Betroffenen (10)

Voraussetzung für die Akzeptanz und Adoption der Veränderungen ist, dass diese einen Nutzen für die Beteiligten und Betroffenen haben. Ein solcher Nutzen kann z.B. für den Projektleiter darin bestehen, dass ein Projekt deutlich einfacher und schneller aufgesetzt werden kann. Für Projektmitglieder können z.B. Muster für typische Projektergebnisse interessant sein. Zusätzlich sollten die Mitarbeiter durch persönliche Anreize motiviert und besondere Leistungen durch das Management honoriert werden. Ein abstrakter oder langfristiger Nutzen für das Unternehmen ist – so wichtig er sein mag – keine ausreichende Basis für die Umsetzung der Änderungen.

Nutzen für die Beteiligten und Betroffenen (11)

Für die Aktzeptanz sind nutzerorientierte und wartbare Prozessbeschreibungen notwendig (12)

Damit die Verbesserungen verstanden und akzeptiert werden, sind Prozessbeschreibungen notwendig, die eine echte Hilfe für die Betroffenen darstellen. Ob die Prozessbeschreibungen verständlich und benutzbar sind, entscheiden die Adressaten, die sie anwenden sollen. Durch die Pilotierung der Ergebnisse können die Prozessbeschreibungen, Hilfsmittel und Werkzeuge vor der breiten Einführung in der Organisation von den Anwendern validiert werden.

Um die Lösungen zum Leben zu bringen, ist Unterstützung und Coaching auf breiter Basis erforderlich (13)

Die erstmalige Umsetzung neuer Abläufe stellt die größte Herausforderung bei einer Veränderung dar. Die Beteiligten und Betroffenen müssen deshalb bei der erstmaligen Anwendung der Verbesserungen durch geeignete Ausbildungsmaßnahmen und individuelles Coaching unterstützt werden. Es ist wichtig, die Probleme der Anwender ernst zu nehmen und gemeinsam mit Ihnen daran zu arbeiten, die Lösungen zum Leben zu bringen.

Adoption & Institutionalisierung muss in der Breite erfolgen (14)

Prozessverbesserung bedeutet Organisationsentwicklung (siehe Abschnitt 7.1 auf Seite 83). Dadurch sind alle Mitarbeiter in der Organisation von der Veränderung betroffen – direkt oder indirekt. Die Adoption und Institutionalisierung der Verbesserungen muss in der gesamten Organisation erfolgen, damit die Veränderungen zum selbstverständlichen Teil der Arbeitskultur werden.

Erstellen Sie selbst eine Übersicht der kritischen Erfolgsfaktoren

In Abbildung 60 sehen Sie eine Übersicht über alle typischen kritischen Erfolgsfaktoren. Vergleichen Sie diese Übersicht mit Ihren eigenen Erfahrungen und passen Sie sie gegebenenfalls für Ihre Organisation an. Seien Sie sich bewusst, dass die Nichtbeachtung nur eines dieser Erfolgsfaktoren zum Scheitern des Verbesserungsvorhabens führen kann.

12.2 Überprüfen Sie regelmäßig die kritischen Erfolgsfaktoren und Risiken

Managen Sie die Veränderung anhand der kritischen Erfolgsfaktoren

Seien Sie sich bewusst, dass der Erfolg Ihres Verbesserungsvorhabens von der Umsetzung der kritischen Erfolgsfaktoren abhängt. Verwenden Sie dieses Wissen zum Managen des Verbesserungsvorhabens. Achten Sie darauf, die kritischen Erfolgsfaktoren zu stärken und zu erhalten. Sie sind Ihre Navigationshilfen auf dem Pfad der Veränderung, Ihre Laternen durch den Düsterwald (siehe Abschnitt 1.8 auf Seite 9).

Identifizieren Sie die Risiken und deren Auswirkungen hinsichtlich der kritischen Erfolgsfaktoren

Die regelmäßige Betrachtung und Messung der Erfolgsfaktoren gibt Ihnen Hinweise auf Risiken und Probleme für das Veränderungsvorhaben. Überprüfen Sie regelmäßig die kritischen Erfolgsfaktoren und erstellen Sie einen Statusbericht. Analysieren Sie die kritischen Erfolgsfaktoren anhand des Statusberichts und identifizieren Sie die mit den einzelnen Punkten verbundenen Risiken. Ergänzen Sie die

Einschätzung der Erfolgsfaktoren durch das Verbesserungsteam durch entsprechende Messungen.

12.3 Lernen Sie aus Ihren Erfahrungen

Identifizieren und analysieren Sie Ihre Erfolge und Fehler bei der Durchführung Ihres Verbesserungsvorhabens. Planen Sie zur Erreichung von Meilensteinen Reviews ein und identifizieren Sie dabei Stärken und Schwächen der bisherigen Verbesserungsaktivitäten. Leiten Sie Maßnahmen ein, um erfolgreiche Vorgehensweisen auch in Zukunft zu nutzen. Und leiten Sie außerdem Maßnahmen ein, um Misserfolge zukünftig zu vermeiden. Lernen Sie aus Ihren Erfahrungen und passen Sie im Verlaufe Ihres Verbesserungsvorhabens Ihr Vorgehen an.

Lernen Sie aus Ihren Erfolgen und Fehlern

Dokumentieren Sie Ihre Erfahrungen bei der Prozessverbesserung. Schreiben Sie auf, welche Dinge erfolgreich waren und welche Dinge beachtet werden müssen, um Misserfolge zu vermeiden. Machen Sie diese Erfahrungen den relevanten Beteiligten verfügbar. Geben Sie Ihre Erfahrungen weiter, damit auch Ihre Mitstreiter im Verbesserungsvorhaben davon profitieren und sie die gleiche Handlungsstrategie in der Organisation anwenden. Gemeinsam können sie das Vorhaben zum Erfolg führen.

Geben Sie Ihr Wissen weiter

Peter, Paul und Marie

Wie geplant treffen Marie und Tina Traute sich zu einem gemeinsamen Workshop, um die möglichen Ursachen für die Stagnation in der Prozessverbesserung herauszufinden. Tina schlägt vor, die Situation anhand der Erfolgsfaktoren für die Prozessverbesserung zu analysieren und Schwächen im Veränderungsmanagement zu identifizieren. Sie legt dazu eine der Folien mit einer Übersicht der Erfolgsfaktoren auf, die Marie bereits aus dem Anfang des Projekts kennt.

Für die Analyse der Kennzahlen nutzen Tina und Marie die Liste der Erfolgsfaktoren für die Prozessverbesserung

Tina: „Beginnen wir mit der Notwendigkeit und Dringlichkeit. Ist diese klar definiert und allen bei IIL bekannt und auch verstanden?"

Marie: „Peter König hat dies wiederholt auf Mitarbeiterversammlungen formuliert und eindringlich an die Mitarbeiter appelliert, bei der Prozessverbesserung mitzuhelfen. Ich glaube, das ist nicht unser Problem."

Tina nickt. Sie hat selbst in Gesprächen mit Mitarbeitern von IIL den Eindruck bekommen, dass dieser Punkt hinreichend umgesetzt ist."

Die Dringlichkeit und Notwendigkeit der Verbesserung ist bekannt

Sie sind sich auch einig, dass die Unterstützung des Senior Managements durch Peter König ausreichend ist. Nur einzelne Bereichsleiter haben zeit-

Sie planen Termine um die stärkere Unterstützung einzelner Bereichsleiter einzuholen

weise andere Prioritäten, und Marie plant einige Gespräche mit den betroffenen Bereichsleitern, um deren Unterstützung aktiv einzuholen.

Auch bei den Kriterien Vision und messbare Ziele sehen sie keinen Handlungsbedarf. Ebenso im Vorgehen des Verbesserungsprojektes. Sie planen
kleine Verbesserungsreleases und achten darauf, die Verbesserung in kleinen Schritten in die einzelnen IIL-Bereiche zu tragen.

*Die Lösungserarbeitung mit den
Praktikern ist unzureichend*

Das Know-How im Team sieht Tina ebenfalls als unkritisch an. Allerdings wird sie beim Punkt „Lösungserarbeitung mit Praktikern" nachdenklich.

Sie fragt: „Wie sind die Projektleiter bei der Erarbeitung der Projektma-
nagementprozesse beteiligt?"

Marie: „Wir laden zu einem Workshop immer 2-3 Projektleiter ein, mit
denen wir gemeinsam die Prozesse erarbeiten" Dann macht sie eine kurze Pause und fügt hinzu: „Allerdings ist die Beteiligung nicht so, wie wir
uns das wünschen. Oft kommt nur einer der Eingeladenen oder gar keiner. Dann erarbeiten wir die Arbeitsweisen allein und schicken unsere Ergebnisse anschließend zum Review herum. Andernfalls können wir unseren Zeitplan nicht einhalten und müssten ständig unsere Meilensteine
verschieben."

Tina: „Und wie viele Reviewanmerkungen kommen danach von den Re-
viewern zurück?"

Marie: „Recht wenig bis gar keine. Die Dokumente werden meist so wie
sie sind akzeptiert."

Tina zieht die linke Augenbraue in die Höhe und pustet sich dabei eine
Haarsträhne aus der Stirn.

Marie: „Naja, vielleicht haben Sie auch gar keine Zeit, das alles durchzu-
lesen. Wir sind in den Bereichen im Moment sehr ausgelastet. Der Kunde,
für den wir derzeit ein Großprojekt durchführen, akzeptiert keine Ter-
minverschiebung. Da können wir den Projektleitern auch nicht zuviel zu-
muten."

*Tina schlägt ein Pflegerelease vor, in
dem die bisherigen Verbesserungen
gezielt unterstützt werden und
Feedback eingeholt wird*

Tina: „... und das Ergebnis ist, dass die Arbeitsweisen größtenteils ohne
die Beteiligung der Projektleiter entwickelt werden. Hier muss unbedingt
etwas geschehen. So gibt es keine Aktzeptanz bei den Mitarbeitern. Entweder planen sich die Projektleiter die Zeit ein, oder das Verbesserungsprojekt muss die Termine verschieben. Ich schlage vor, dass wir als nächstes ein Pflegerelease einplanen, in dem die bisher ausgerollten Arbeitsweisen intensiv gecoacht werden und das dabei gewonnene Feedback der
Beteiligten eingearbeitet wird. Die Mitarbeiter von IIL werden sonst mit
den Verbesserungen überrollt. Sie sind jetzt schon soweit, dass sie häufig
nur nachträglich dokumentieren, um die Prozessabweichungen zu schließen. Viele haben keine Energie mehr, Neues umzusetzen bzw. die bisher
ausgerollten Arbeitsweisen wirklich zu verinnerlichen. Deswegen gibt es

auch immer wieder Prozessabweichungen von Dingen, die eigentlich schon einmal geschlossen worden sind."

Marie zieht die Stirn kraus, nickt dann aber und sagt: „Hm, ich werde das mit Peter König besprechen. Das Pflegerelease ist eine gute Idee. Es verschafft der Organisation etwas Luft. Außerdem werden wir zukünftig mehr darauf achten, dass die Arbeitsweisen tatsächlich mit den Betroffenen erarbeitet werden."

Bei allen anderen Erfolgsfaktoren konnten keine kritischen Schwächen entdeckt werden.

Drei Monate später sehen die Kennzahlen wieder deutlich besser aus. Die Mitarbeiter von IIL haben auch die Erfahrung gemacht, dass der Kunde begründete und vor allem frühzeitig angekündigte Terminverschiebungen durchaus akzeptiert und diese lieber zeitig als kurz vor Schluss erfährt. Sie haben gelernt, auch die Verbesserungsaktivitäten in ihrem Projektalltag einzuplanen und haben damit auch die nötige Zeit dafür.

Drei Monate später sind Erfolge sichtbar, und auch der Kunde partizipiert bereits von den Verbesserungen

Die Trendanalyse zeigt, dass das geplante offizielle Assessment voraussichtlich in 4 Monaten stattfinden kann (da sie CMMI nutzen, ist dies ein sogenanntes SCAMPI-A-Appraisal). Tina wird beauftragt, einen Plan für die Vorbereitung und Durchführung des Assessments zu erstellen. Das Assessment stellt inzwischen einen wichtigen Meilenstein für das gesamte Unternehmen IIL dar und alle Mitarbeiter fiebern darauf hin, es erfolgreich zu bestehen. Es ist der Lohn für die Mühe und sie sind stolz darauf, es jetzt bald geschafft zu haben. Die meisten von Ihnen sagen offen, dass sie nicht gedacht hätten, dass sich soviel verändern kann und dass sie ein kleines bisschen stolz auf die Firma sind.

Aufgrund der Trendanalyse kann das offizielle Assessment geplant werden

Ihre Argumente

Was Sie tun sollten:
- Überwachen Sie regelmäßig die kritischen Erfolgsfaktoren für die Veränderung
  - Kommunikation der Notwendigkeit und Dringlichkeit
  - Unterstützung des Managements
  - Klare Vision und Richtung
  - Messbare Ziele für die Verbesserung
  - Evaluierung der gelebten Prozesse und Lösung der Schwächen
  - Umsetzung in kleinen Verbesserungsschritten
  - Vorhandensein von Wissen über Veränderungsmanagement und über Engineering im Verbesserungsteam
  - Professionelles Projektmanagement für das Verbesserungsvorhaben
  - Lösungserarbeitung gemeinsam mit den Betroffenen
  - Kommunikation und Einbindung der Betroffenen und Beteiligten
  - Nutzerorientierte und wartbare Prozessbeschreibungen
  - Unterstützung und Coaching auf breiter Basis
  - Adoption und Institutionalisierung auf breiter Basis
- Identifizieren Sie mögliche Schwächen im Hinblick auf die kritischen Erfolgsfaktoren
- Planen und Verfolgen Sie Maßnahmen, um die Schwächen zu beheben
- Lernen Sie aus Ihren Erfolgen und Fehlern

Was Sie nicht tun sollten:
- Ignorieren Sie nicht einzelne kritische Erfolgsfaktoren, nur weil die Rahmenbedingungen der Veränderung schlecht sind

Ergebnisse:
- Regelmäßiger Check Ihres Projekts gegenüber den Erfolgsfaktoren
- Erfahrungsberichte
- Aktualisierte Risikoliste und Minderungsmaßnahmen

Arbeitsaufwand:
- Monatlich 2 Stunden
  - 1h Review des Verbesserungsvorhabens anhand der kritischen Erfolgsfaktoren (am besten im Verbesserungsteam)
  - 1h Maßnahmenplanung und Besprechung mit dem Management

Nutzen:
- Kontinuierliche Fortführung der Verbesserung bis zur Zielerreichung

A   Was Sie jetzt mit Ihrem Wissen machen

Planen Sie, wie Sie die Verbesserung und Veränderung in Ihrem Unternehmen in der nächsten Woche konkret angehen.

Sie haben mit diesem Buch einen Überblick darüber bekommen, wie eine erfolgreiche Veränderung mit einem Referenzmodell wie CMMI, SPICE oder ITIL durchgeführt werden kann. Sie wissen nun, was für eine solche nachhaltige Veränderung zu tun ist. Außerdem haben wir die Aufgaben der wichtigsten Beteiligten einer Veränderung (Management, Verbesserungsteam, Auditteam, Organisation) beschrieben.

Sie haben jetzt einen Überblick bekommen wie eine erfolgreiche Veränderung durchgeführt werden kann, was dafür getan werden muss, und wer daran beteiligt ist

Sie haben gesehen, dass Veränderung Arbeit ist, die aber auch Spaß machen kann. Vielleicht haben wir Sie sogar ein wenig mit unserer Leidenschaft für Verbesserungen angesteckt. Gehen Sie Veränderungen mit einer Kombination aus Kreativität, Betrachtung der Realität mit einem Augenzwinkern und Seriosität in der Sache an. Verlieren Sie dabei die Geschäftsziele niemals aus dem Fokus.

Sie haben gesehen, dass Veränderung auch Spaß machen kann

Verwenden Sie jetzt dieses Wissen, um die notwendigen Veränderungen in Ihrem Unternehmen anzugehen. Nehmen Sie dazu die Karte der Veränderung zur Orientierung. Planen Sie die nächsten Schritte auf Basis der Kapitel und der konkreten dort beschriebenen Aufgaben. Setzen Sie die nächsten Schritte erfolgreich um, indem Sie die beschriebenen Techniken und Checklisten anwenden.

Nutzen Sie jetzt dieses Wissen, um eine Veränderung in Ihrem Unternehmen anzugehen

Wir haben mit diesem Buch viele bewährte Praktiken bei der Verbesserung und Veränderung beschrieben. Nutzen Sie dieses Wissen, aber stellen Sie auch sicher, dass Sie Mitarbeiter mit praktischer Erfahrung in der Prozessverbesserung im Team haben. Neben einer aktiven Rolle des (Senior) Managements ist dies der wichtigste Kosten- und Erfolgsfaktor.

Nutzen Sie Erfahrung für Ihre Veränderung

Nutzen Sie nicht zuletzt die kritischen Erfolgsfaktoren, um immer wieder zu prüfen, ob diese ausreichend umgesetzt sind (siehe Kapitel 12 auf Seite 185). Bewerten Sie die kritischen Erfolgsfaktoren zusammen mit Ihrem Team. Fragen Sie darüber hinaus auch Leute aus der Organisation nach ihrer Einschätzung – Sie erhalten so ein Bild von außen. Lassen Sie einen externen Berater die kritischen Erfolgsfaktoren aus seiner Sicht beurteilen, um eine objektive Einschätzung zu erhalten. Wenn Sie so die kritischen Erfolgsfaktoren verfolgen, können Sie rechtzeitig Schwächen erkennen und gezielt

Nutzen Sie die kritischen Erfolgsfaktoren für einen regelmäßigen Check Ihres Verbesserungsprojekts

Gegenmaßnahmen ergreifen – bevor die Schwächen zu einem großen Problem für das Verbesserungsprojekt werden.

Machen Sie eine Liste der nächsten Schritte und fangen Sie an

Machen Sie jetzt eine Liste der nächsten Schritte für eine Veränderung – und fangen Sie an.

Viel Erfolg!

B Glossar

Im folgenden sind die wichtigsten Begriffe dieses Buches erklärt. Deutsche Begriffe mit englischer
Bei allen Begriffen, die sich auch in der referenzierten englischen Übersetzung
Literatur wiederfinden, wurde die englische Übersetzung mit ange-
geben.

Ablauforganisation: (engl. process organization) Die Organisation
der Arbeitsabläufe (-->Arbeitsablauf).

Adoption: (engl. adoption) Die bewusste, aktive und positive Annahme einer Veränderung durch einen Betroffenen. Adoption geht über
eine reine Annahme einer Veränderung hinaus, indem die Veränderung nicht nur einfach umgesetzt, sondern aus eigenem Antrieb
heraus und „zur eigenen Sache" gemacht wird.

Appraisal: (engl. appraisal) Der vom Software Engineering Institute
(SEI) verwendete Begriff für -->Assessment.

Arbeitsablauf: (engl. process) Die tatsächliche Durchführung der
Arbeit, im Gegensatz zur -->Prozessbeschreibung. Mit dem Wort
„Arbeitsablauf" bezeichen wir die Arbeit und ihre Gliederung in einzelne Schritte. Der Arbeitsablauf umfasst auch die -->Arbeitsergeb-
nisse und die ausführenden Personen, die im Rahmen des Arbeits-
ablaufs bestimmte -->Rollen einnehmen.
Anmerkung: Das Wort -->Arbeitsweise ist umfassender. Neben dem
Arbeitsablauf umfasst es auch die Art und Weise, wie eine Arbeit
durchgeführt wird, also auch die Planung, Führung, Verfolgung
und grundsätzliche Herangehensweise an den Arbeitsablauf.

Arbeitsergebnis: (engl. work product) Ein (Zwischen-)Ergebnis eines
-->Arbeitsablaufs. Ein Arbeitsergebnis muss nicht unbedingt physisch greifbar sein (z.B. ist ein „ausgebildetes Team" ein Arbeitsergebnis, aber nicht physisch greifbar).

Arbeitsweise: (engl. process) Ein Arbeitsablauf einschließlich der Art
und Weise, wie die Arbeit durchgeführt wird, also auch die Planung,
Führung, Verfolgung und grundsätzliche Herangehensweise an den
-->Arbeitsablauf.

Assessment: (engl. assessment) Die Untersuchung einer oder meh-
rerer Arbeitsweisen durch ein ausgebildetes Team von Experten, die
auf der Basis eines Referenzmodells Stärken und Schwächen identi-

fizieren. Im CMMI-Umfeld wird statt Assessment auch das Wort
-->Appraisal verwendet.

Aufbauorganisation: (engl. structural organization) Die Organisation
von Gruppen bzw. Teams und die Zuordnung von Rechten, Pflichten und Aufgaben (-->Rollen) zu einzelnen Personen und Gruppen.

Audit: (engl. audit) In diesem Buch verwenden wir den Begriff „Audit" sehr weitgehend für die -->Qualitätssicherung, d.h. für alle Formen einer geplanten und systematischen Prüfung der -->Arbeits-
weisen und -->Arbeitsergebnisse, um offen zu legen, inwieweit die
vorgeschriebenen -->Prozessbeschreibungen, dokumentierten Verfahren oder Normen angewendet werden. Siehe hierzu Abschnitt
10.4 auf Seite 155.

Auditteam: (engl. audit organization) Das Auditteam führt eine
-->Qualitätssicherung der -->Arbeitsweisen und -->Arbeitsergebnis-
se gegenüber den -->Prozessbeschreibungen, dokumentierten Verfahren oder Normen durch. Wir verwenden in diesem Buch den Begriff Auditteam anstelle von -->Qualitätssicherung, da unter dem
letzteren Begriff häufig fälschlicherweise auch das Testen, d.h. die
-->Verifizierung und -->Validierung verstanden wird. Mit dem Begriff Audit schließen wir diverse Formen von Prüfungen – auch im
Projekt – mit ein. Siehe hierzu Abschnitt 10.4 auf Seite 155.

Beteiligte und Betroffene: (engl stakeholder) Ein Betroffener ist ein
Mitarbeiter, der ein Interesse an einer bestimmten Sache hat. Dieses
Interesse kann zustimmend oder ablehnend sein. Anstelle von „Beteiligte und Betroffene" schreiben wir häufig auch nur kurz „Betroffene".

Dringlichkeit: (engl. urgency) Die Dringlichkeit ist ein Grund, warum notwendige (-->Notwendigkeit) Veränderungsmaßnahmen
nicht auf morgen verschoben werden können.

Effektiv: (engl. effective) wirksam; in einem effektiven Prozess sind
Arbeitsschritte zielführend. Effektiv arbeiten heißt wirksam arbeiten
und das gewünschte Ergebnis zu erreichen.

Effizient: (engl. efficient) wirkungsvoll; in einem effizienten Prozess
werden die einzelnen Arbeitsschritte mit möglichst wenig Aufwand
durchgeführt. Effizient arbeiten heißt wirkungsvoll arbeiten, ohne
unnötige Kosten zu verursachen, Ressourcen oder Zeit zu verbrau-
chen.

Kunde: (engl. customer) Eine Organisation oder Person, die für einen Service (beim IT Betrieb) oder für ein zu entwickelndes Produkt

(bei der IT Entwicklung) letzten Endes verantwortlich ist. Der Kunde definiert typischerweise seine Anforderungen an den Service oder das Produkt, nimmt dieses entgegen und autorisiert die Bezahlung. [11] [38]

Der Kunde kann eine Einzelperson oder eine Organisation sein, und er kann sowohl intern als auch extern sein. Beispiele für Kunden sind Endverbraucher, Bereiche desselben Unternehmens (insbesondere bei einer internen IT Organisation) oder andere Unternehmen.

Lead Appraiser: (engl. Lead Appraiser) Eine vom Software Engineering Institute (SEI) autorisierte Person, die vom SEI anerkannte -->SCAMPI-A -->Appraisals durchführen kann.

Notwendigkeit: (engl. compelling need) Die Notwendigkeit ist ein Grund, warum eine Veränderung für eine Organisation geschäftlich unabdingbar bzw. von existentieller Bedeutung ist. Die Notwendigkeit kann aus Problemen einer Organisation, aber auch aus verpassten Chancen herrühren.

Anmerkung: Damit notwendige Veränderungen auch wirklich durchgeführt werden, ist darüber hinaus eine -->Dringlichkeit der Veränderung notwendig.

Offizielles Assessment: (engl. benchmarking assessment) Ein -->Assessment gegenüber einem anerkannten Referenzmodell, das durch autorisierte bzw. akkreditierte Personen nach einem anerkannten Assessmentverfahren durchgeführt wird und dessen Ergebnis mindestens eine Bewertung der Organisation gegenüber dem Referenzmodell ist. Für alle CMMI-Modelle ist dies ein SCAMPI-A-Appraisal (siehe -->Appraisal), für SPICE ein SPICE-Assessment nach ISO/IEC 15504, und für ITIL ein Audit nach ISO/IEC 20000. Bei manchen Assessmentverfahren können die Ergebnisse auch veröffentlich werden, zum Beispiel bei SCAMPI-A-Appraisals auf der Webseite des Software Engineering Institutes (www.sei.cmu.edu).

Prozess: (engl. process) Der konkrete -->Arbeitsablauf und die konkrete -->Arbeitsweise. Da im Deutschen häufig „Prozess" fälschlicherweise mit -->Prozessbeschreibung gleichgesetzt wird, wird in diesem Buch -->Arbeitsablauf bzw., wenn wir die Art und Weise der Durchführung der Arbeit mit einschließen, das Wort -->Arbeitsweise verwendet.

Prozessbeschreibung: (engl. process description) Die Beschreibung, wie ein -->Arbeitsablauf durchgeführt werden soll, welche -->Arbeitsergebnisse dabei erstellt werden und welche -->Rollen daran beteiligt sind. Die Prozessbeschreibung sollte auch die Arbeitsabläufe zur Führung umfassen (-->Arbeitsweise).

Prozessverbesserung: (engl. process improvement) Die Prozessverbesserung sind einmalige oder regelmäßige Aktivitäten zur Verbesserung der Arbeitsabläufe und Arbeitsweisen einer Organisation (siehe -->Arbeitsablauf und -->Arbeitsweise). Eine Prozessverbesserung muss messbare Ziele haben, die von den Geschäftszielen der Organisation abgeleitet sind.

Qualitätssicherung: (engl. quality assurance) Geplante und systematische Prüfung der -->Arbeitsweisen und -->Arbeitsergebnisse, um offen zu legen, inwieweit die vorgeschriebenen -->Prozessbeschreibungen, dokumentierten Verfahren oder Normen angewendet werden.

Anmerkung: Wir verwenden den Begriff Qualitätssicherung enger, als er oft verwendet wird. Unsere Begriffsdefinition ist z.B. an CMMI oder ISO 12207/15504 angelehnt und umfasst nicht das Testen, d.h. die -->Verifizierung und -->Validierung. Wir grenzen damit bewusst die Prüfung gegenüber den -->Prozessbeschreibungen, dokumentierten Verfahren oder Normen (Qualitätssicherung) als eine eigenständige Tätigkeit von der Prüfung gegenüber Anforderungen (-->Verifizierung) und der Prüfung bezüglich der Eignung für einen beabsichtigten Gebrauch (-->Validierung) ab. Diese Trennung ist klarer als in der ISO 9000.

Da der Begriff „Qualitätssicherung" häufig missverstanden wird, nutzen wir statt dessen in diesem Buch durchgängig das Wort -->Audit.

Rolle: (engl. role) Die Beschreibung einer Menge logisch zusammenhängender Rechte, Pflichten und Fähigkeiten zur Erstellung von -->Arbeitsergebnissen im Rahmen von ->Arbeitsabläufen. Ein Beispiel für eine Rolle ist „Projektleiter" oder „Teamassistentin". Eine Person (oder auch ein Team) kann mehrere Rollen wahrnehmen (z.B. „Projektleiter" und „Mitglied des Steuerungskreises"), und mehrere Personen können die gleiche Rolle inne haben (z.B. gibt es in einer Organisation meist mehrere Personen, welche die Rolle „Projektleiter" inne haben).

SCAMPI: (engl. SCAMPI) SCAMPI steht für Standard CMMI Appraisal Method for Process Improvement. Es ist die vom Software Engineering Institute (SEI) definierte Vorgehensweise für ein -->Offizielles Assessment gegenüber einem CMMI-Modell. Es gibt drei „Größen" von SCAMPI -->Appraisals (A=groß, B=mittel, C=klein), die eine unterschiedliche Betrachtungstiefe und Aussagekraft haben.

Das Selbstverständliche: (engl. the obvious) Die Ergebnisse und Aufgaben, die von Projekten, der Organisation und dem Management umgesetzt werden müssen, damit Projekte erfolgreich, effektiv und effizient durchgeführt werden. Diese Ergebnisse und Aufgaben sind in Büchern (z.B. CMMI [11], PMBoK [44] oder ISO 12207 [20]) oder in Methoden (z.B. Rational Unified Process [29], V-Modell [45] oder Extreme Programming [4]) beschrieben. Der Begriff „Das Selbstverständliche" wird in diesem Buch als Synonym für diese umfangreiche Literatur verwendet.

Senior Manager: (engl. senior manager) Der Manager, der die Struktur und die Zielvorgaben einer Organisation bestimmt und der das Budget für Verbesserungsmaßnahmen in einer Organisation bereitstellen kann. Der Senior Manager ist typischerweise für die gesamtheitliche Führung aller Projekte verantwortlich und nicht für deren tagtägliche Steuerung. Im deutschen wird der Senior Manager auch als „Oberste Leitung" bezeichnet.

Validierung: (engl. validation) Validierung ist die Evaluierung, ob ein (geliefertes oder noch zu lieferndes) Produkt für einen beabsichtigten Gebrauch geeignet ist. Mit anderen Worten: die Validierung stellt sicher, dass „das Richtige entwickelt wird". Die Validierung ist von der -->Verifizierung und der -->Qualitätssicherung zu unterscheiden.

Veränderungsmanagement: (engl. change management) Die systematische und geplante Einführung von Veränderungen, d.h. von neuen Arbeitsweisen oder neuen Aufbaustrukturen, in eine Organisation.

Veränderungsverantwortlicher: (engl. change agent) eine Person, die Verbesserungen und Veränderungen in einer Organisation vorantreibt – als Leiter der Veränderung oder als Mitglied eines Verbesserungs- und Veränderungsteams.

Verifizierung: (engl. verification) Verifizierung ist die Evaluierung, ob ein -->Arbeitsergebnis die dokumentierten Anforderungen erfüllt. Mit anderen Worten: die Verifizierung stellt sicher, dass „alles richtig entwickelt wird". Die Verifizierung ist von der -->Validierung und der -->Qualitätssicherung zu unterscheiden. Verifizierung wird oft auch als „Test" bezeichnet.

Vision: (engl. vision) Eine Vision ist eine Vorstellung von der Zukunft bzw. ein Zukunftsentwurf [7]. Die Vision beschreibt einen (idealen) Zustand in der Zukunft [wikipedia.org]. Sie schließt Handlungsprinzipien, Mission, Ziele, Verhaltensweisen, Werte und Ergebnisse mit ein [11].

Eine gemeinsame Vision ist eine Vision, die durch eine Gruppe wie z.B. eine Organisation, ein Projekt oder ein Team entwickelt und verwendet wird. Die Erstellung einer gemeinsamen Vision erfordert, dass alle beteiligten Personen die Möglichkeit haben, offen über die Vision zu sprechen und Einfluss auf die Formulierung der Vision zu nehmen. [11]

Anmerkung: Manchmal wird Vision und Mission getrennt. Die Vision definiert in diesem Fall den fortwährenden Zweck einer Organisation und ist auch in 100 Jahren noch relevant, wohingegen die Mission ein (möglicherweise eher kurzfristiges) gemeinsames Ziel definiert. In diesem Buch wird hingegen die auch übliche Definition der Vision genutzt, in der die Vision kurzfristiger gesehen wird und die Mission mit umfasst.

Wandel: (engl. change) Im Deutschen Synonym für Veränderung; In diesem Buch wird letzteres verwendet.

C Referenzen

1. Audit commission: Change Here! Managing Change to Improve Local Services, Audit commission, London, 2001

2. Automotive SIG: Automotive SPICE – Process Reference Model und Process Assessment Model, SPICE User Group, 2005, Online-Version unter www.automotivespice.com

3. I. Baumgartner, W. Häfele, M. Schwarz, K. Sohm: OE-Prozesse: Die Prinzipien systemischer Organisationsentwicklung, Haupt, 7. Auflage 2004

4. K. Beck, D. Andres: Extreme Programming Explained, Addison-Wesley, Reading, 2004

5. M. Beedle, K. Schwaber: Agile Software Development with Scrum, Prentice Hall , 2001

6. British Computer Society: The Challenges of Complex IT Projects, Royal Academy of Engineering, 2004

7. Brockhaus: Der Brockhaus in 15 Bänden, Permanent aktualisierte Online-Auflage, Leipzig, F.A. Brockhaus, Mannheim, 2004

8. P. Brooks: Metrics for IT Service Management, Van Haren Publishing, Zaltbommel, 2006

9. K. Caputo: CMM Implementation Guide, Addison-Wesley, 1998

10. M. B. Chrissis, M. Konrad, S. Shrum: CMMI, Guidelines for Process Integration and Product Improvement, 2nd edition, Addison-Wesley Professional, Reading, 2006

11. CMMI Product Team: CMMI for Development, Version 1.2, Technical Report CMU/SEI-2006-TR-008, ESC-TR-2006-008, Pittsburgh, 2006

12. D. R. Connor: Managing At the Speed of Change, Random House, USA, 1993

13. K. Doppler, C. Lauterburg: Change Management, 11. Auflage, Campus, Frankfurt, 2005

14. K. E. Emam, J.-N. Drouin, W. Melo: SPICE – The Theory and Practice of Software Process Improvement and Capability Determination, IEEE Computer Society, Washington, 1998

15. D. L. Gibson, D. R. Goldenson, K. Kost: Performance Results of CMMI-Based Process Improvement, Software Engineering Institute, Technical Report CMU/SEI-2006-TR-004, ESC-TR-2006-004, Pittsburgh, 2006

16.   T. Gilb, D. Graham, S. Finzi: Software Inspection, Addison-Wesley Professional, Reading, 1993

17.   S. Graumann, M. Foegen, A. Olbrich: CMMI-ITIL (CITIL) – CMMI for IT Operations, TU Darmstadt und wibas IT Maturity Services, 2007, Online-Version unter www.citil.de

18.   J. Herbsleb, A. Carleton, J. Rozum, J. Siegel, D. Zubrow: Benefits of CMM based Software Process Improvement, Software Engineering Institute, Technical Report CMU/SEI-94-TR-013, ESC-TR-94-013, Pittsburgh, 1994

19.   D. W. Hutton: The Change Agents' Handbook, ASQ Quality Press, 1994

20.   ISO/IEC 12207:1995/Amd.1:2002; Amd.2:2004: Information technology – Software life cycle processes, ISO Copyright Office, Genf, 2002 und 2004

21.   ISO/IEC 15288: Life Cycle Management – System Life Cycle Processes, ISO Copyright Office, Genf, 2002

22.   ISO/IEC 15504: Information technology – Process assessment
ISO/IEC 15504-1:2004(E) Part 1: Concepts and vocabulary,
ISO/IEC 15504-2:2003(E) Part 2: Performing an assessment,
ISO/IEC 15504-3:2004(E) Part 3: Guidance on performing an assessment,
ISO/IEC 15504-4:2004(E) Part 4: Guidance on use for process improvement and process capability determination,
ISO/IEC 15504-5:2005(E) Part 5: An exemplar Process Assessment Model,
ISO Copyright Office, Genf, 2003-2005

23.   IT Governance Institute, COBIT 4.1, Control Objectives for Information and related Technology (COBIT), Rolling Meadows, 2007

24.   J. Johnson: Turning Chaos into Success, in: Software Magazin, Dezember 1999

25.   T. Kasse: Action Focused Assessment, Artech House, Boston, 2002

26.   J. P. Kotter: Leading Change, Harvard Business School Press, 1996

27.   J. P. Kotter: The Heart of Change, Harvard Business School Press, 2002

28.   G. Kraus, C. Becker-Kolle, T. Fischer: Handbuch Change Management, Cornelsen, Berlin, 2004

29.   P. Kruchten: The Rational Unified Process, Addison-Wesley, Reading, 2003

30.   W. Krüger: Excellence in Change, Gabler, Wiesbaden, 2006

31. L. M. Laird, M. C. Brennan: Software Measurement and Estimation: A Practical Approach, Wiley-IEEE Computer Society, Hoboken, 2006

32. P. Leeson: Measuring ROI in Low Maturity, presentation for the European SEPG, London, 2005

33. D. Leffingwell, H. Smits: A CIO's Playbook for Adopting the Scrum Method of Achieving Software Agility, Rally Software Development Corporation, 2005, Online-Version unter www.rallydef.com

34. N. Machiavelli: Der Fürst, Insel Verlag, Frankfurt, April 2001

35. B. McFeeley: IDEAL: A User's Guide for Software Process Improvement, Handbook CMU/SEI-96-HB-001, Software Engineering Institute, 1996

36. J. McGarry, D. Card, C. Jones, B. Layman, E. Clark, J. Dean, F. Hall: Practical Software Measurement: Objective Information for Decision Makers, Addison-Wesley, Boston, 2002

37. G. A. Moore: Crossing the Chasm, Harper Collins, New York, 2002

38. Office of Government Commerce (OGC): Introduction to ITIL, ITIL Service Support, ITIL Service Delivery, Planning to Implement Service Management, ITIL Security Management, ITIL The Business Perspective, ICT Infrastructure Management, Application Management, Software Asset Management, published by The Stationery Office Books, London, 2000 - 2006

39. Office of Government Commerce (OGC): Service Design, Service Operation, Service Transition, Continual Service Improvement, Service Strategy, published by The Stationery Office Books, London, 2007

40. P. S. Pande, R. P. Neuman, R. R. Cavanagh: The Six Sigma Way, Mcgraw-Hill Professional, 2000

41. M. C. Paulk, B. Curtis, M. B. Chrissis, C. V. Weber: Capability Maturity Model for Software, Version 1.1, Technical Report CMU/SEI-93-TR-024, ESC-TR-93-177, Pittsburgh, 1993

42. M. C. Paulk, C. V. Weber, S. M. Garcia, M. B. Chrissis, M. Bush: Key Practices of the Capability Maturity Model, Version 1.1, Technical Report CMU/SEI-93-TR-025, ESC-TR-93-178, Pittsburgh, 1993

43. J. Pfannenberg: Veränderungskommunikation: Kommunikationsmanagement für den Wandel, Beitrag im Handbuch „Kommunikationsmanagement" (Hg. Bentele/ Piwinger/ Schönborn 2001)

44. Project Management Institute: A Guide to the Project Management Body of Knowledge, Project Management Institute,
Newtown Square, 2004

45. A. Rausch, M. Broy: Das V-Modell XT, Dpunkt Verlag, Heidelberg, 2006

46. V. Satir, J. Banmen, J. Gerber: Das Satir-Modell, Junfermann,
2000

47. Software Engineering Institute: Process Maturity Profile,
Pittsburgh, 2006, Online-Version unter
http://www.sei.cmu.edu/appraisal-program/profile/

48. Standish Group (Hrsg.): Chaos Chronicles Version II, 2001

49. K. Stolzenberg, K. Heberle: Change Management: Verände-
rungsprozesse Erfolgreich Gestalten - Mitarbeiter Mobilisie-
ren, 2006, Springer

50. USC Center for Software Engineering: COCOMO II.1990.0,
University of Southern California, 1990

D Beteiligte

Dieses Buch wäre nicht möglich geworden ohne die Beteiligung einer ganzen Reihe von Leuten. Diesen Personen möchten wir ausdrücklich für Ihre Mithilfe danken.

D.1 Entwicklungsteam

Jörg Battenfeld: Ist Mitglied der Geschäftsführung der wibas IT Maturity Services GmbH. Er hat das Buch betreut und mit uns das erste Kapitel geschrieben.

Frederic Beier: Ist Designer und hat die Grafiken in unserem Buch erstellt.

Christiane Beisel: Ist Mitarbeiterin beim Springer Verlag. Sie hat dieses Buch als Redakteurin betreut.

David Croome: Ist Berater der wibas IT Maturity Services GmbH. Er hat die Karte der Veränderung ins Englische übersetzt.

Jean Klare: Ist Designer und Autor des Buchs „Atlas der Erlebniswelten". Er hat die Landkarte der Veränderung auf Basis unserer Skizzen gestaltet.

Mike Konrad: Ist Autor von CMMI und Mitarbeiter des Software Engineering Institues (SEI). Er hat das Vorwort geschrieben.

Moritz Profitlich: Ist Designer bei der wibas IT Maturity Services GmbH. Er hat die Karte der Veränderung gereviewt und satztechnisch fertiggestellt. Außerdem hat er eine Reihe der Grafiken in diesem Buch bearbeitet.

Niels Peter Thomas: Ist Mitarbeiter beim Springer Verlag. Er hat dieses Buch von Seiten des Verlags aus über die 2 Jahre, die dieses Projekt benötigt hat, betreut.

D.2 Reviewteam

Prof. Dr. Urs Andelfinger: Hochschule Darmstadt; Software Engineering Institute Europe, Frankfurt

Roland Ankner: s IT Solutions AT Spardat GmbH, Wien

André Bodmer: Credit Suisse AG, Zürich

David Croome: wibas IT Maturity Services GmbH, Darmstadt

Sven Fleischer: Planview GmbH, Karlsruhe

Björn Fuchs: 1822 S iNFORM Software GmbH, Frankfurt

Frank Gaßner: T-Systems Enterprise Services GmbH, Stuttgart

Florian Grewatsch: adaptive tools AG, Zürich

Barbara Haller: LogicaCMG, Hennef

Ursula Jütten-Stein: Deutsche Bank AG, Frankfurt

Lutz Koch: wibas IT Maturity Services GmbH, Darmstadt

Bernd Lachmann: Steria Mummert Consulting AG, Frankfurt

Stefan Lorenz: Planview GmbH, Karlsruhe

Karsten Mohrmann: T-Mobile Deutschland GmbH, Bonn

Ulrich Moser: Schweizerische Mobiliar Versicherungsgesellschaft, Bern

Oliver Nössler: wibas IT Maturity Services GmbH, Darmstadt

Alfred Olbrich: wibas IT Maturity Services GmbH, Darmstadt

François Seuret: Schweizerische Mobiliar Versicherungsgesellschaft, Bern

Carsten Skerra: skerra-unternehmensberatung GmbH, Ludwigsburg

Uwe Schmitz: wibas IT Maturity Services GmbH, Darmstadt

Gerhard Strauß: Deutsche Post ITSolutions GmbH, Fulda

Alexander Thul: IBM Deutschland GmbH, Frankfurt

Sabine Trautewein: Deutsche Post AG, Darmstadt

Jan Unruh: Robert Bosch GmbH, Stuttgart

Christoph Weiß: Allianz Deutschland AG, Stuttgart/München

E   Autoren

Malte Foegen (Dipl. Wirtsch.-Inform.) ist Partner der wibas IT Maturity Services GmbH. Er entwickelte und leitete ein Weiterbildungsprogramm für ein großes deutsches Forschungsinstitut und ist Lehrbeauftragter an der Technischen Universität Darmstadt. Er war an der Entwicklung der IBM Global Services Method beteiligt und leitete ein internationales Verbesserungsprojekt innerhalb der IBM. Malte Foegen leitet Appraisal Teams und unterstützt/leitet Verbesserungsprogramme großer Unternehmen. Er wird vor allem für seine Fähigkeit geschätzt, sowohl Senior Management als auch Projektmitarbeiter zu überzeugen und zu verpflichten. Malte Foegen ist vom SEI autorisierter CMMI Instruktor und SCAMPI Lead Appraiser.

Mareike Solbach (Dipl. Wirtsch.-Inform.) ist Senior Executive Consultant der wibas IT Maturity Services GmbH. Sie ist eine erfahrene Software Projektleiterin. Mareike Solbach leitet seit vielen Jahren CMMI Assessments und unterstützt Prozessverbesserungsprojekte großer und mittlerer Unternehmen. Weiterhin führt sie CMMI Schulungen für Unternehmen im deutschsprachigen Raum durch. Sie besitzt die Eigenschaft, sich sehr gut und schnell in die Praxisprobleme anderer hineinzudenken und sie mit ihrer Begeisterung für Verbesserungen anzustecken.

Claudia Raak (Dipl. Wirtsch.-Ing.) ist Partner der wibas IT Maturity Services GmbH. Sie ist Geschäftsführerin der wibas GmbH seit der Gründung des Unternehmens 1997. Claudia Raak arbeitete über 5 Jahre in IBM Projekten und hat sich auf die Bereiche Qualitätssicherung und Test spezialisiert. Sie hat ein tiefes Verständnis von Qualitätssicherung und Verbesserungsprojekten. Claudia Raak begleitet insbesondere Verbesserungsprogramme großer Unternehmen. Darüber hinaus leitet sie häufig CMMI Assessments. Claudia Raak wird insbesondere für Ihre Fähigkeit geschätzt, Verbesserungen pragmatisch umzusetzen.

F Index

Maßnahmenkatalog

Fähigkeiten

Ressourcen   Betroffene

Management
Commitment   BASISLAGER
Plan   DER VERÄNDERUNG
Involvierung

Iteration

Risiken

Beteiligte   Unterstützungshafen

Hafen der Veränderung

Veränderungsmanagement

V-Modell   ITIL   Six-Sigma

INSEL DER   CMMI
GUTEN PRAKTIKEN

ISO 15504   ISO 9000

Stadt der Vorgehensmodelle

UNSERE KUNDEN SETZEN MIT UNS VERÄNDERUNGEN UM UND VERBESSERN IHRE LEISTUNGSFÄHIGKEIT

wibas ist eine der führenden Unternehmensberatungen für Verbesserung und Veränderung von IT-Organisationen. Unsere Stärke ist die Kombination praktischer IT Erfahrung mit dem Wissen über Veränderungsmanagement. — Wir bieten Unterstützung, Beratung und Schulung bei der Umsetzung von Veränderungen. Hierfür nutzen wir bewährte Modelle, unter anderem CMMI, ITIL oder SPICE. — Gemeinsam mit uns verbessern unsere Kunden ihre Organisation nachhaltig und mit einfachen Mitteln. Dabei stehen wir für eine vertrauensvolle Zusammenarbeit, die auf gemeinsamen Zielen und Erfolgen basiert, und für einen Einsatz mit Leidenschaft.

Unsere Kunden nutzen unsere Expertise und Erfahrung um:

❖ Verbesserungs- bzw. Veränderungsprojekte schnell und zielgerichtet zu planen und umzusetzen

❖ Entwicklungsprojekte professionell zu planen und umzusetzen

❖ Eine Qualitätssicherung aufzubauen

❖ Standortbestimmungen und offizielle Assessments intern oder für Lieferanten durchzuführen

❖ Mitarbeiter in offenen oder individuellen Schulungen in CMMI, ITIL, SPICE oder Vorgehensmodellen auszubilden

Besuchen Sie uns auf www.wibas.de oder rufen Sie uns an: 06151/503349-0.

Printing and Binding: Stürtz GmbH, Würzburg

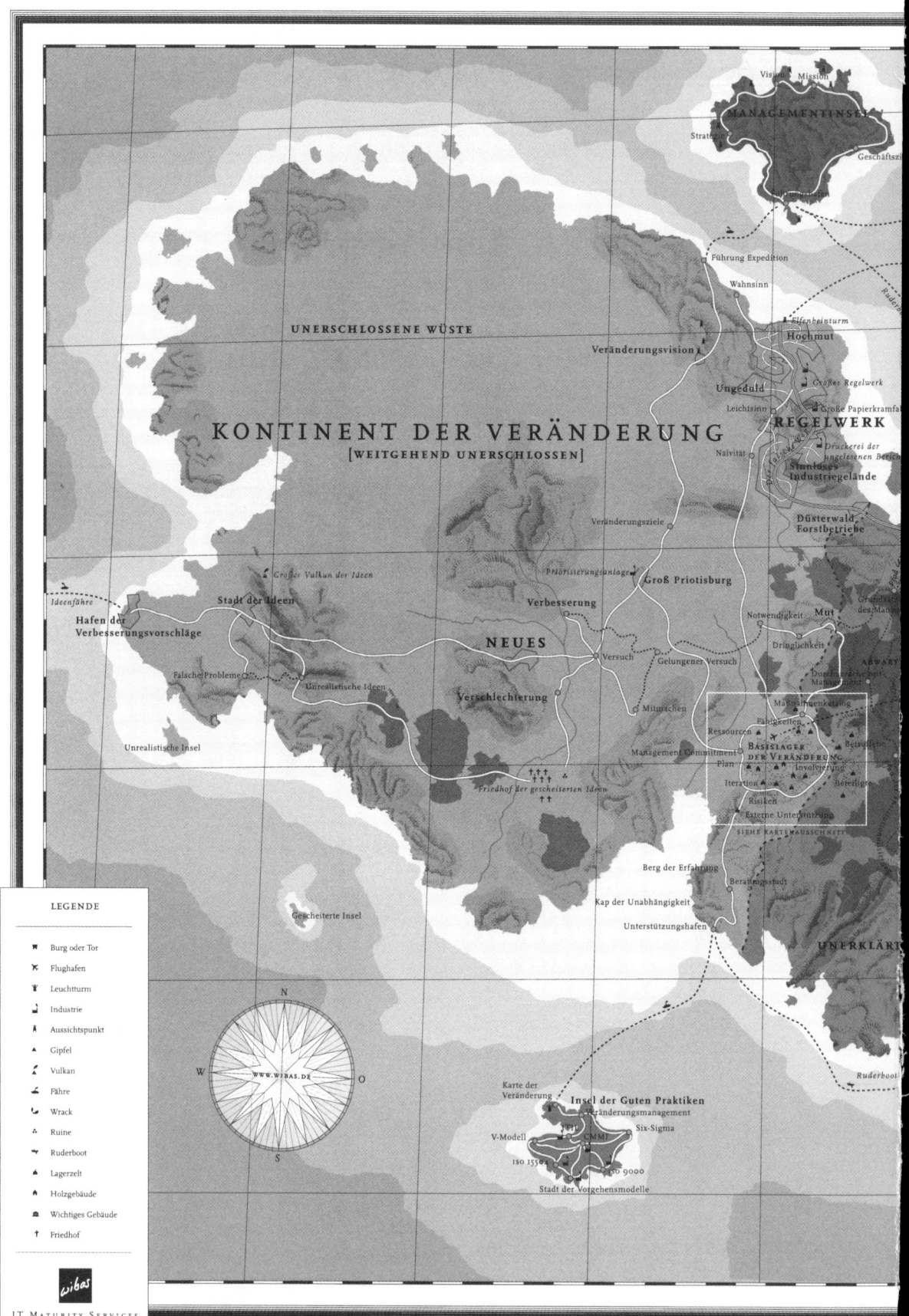

KARTE DER V

KONTINENT DER VERÄNDERUNG
[WEITGEHEND UNERSCHLOSSEN]

UNERSCHLOSSENE WÜSTE

MANAGEMENTINSEL

Vision Mission
Strategie
Geschäftszi

Führung Expedition
Wahnsinn

Elfenbeinturm
Hochmut
Großes Regelwerk
Große Papierkramfab
REGELWERK
Druckerei der
ungelesenen Berich
Sinnloses
Industriegelände
Düsterwald
Forstbetriebe

Veränderungsvision
Ungeduld
Leichtsinn
Naivität

Veränderungsziele

Großer Vulkan der Ideen
Stadt der Ideen

Priorisierungsanlage
Groß Priotisburg
Verbesserung

Notwendigkeit
Dringlichkeit

Mut
Grundstück
des Manage

Ideenfähre
Hafen der
Verbesserungsvorschläge

NEUES

Versuch
Gelungener Versuch

ABWART

Durchbruch im-
Management

Falsche Probleme
Unrealistische Ideen
Verschlechterung

Mitmachen

Maßnahmenkatalog
Fähigkeiten
Betroffene

Ressourcen
BASISLAGER
DER VERÄNDERUNG

Unrealistische Insel

Management Commitment

Plan
Involvierung
Beteiligte

Iteration

Friedhof der gescheiterten Ideen

Risiken
Externe Unterstützung

SIEHE KARTENAUSSCHNITT

Gescheiterte Insel

Berg der Erfahrung
Beratungsstadt

Kap der Unabhängigkeit
Unterstützungshafen

UNERKLÄRT

Ruderboot

Karte der
Veränderung

Insel der Guten Praktiken
Veränderungsmanagement

V-Modell
ISO 15504
CMM
CMMI
Six-Sigma
ISO 9000

Stadt der Vorgehensmodelle

N
W O
S
WWW.WIBAS.DE

LEGENDE

♜	Burg oder Tor
✗	Flughafen
⚑	Leuchtturm
⌐	Industrie
♝	Aussichtspunkt
▲	Gipfel
∫	Vulkan
⚓	Fähre
⌣	Wrack
∴	Ruine
⚓	Ruderboot
⛺	Lagerzelt
♦	Holzgebäude
⌂	Wichtiges Gebäude
†	Friedhof

wibas
IT MATURITY SERVICES